DeepSeek移动端AI应用开发

基于Android与iOS

温智凯 / 著

U0275146

清華大學出版社
北京

内 容 简 介

本书深入剖析了DeepSeek平台的架构原理、API调用及开发实践等核心内容，助力读者在Android与iOS移动端高效集成DeepSeek API，打造出契合用户需求的智能应用。本书分为10章，第1~3章重点介绍大模型相关概念、DeepSeek的架构原理与API接口的相关知识。第4、5章深入介绍Android平台的开发与DeepSeek API集成，涵盖网络通信、异步任务处理、数据存储与缓存管理、SDK配置、任务调度及数据传输、应用监控与调优等，并通过丰富的实例演示各项功能的具体实现。第6、7章聚焦iOS平台的开发与DeepSeek API的集成，涉及数据请求处理、会话管理、缓存优化等，助力开发者实现智能客服等应用。第8、9章面向企业级开发者，介绍中间件开发与第三方服务集成，包括消息队列、API网关、分布式缓存及身份认证、支付网关、云存储等服务的整合。第10章详细介绍结合DeepSeek构建智能金融数据分析、游戏攻略助手等插件的实战技巧，涵盖需求分析、开发、测试与发布的全流程，以及持续集成、版本控制、性能监控等运维管理技术。

本书适合具备一定编程基础的开发者、工程师及架构师阅读，特别是关注大模型应用与API集成的专业人员。

本书封面贴有清华大学出版社防伪标签，无标签者不得销售。
版权所有，侵权必究。举报：010-62782989，beiqinquan@tup.tsinghua.edu.cn。

图书在版编目（CIP）数据

DeepSeek 移动端 AI 应用开发 ：基于 Android 与 iOS / 温智凯著.
北京 ：清华大学出版社，2025. 3. -- ISBN 978-7-302-68693-4

Ⅰ. TN929. 53

中国国家版本馆 CIP 数据核字第 2025AK1963 号

责任编辑： 王金柱
封面设计： 王　翔
责任校对： 闫秀华
责任印制： 刘海龙

出版发行： 清华大学出版社
网　　址： https://www.tup.com.cn，https://www.wqxuetang.com
地　　址： 北京清华大学学研大厦 A 座　　**邮　　编：** 100084
社 总 机： 010-83470000　　**邮　　购：** 010-62786544
投稿与读者服务： 010-62776969，c-service@tup.tsinghua.edu.cn
质量反馈： 010-62772015，zhiliang@tup.tsinghua.edu.cn
印 装 者： 三河市少明印务有限公司
经　　销： 全国新华书店
开　　本： 185mm×235mm　　**印　　张：** 23　　**字　　数：** 552 千字
版　　次： 2025 年 4 月第 1 版　　**印　　次：** 2025 年 4 月第 1 次印刷
定　　价： 119.00 元

产品编号：112175-01

前 言

DeepSeek作为一款在人工智能领域备受瞩目的平台，凭借其强大的自然语言处理和推理能力，为开发者提供了丰富多样且功能强大的API接口。这一优势使得开发者能够在Android和iOS这两大主流移动平台上，轻松构建出功能强大、用户体验卓越的智能应用，满足不同用户在各种场景下的多样化需求。

本书旨在为广大开发者搭建一座桥梁，帮助他们深入探索如何在移动端（Android与iOS）高效集成DeepSeek API，从而开发出真正贴合用户需求的智能化应用。从API集成与数据传输的基础环节入手，逐步深入到插件开发与发布等关键环节，将DeepSeek的强大功能与实际应用场景紧密结合起来，为开发者提供一套从理论到实践的全面且完整的指导方案。通过本书的系统学习，开发者将掌握实现智能客服、新闻推荐、游戏攻略助手等一系列实用功能的方法和技巧，从而有效提升产品的用户体验，增强产品在市场中的竞争力。

内容概览

本书内容分为10章，具体概要如下：

第1～3章：重点介绍大模型的基本概念、DeepSeek架构原理与API接口的相关知识。第1章介绍大模型基本原理，涵盖机器学习与深度学习基础、语言模型、深度推理技术及模型训练评估等内容；第2章解析DeepSeek架构，包括分布式架构、模型训练部署、数据处理、API 设计、监控优化等技术；第3章阐述DeepSeek API开发集成，涉及基础原则、接口概览、集成架构、多轮对话处理、扩展自定义功能等，旨在为后续的应用开发奠定基础。

第4、5章：深入探讨了Android端应用开发以及DeepSeek在Android平台上的集成实践。第4章从Android开发环境与架构入手，详细介绍了网络通信、API集成、数据存储等关键技术，并着重讲解了DeepSeek API与Android后端的交互细节，包括身份认证、会话管理和API优化等内容。同时，还深入探讨了Android应用性能优化的有效策略。第5章通过具体的案例展示了如何在Android端配置DeepSeek SDK、进行数据传输与接口调用、支持多轮对话以及异步执行深度学习任务。此外，还详细讲解了应用监控与调优的方法，以确保应用的稳定性和流畅性。

第6、7章：深入探讨了iOS平台的开发实践，重点讲解如何在iOS端高效集成DeepSeek API。通过学习数据请求处理、会话管理、缓存优化等技术，帮助开发者实现智能客服、新闻推荐等应用插件，并提升应用的响应速度与稳定性。

第8、9章：聚焦中间件开发与第三方服务集成，特别适合企业级项目的开发者。第8章介绍如何通过中间件架构与DeepSeek平台高效集成，涵盖消息队列、API网关、分布式缓存等技术。第9章则深入探讨与第三方服务（如身份认证、支付网关、云存储）的集成，充分展示DeepSeek在多场景下的灵活性与扩展性。

第10章：专注于应用插件的开发与发布，展示如何结合DeepSeek构建智能金融、新闻总结等插件，涵盖需求分析、开发、测试与发布的全流程，以及持续集成、版本控制、性能监控等运维管理技术。

本书特色

理论与实践深度融合：本书不仅对DeepSeek架构及API集成的核心技术进行了深入细致的讲解，还通过丰富的实战案例，帮助开发者将抽象的理论知识应用于实际项目中，真正做到学以致用。

全流程覆盖无死角：从API集成到插件开发，再到应用发布与运维管理，本书为开发者提供了从开发到上线的全程完整指导，确保每一个环节都能得到专业的支持和帮助。

多平台支持，兼容性强：本书涵盖Android与iOS两大主流移动平台，为开发者提供针对不同环境的高效集成DeepSeek API的解决方案，满足不同用户的多样化需求。

企业级应用深度剖析：本书深入探讨中间件开发与第三方服务集成，为企业级项目的开发者提供了宝贵的经验和实用的技术指导。

读者对象

本书适合有一定编程基础的研发人员、架构师阅读使用，特别是关注大模型应用与API集成的专业人员。

最后，期望能为读者在AI驱动的时代中开辟更广阔的职业道路，助力技术进步与行业发展。

源码下载

本书提供配套资源，读者用微信扫描下面的二维码即可获取。

如果读者在学习本书的过程中遇到问题，可以发送邮件至booksaga@126.com，邮件主题为“DeepSeek移动端AI应用开发：基于Android与iOS”。

著　者

2025年2月

目　录

第1章 大模型基本原理

1

本章将深入探讨大模型的基本原理，介绍深度学习、自然语言处理以及神经网络的基本架构，阐明大模型如何通过海量数据训练、参数调优和优化算法，实现智能推理与数据分析。本章旨在为后续应用开发奠定坚实的理论基础，并为深入理解DeepSeek架构及其API调用提供必要的知识支持。

1.1 机器学习与深度学习基础

机器学习与深度学习是现代人工智能的核心驱动力。机器学习通过数据训练模型，赋予计算机从经验中学习的能力，而深度学习则是机器学习的一种高级形式，依靠多层神经网络在复杂数据中提取特征并进行决策。本节将介绍机器学习与深度学习的基本概念、算法原理及其应用场景，为理解大模型的训练与推理过程提供基础知识。

1.1.1 神经网络架构

神经网络架构是深度学习模型的基础，其核心理念来源于对生物神经系统的模拟。神经网络由多个神经元（或节点）构成，这些神经元按照特定的层级结构排列，通过连接形成网络。最基础的神经网络结构包括输入层、隐藏层和输出层，如图1-1所示。输入层接收外部输入数据，隐藏层通过激活函数对输入进行处理并输出结果，输出层则提供最终的预测结果或决策。

在神经网络中，神经元之间通过权重和偏置进行连接。每个连接都有一个权重值，表示从一个神经元到另一个神经元的影响程度。偏置则用于调整神经元的激活值，帮助模型更好地拟合数据。每个神经元的输出是其输入的加权和经过激活函数处理后的结果。常用的激活函数包括ReLU（修正线性单元）、Sigmoid和Tanh等，它们的主要作用是引入非线性，使得神经网络能够处理复杂的任务。

简单神经网络的示意图如图1-2所示，其中包含输入层和输出层。输入层的节点接收输入值，记作$y[0]$，每个节点代表一个特征。这些输入节点通过加权连接到一个输出节点$y[1]$，该输出节点生成神经网络的最终输出值。

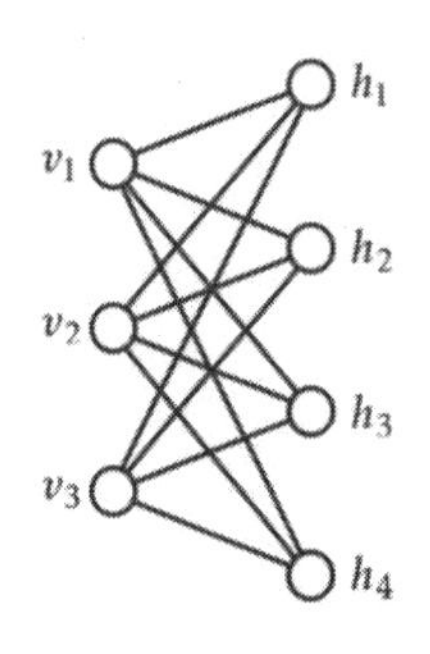

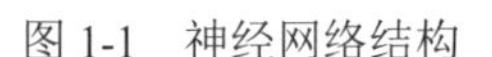

图 1-1　神经网络结构

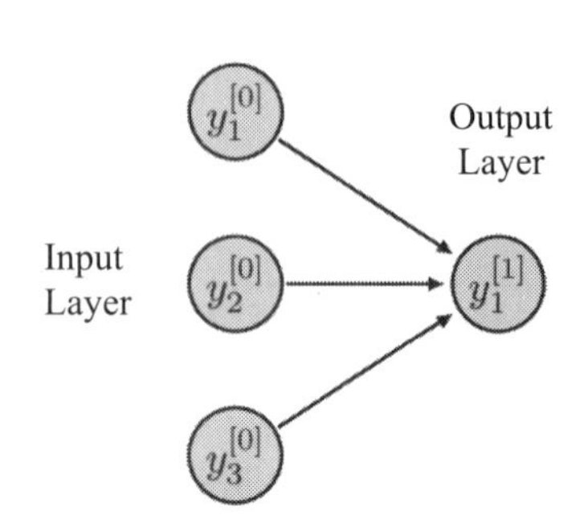

图 1-2　包含输入层和输出层的简单神经网络

该架构的核心操作是输入值通过加权连接进行传播。输入值y[0]与相应的权重相乘，得到加权和，然后传递给输出节点。通常，在输出节点上应用激活函数，以引入非线性，从而得出最终的输出y[1]。这种简单的架构是神经网络训练的基础，通过像反向传播这样的技术调整权重，最小化预测误差。

神经网络的训练过程通过反向传播算法来优化权重和偏置。在训练过程中，神经网络会通过比较预测输出和真实标签之间的误差，计算误差并逐步调整权重，以最小化预测误差。通过大量的样本数据，神经网络能够不断调整自身的参数，逐渐学习到输入与输出之间的复杂映射关系。

常见的激活函数如图1-3所示，图中展示了5种激活函数，每种激活函数在神经网络中的作用都是引入非线性，帮助网络学习复杂的模式。Heaviside激活函数是一个阶跃函数，输出为0或1，常用于二元分类问题。Sigmoid函数则输出0到1的值，适合处理概率问题，但容易发生梯度消失。Tanh函数的输出范围为-1到1，相较于Sigmoid函数更为中心化，避免了某些梯度消失的问题。ReLU是最常用的激活函数，输出为输入值的正部分，对于负值输出0，具有计算高效性，但可能会导致神经元“死亡”问题。Leaky ReLU函数通过为负值部分引入一个小的斜率，解决了ReLU的死神经元问题，使其在训练中更稳定。

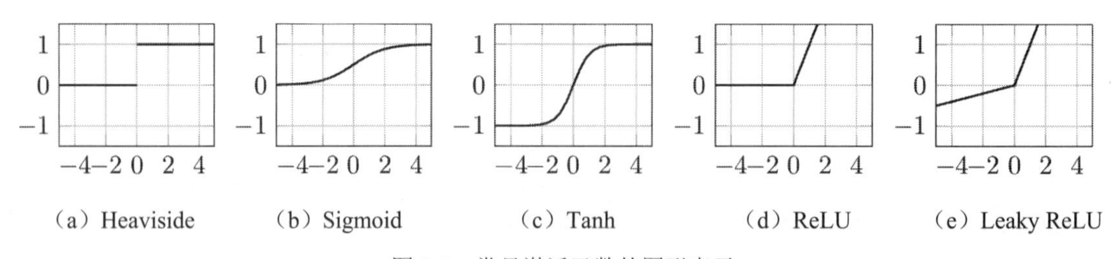

（a）Heaviside　（b）Sigmoid　（c）Tanh　（d）ReLU　（e）Leaky ReLU

图 1-3　常见激活函数的图形表示

神经网络的复杂性和能力通常随着网络层数的增加而增强。多层神经网络被称为深度神经网络，它可以捕捉到更高层次的特征表示，使得模型能够在更加复杂的任务中表现出色。例如，在图像识别任务中，低层的网络可能学习到边缘或纹理等特征，而高层网络则能学习到更抽象的形状或物体。深度学习的核心优势就在于能够通过多层次的特征学习，自动从数据中提取有意义的信息，而无须人工干预。

尽管深度神经网络在许多领域取得了显著成功，但其训练过程也面临着一定的挑战，包括梯度消失、过拟合等问题。为了解决这些问题，研究人员提出了多种优化方法，如正则化技术、批量归一化、残差网络等，这些技术有助于提高模型的稳定性和泛化能力。

1.1.2　自监督学习

自监督学习是一种无监督学习的形式，旨在通过从数据中挖掘内在的结构或关系，进行预训练或自我学习，而无须依赖人工标签。与传统的监督学习依赖大量标注数据进行训练不同，自监督学习通过设计特定的任务或目标，让模型从未标注的输入数据中自主提取信息，从而进行特征学习。这种学习方式不仅有效减少了对标注数据的需求，还能够利用海量的未标注数据，最大化数据的潜力。

在自监督学习中，常见的做法是将输入数据进行某种形式的“预处理”或“伪标签”生成，之后模型通过学习从这些伪标签或预处理任务中恢复或预测数据的原始信息。举例而言，在自然语言处理领域，经典的自监督学习方法如词嵌入训练中的“填空任务”就通过删除输入文本中的某些单词，让模型推测被删除的词汇。在计算机视觉领域，类似的策略包括图像的旋转预测或遮挡恢复，模型通过这些任务来捕捉图像的空间特征和结构信息。

自监督学习的核心在于通过设计合理的自监督任务，迫使模型从输入数据中学习到更加通用的特征表示。这些特征表示在完成预定任务后，能够被转移到下游的监督学习任务中，提升模型的整体性能。与传统的监督学习相比，自监督学习具有更强的灵活性和泛化能力，特别是在数据稀缺或标注困难的情况下。

此外，自监督学习的一个关键优势在于其广泛的适用性。无论是文本数据、图像数据还是音频数据，自监督学习都可以设计相应的任务进行特征学习。随着深度学习的发展，许多大型预训练模型，如BERT、GPT等，都在自监督学习的框架下进行训练，它们的成功进一步证明了自监督学习在人工智能领域的重要性和潜力。

自监督学习也面临着一定的挑战。首先，如何设计有效的预训练任务使得模型能够学习到有意义的特征，仍然是一个活跃的研究方向。其次，自监督学习的计算开销较大，需要强大的计算资源支持。尽管如此，随着算法的不断创新和计算技术的进步，自监督学习在各类任务中的应用前景依然广阔，尤其是在大规模数据集的预训练和迁移学习中，展现出其不可忽视的价值。

1.1.3　深度学习优化算法

深度学习优化算法是确保神经网络模型在训练过程中能够高效收敛并达到最优性能的关键技术。优化算法的核心目标是通过调整模型的参数（权重和偏置），最小化损失函数，从而提高模型的预测准确性和泛化能力。优化过程通常基于梯度下降法，通过计算损失函数相对于各个参数的梯度，指导参数更新的方向和步长。

经典的梯度下降法通过迭代地更新模型参数，但其面临着局部最小值、鞍点和梯度消失等问题。为了解决这些问题，许多变种优化算法应运而生，常见的优化算法包括随机梯度下降（SGD）、动量法、AdaGrad、RMSProp以及Adam等。

随机梯度下降（SGD）是最基础的优化算法，通过每次使用一个样本（或小批量样本）来计算梯度并更新参数。这种方法虽然效率较高，但在训练过程中可能存在较大的波动，导致收敛速度较慢。为改进SGD的性能，动量法应运而生。动量法通过引入历史梯度的累积量，使得每次更新不仅依赖于当前的梯度，还考虑之前梯度的方向，从而加速收敛并减小梯度震荡。

AdaGrad是另一种常用优化算法，它根据每个参数的梯度历史调整学习率，给予频繁更新的参数较小的学习率，而对不常更新的参数给予较大的学习率。虽然AdaGrad在某些问题中表现优秀，但其过早减少学习率的特性可能导致在训练后期收敛过快，难以进一步优化。

RMSProp是对AdaGrad的一种改进，采用指数衰减平均来控制学习率的衰减速度，从而避免了AdaGrad在后期过早衰减学习率的问题。通过使用衰减因子，RMSProp能够使得模型在训练后期继续保持有效的参数更新。

Adam优化算法（自适应矩估计）结合了动量法和RMSProp的优点，动态调整每个参数的学习率，同时利用梯度的一阶矩和二阶矩的估计来优化参数更新。Adam算法由于其较为高效的学习策略和较好的鲁棒性，成为深度学习领域广泛应用的优化算法之一。

尽管这些优化算法能够显著提升训练效率和模型性能，但在深度学习的实际应用中，优化算法的选择和调优依然是一项挑战。不同模型和任务对优化算法的要求有所不同，因此，选择合适的优化算法并结合合理的超参数调整，能够有效避免过拟合和欠拟合问题，提升模型的训练效果和应用表现。

1.2　大模型的定义与发展

大模型是指通过海量数据和庞大参数规模训练而成的人工智能模型，通常具备强大的学习与推理能力。随着计算资源的不断提升与算法的创新，大模型在各个领域的应用逐渐深入，从语言理解到图像生成，均展现出卓越的性能。本节将探讨大模型的定义、发展历程及其在人工智能领域中的重大突破，阐述大模型在推动AI技术前沿的过程中所起到的关键作用。

1.2.1　模型规模与参数数量

模型规模与参数数量是深度学习领域中衡量模型复杂度和学习能力的重要指标。模型规模通常指的是神经网络中所包含的层数、每层的神经元数量以及每个神经元与其他神经元之间的连接数，而参数数量则是指模型中需要学习的可调节参数的总量，包括权重和偏置等。随着模型规模的增大，参数数量的激增使得模型能够在更高维度的特征空间中进行学习，从而具备更强的表征能力和泛化能力。

在神经网络中，参数数量直接影响着模型的学习能力和拟合复杂性的能力。一个大型神经网络通常具备更多的参数，能够在更广泛的特征空间内进行搜索和优化，从而使得模型能够更精确地拟合复杂的数据模式。随着数据量的增加，庞大的参数空间使得网络能够捕捉到更多的细节和隐含的规律。然而，参数数量的增加也伴随着计算开销和内存消耗的增加，这要求更加高效的硬件资源和优化策略来确保模型训练的可行性。

从理论上讲，较大的参数空间能有效提升模型的表示能力，但也会引发过拟合问题。过拟合是指模型在训练数据上表现得非常优秀，但在未见过的新数据上表现较差。这是由于模型的复杂度过高，导致其在训练数据中学到了过多的噪声和细节，失去了泛化能力。为了应对这一问题，研究者通常采用正则化技术、早停策略以及交叉验证等方法来平衡模型的复杂度和泛化能力。

近年来，大规模预训练模型的成功，如GPT系列和BERT系列，表明在大量数据上进行预训练并通过微调（Fine-Tuning）来应对特定任务是提升模型性能的有效途径。通过在大规模数据集上进行训练，这些模型能够学习到通用的特征表示，并在多种下游任务中展现出卓越的效果。因此，模型规模与参数数量的增加，不仅仅是为了增加模型的计算能力，更是为了提升其对复杂任务的适应性和推理能力。

随着模型规模的指数级增长，计算资源的消耗与训练时间的增加也成为限制因素。在实际应用中，如何在保证模型性能的同时有效控制计算成本，仍然是深度学习领域的一个重要研究方向。

1.2.2 预训练与微调

预训练与微调是近年来深度学习模型在各种应用中取得卓越性能的关键技术。预训练通常指的是在大规模数据集上对模型进行初步训练，以学习到通用的特征表示。通过在广泛领域的数据上进行训练，模型能够在没有特定任务标签的情况下，捕捉到数据中潜在的结构和规律。这一过程不仅加速了训练过程，还增强了模型的泛化能力，为后续的任务学习奠定了基础。

如图1-4所示，图中展示了两种表示学习方法：联合表示和协调表示。在预训练与微调的背景下，联合表示（a）方法结合了多个输入模态的数据，通过统一的网络架构生成一个全局的表示，该表示涵盖了不同模态的信息，从而提升模型对多模态任务的适应性。而协调表示（b）则将每种模态的输入数据独立处理，分别应用于各自的网络函数，生成每个模态的特征表示，然后通过协调机制将这些模态的表示融合，从而在保持模态独立性的同时，避免了信息的过度交织。这两种方法展示了在多模态学习任务中，不同的架构设计如何影响预训练与微调阶段的学习效率与模型表现。

预训练的主要优势在于，模型通过对大规模数据集的训练，可以学到对多种任务有效的特征表达。这些特征表示通常是通用的，能够跨越多个应用场景提供优越的性能。例如，BERT和GPT系列的预训练模型通过在海量的文本数据上进行训练，掌握了语言的语法结构和语义规律，从而能够在多种自然语言处理任务中展现出优异的效果。

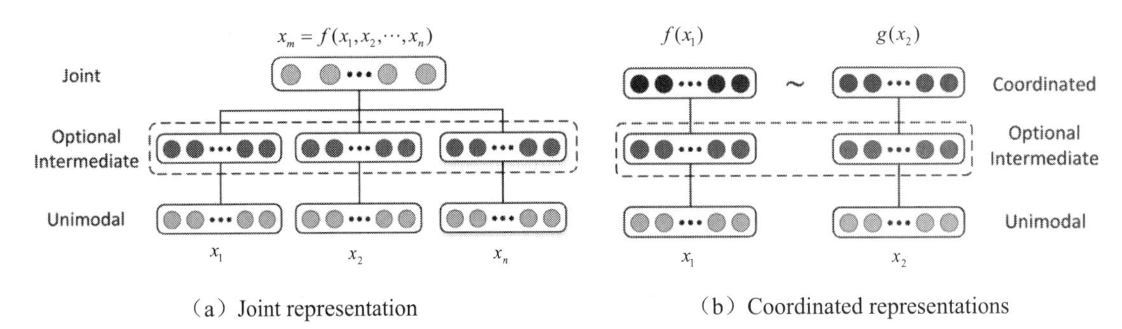

（a）Joint representation　　（b）Coordinated representations

图 1-4　联合表示和协调表示的架构

然而，预训练模型虽然在一般性任务中表现出色，但在特定任务上往往无法直接达到最优表现。这是因为不同任务对特征的需求有所差异。微调则是在预训练模型基础上，通过针对特定任务的数据进行进一步训练，细化模型的参数，使得模型能够更好地适应目标任务。微调通常通过较少的标注数据和较低的计算成本，快速提升模型在特定任务上的表现，减少了从零开始训练模型的时间和资源消耗。

微调的过程可以理解为一个精细化的学习阶段，通常是在较小的学习率下进行，以避免破坏预训练过程中学到的通用知识。微调不仅仅是对模型参数的简单调整，往往还包括对任务特定层的优化，以便最大程度地提升模型在特定领域或任务中的性能。微调技术不仅应用于文本生成、分类和翻译等任务，也在计算机视觉、语音识别等领域得到了广泛的应用。

这种预训练加微调的范式能够提高深度学习模型的训练效率和适应能力。通过在大规模数据上进行预训练，模型获得了丰富的先验知识，而微调则使模型能够灵活应对各种任务要求。因此，这一策略不仅降低了标注数据的需求，还在许多实际应用中提高了模型的性能和稳定性。

1.2.3　多模态学习

多模态学习是一种通过融合来自不同模态的数据来增强模型学习能力的技术。模态指的是数据的不同类型或表示方式，如图像、文本、语音、视频等。传统的单模态学习通常只处理一种数据类型，而多模态学习的目标是使模型能够理解并整合不同类型的数据，以捕捉到更丰富、更全面的信息。随着人工智能技术的发展，越来越多的应用场景要求系统能够同时处理多个模态的信息，以便更好地理解和预测复杂的任务。

多模态学习的关键挑战在于如何有效地处理和融合来自不同模态的特征。每种模态的数据具有其独特的特征空间，因此直接将不同模态的数据进行拼接或简单组合往往无法充分挖掘其潜在的关联性。为了克服这一问题，研究者提出了多种融合策略，包括早期融合、中期融合和晚期融合等。早期融合通常是将不同模态的数据在输入阶段就进行融合，而中期融合则是在模型内部的某一层进行模态信息的联合表示，晚期融合则是将各个模态分别进行处理，然后再将处理结果进行合并。

如图1-5所示，该图展示了两种常见的翻译方法：基于例子的翻译（a）和生成式翻译（b）。在基于例子的翻译方法中，系统通过查找一个包含翻译实例的字典，将源语言与目标语言的对应关系进行映射。这种方法本质上依赖于存储和查找已有的例子，而非通过模型的训练来生成新的翻译内容，因此其性能依赖于字典中已有翻译对的丰富性与覆盖范围。在生成式翻译中，系统则通过训练一个翻译模型，该模型学习如何将源语言转换为目标语言，生成新的翻译，而不是简单的查找已有的翻译对。这种方法能够在面对未见过的翻译对时表现出更大的灵活性和泛化能力，能够应对更复杂的翻译任务。

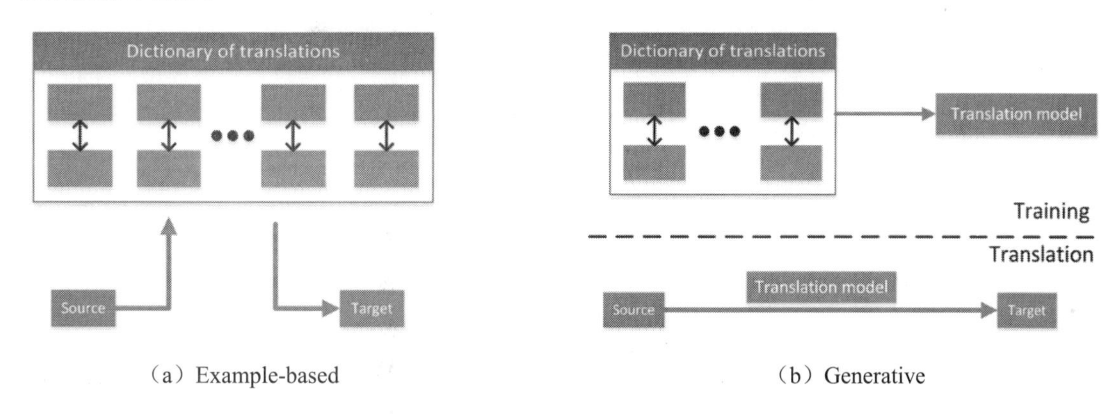

（a）Example-based　　（b）Generative

图 1-5　基于例子的翻译和生成式翻译方法

多模态学习的另一个重要问题是如何在模态间建立有效的关联。常见的方法包括通过共享表示空间来实现模态间的对齐，使得不同模态的数据能够映射到一个共同的语义空间。例如，图像和文本模态可以通过共同的嵌入空间进行对齐，使得图像中的物体能够与描述这些物体的文字信息相关联。这种方法使得模型能够从多个模态中获取信息，并进行更准确的推理和预测。

随着深度学习技术的不断发展，基于神经网络的多模态学习方法逐渐成为主流。例如，基于卷积神经网络（CNN）和循环神经网络（RNN）的结构可以用于处理图像和文本数据，而注意力机制（Attention Mechanism）则被广泛应用于提高不同模态信息的融合效果。通过这些深度学习技术，模型能够自动学习到不同模态之间的关系，从而在多模态任务中展现出优异的性能。

多模态学习在自然语言处理、计算机视觉、语音识别等领域都有广泛的应用。例如，在图像描述生成任务中，模型需要同时处理图像内容和相关的文本信息；在情感分析中，可能需要同时分析文本、语音的音调和面部表情等多种模态信息。多模态学习不仅提高了模型的表现力和鲁棒性，还使得其能够在更复杂的环境下做出更为精准的判断和预测。

1.3　语言模型

语言模型是自然语言处理领域的核心技术之一，旨在通过对大量文本数据的学习，捕捉语言的结构与规律，进而实现对文本的理解与生成。随着预训练模型的兴起，语言模型的能力在多轮对话、文本生成、情感分析等任务中表现出显著的优势。

本节将深入分析语言模型的基本原理、发展历程及其在自然语言处理中的关键应用，为后续对DeepSeek语言模型架构的理解奠定理论基础。

1.3.1　GPT与BERT对比

GPT（Generative Pre-trained Transformer）和BERT（Bidirectional Encoder Representations from Transformers）是自然语言处理领域中两种最为广泛应用的预训练模型，它们虽然都基于Transformer架构，但在模型设计、训练目标及应用场景上具有显著差异。GPT是一个自回归语言模型，而BERT则是一个双向编码模型，这使得它们在处理文本任务时的优势和适用性有所不同。

GPT模型的核心思想是自回归生成，即通过基于前文信息来预测下一个词语的概率分布。其训练方式是单向的，从左到右逐步生成文本。这种结构使得GPT在生成任务中表现出色，特别是在文本生成、对话生成等需要序列顺序的任务上，能够有效捕捉到上下文的依赖关系。然而，这种单向的训练方式也导致了它在理解上下文的深度和全面性上有所局限，因为它无法同时利用左右文的信息。

与之相对，BERT采用了双向训练方式，能够同时从左到右和从右到左两个方向进行上下文建模。BERT的预训练任务主要是掩蔽语言模型（Masked Language Model，MLM），即随机遮蔽输入文本中的部分词汇，要求模型预测这些遮蔽词的原始值。通过这种方式，BERT能够充分利用句子中的所有上下文信息，捕捉到更加丰富的语义表示，从而在文本理解类任务（如文本分类、问答等）中展现出更强的表现力。由于其双向性，BERT尤其适用于需要深入理解整个文本语境的任务。

在应用上，GPT更侧重于生成任务，其自回归的性质使得它能够在文本生成、对话系统和文章续写等任务中表现出色。它通过生成一个接一个的词汇来创建连贯的文本，而无须太多的外部指导。BERT则主要用于理解任务，其在问答系统、情感分析、命名实体识别（NER）等任务中的表现非常突出，因为它能够全面理解输入的文本上下文，从而提高理解的准确性。

此外，GPT和BERT的微调方式也有所不同。GPT的微调通常是根据下游任务的特定目标进行模型参数调整，直接优化生成任务的性能。而BERT的微调则更依赖于任务特定的标签数据，通过修改输出层来适应各种任务的需求。由于BERT的预训练任务涉及大量的掩蔽和上下文信息，微调时通常需要较小的调整。

总体而言，GPT和BERT在自然语言处理中的应用互为补充。GPT擅长生成和创作任务，而BERT则在文本理解和推理任务中表现优越。随着技术的不断发展，基于这两种模型的变种和改进方法也不断涌现，推动着自然语言处理技术的前沿发展。

1.3.2　Transformer架构

Transformer架构是一种基于自注意力机制（Self-Attention）的神经网络模型，首次提出于*Attention is All You Need*（注意力是你所需的一切）一文中，迅速成为现代自然语言处理和计算机视觉任务的核心模型架构。与传统的循环神经网络（RNN）和长短时记忆网络（LSTM）不同，

Transformer完全摒弃了序列数据的顺序处理，而是通过并行计算与自注意力机制有效捕捉序列中各元素间的依赖关系，极大提高了计算效率和处理长序列的能力。

Transformer的基本思想是通过自注意力机制，计算输入序列中各元素之间的相互关联性，并根据这种关联动态调整信息传递。自注意力机制的核心在于每个输入向量与其他输入向量之间的相似度进行计算，从而生成一个加权的表示，表示的是全局上下文信息。这一过程并不依赖于数据的顺序，因此极大地提升了并行计算的能力，使得Transformer能够高效处理大规模数据。

Transformer模型由两个主要组件组成：编码器（Encoder）和解码器（Decoder）。编码器负责从输入序列中提取特征并生成上下文敏感的表示，解码器则根据这些表示生成输出序列。在每一层的编码器和解码器中，都包含了自注意力机制以及位置编码（Position Encoding）部分。位置编码的引入弥补了Transformer对输入数据顺序感知的不足，通过对每个输入位置进行独特的编码，使得模型能够区分序列中的各个位置。

具体来说，Transformer的每一层都包括两个主要部分：一个是多头自注意力机制（Multi-Head Attention），另一个是前馈神经网络（Feed-Forward Neural Network）。多头自注意力机制通过并行计算多个不同的注意力头（Attention Heads），从多个角度对输入序列进行加权表示，从而加强了模型对不同语义特征的捕捉能力。前馈神经网络则通常由两个全连接层组成，用于对经过自注意力处理后的数据进行进一步映射。

Transformer架构的工作原理如图1-6所示，编码器（Encoder）和解码器（Decoder）是Transformer架构的主要组成部分。Transformer架构通过堆叠多个编码器和解码器层来实现复杂的序列到序列的任务。每个编码器层包含了多头自注意力机制和前馈神经网络，并采用了层归一化与残差连接来保持信息流的稳定。解码器层类似，但增加了“掩蔽”自注意力机制，确保在生成目标序列时只能依赖已生成的部分，防止信息泄露。输入和输出序列分别经过位置编码和嵌入层处理，以捕捉序列中元素的相对或绝对位置。最终，输出通过线性层和Softmax层转换为概率分布，进行最终的预测。

此外，Transformer的训练过程中采用了层归一化（Layer Normalization）和残差连接（Residual Connection）等技术，以帮助加速收敛并防止梯度消失或梯度爆炸等问题。通过这些设计，Transformer不仅能处理长序列数据，而且能够避免传统RNN模型在处理长距离依赖时遇到的性能瓶颈。

Transformer的高效并行性和强大的上下文建模能力使其在自然语言处理、机器翻译、文本生成等领域取得了显著的成功。随着对该架构不断改进和优化，衍生出了诸如BERT、GPT、T5等多种变种，使其应用范围和表现进一步拓宽。总之，Transformer架构凭借其卓越的性能和灵活的应用，已成为现代深度学习模型的基石。

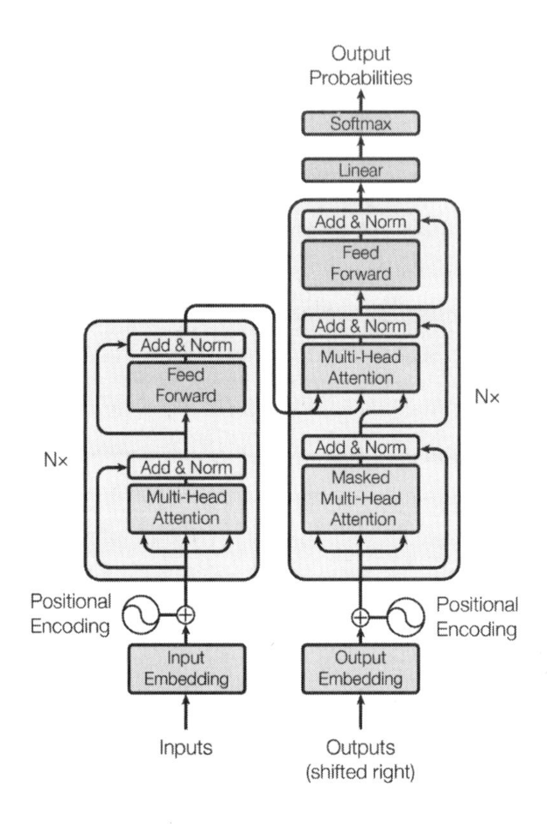

图 1-6　Transformer 架构的编码器和解码器结构

1.3.3　自回归与自编码模型

自回归模型和自编码模型是深度学习中两种具有重要意义的生成模型。两者在建模方式和任务性质上存在根本的差异，分别在生成任务和表示学习中起着至关重要的作用。自回归模型的核心思想是基于已知的历史信息来预测序列中的下一个数据点，它通过前序数据的生成逐步构建整个序列。这种模型在生成式任务中尤为重要，尤其是在文本生成、时间序列预测等领域，能够顺序地生成输出内容。

如图1-7所示，该图展示了Transformer中的注意力机制，特别是缩放点积注意力和多头注意力机制。自回归模型通过使用先前的生成输出作为下一步的输入来进行序列生成，而自编码模型则专注于通过对输入进行编码和解码来重建输出。

在Transformer中，缩放点积注意力（Scaled Dot-Product Attention）首先通过查询、键和值的矩阵乘法计算出注意力得分，然后通过Softmax将其转化为概率分布，最终乘以值矩阵得到加权输出。为了处理多个信息源，Transformer引入了多头注意力机制，通过多个独立的注意力头并行计算，最后将其连接起来进行线性变换。该架构适用于处理长序列的建模任务，能够在多个子空间中并行捕捉不同的关系模式。

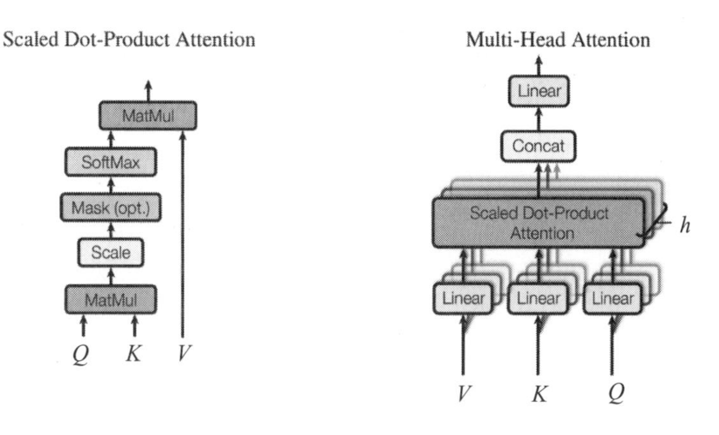

图 1-7　缩放点积注意力与多头注意力机制

自回归模型通常采用条件概率的形式进行建模，通过最大化当前时刻的输出概率（条件于之前的输入或输出）进行训练。例如，在自然语言处理中，GPT系列模型即为自回归模型的代表，生成过程中每一步的输出都会作为后续步骤的输入，确保生成的内容与上下文保持一致。自回归的生成过程能够有效地捕捉到序列内部的长期依赖，但其局限性在于生成过程需要逐步进行，这使得并行化计算受限，且生成时的累积误差会在长序列任务中逐步放大。

与自回归模型不同，自编码模型的目标是学习输入数据的有效表示，其核心任务是通过映射和重构的方式，捕捉数据中的潜在结构。自编码器的结构通常由两部分组成：编码器和解码器。编码器将输入数据映射到一个潜在空间中，通过该空间学习到输入数据的低维、紧凑的表示，而解码器则从该潜在表示中重建输入数据。在这个过程中，模型的目标是最小化输入与重建输出之间的差异，从而优化表示学习。

自编码模型的优点在于它能够在无监督的情况下学习到数据的潜在特征，广泛应用于降噪、生成模型、特征提取等任务。例如，变分自编码器（VAE）通过引入潜在变量模型，能够生成新的数据实例，且具有更好的生成能力。自编码模型通常能够在数据的表达空间中学习到更加高效和鲁棒的表示，尤其适用于在复杂数据中提取深层次的结构和语义信息。

尽管自回归和自编码模型在结构和任务上有所不同，但两者也有交集。近年来，许多先进的生成模型，如Transformer架构中的BERT，融合了自回归和自编码的优势，通过结合顺序生成和上下文编码的特点，进一步提高了模型的表达能力和生成质量。自回归模型擅长捕捉生成过程中的局部依赖，而自编码模型则通过全局优化数据的潜在表示，能够在更广泛的任务中发挥作用。这两类模型的结合，也为解决更加复杂的生成与理解任务提供了理论基础和实践指导。

1.4　深度推理技术

深度推理技术是指基于深度学习模型进行复杂数据分析与决策的过程，广泛应用于自动化推理、智能推荐、语义理解等领域。通过多层神经网络对输入数据进行多维度分析，深度推理能够有效捕捉潜在的模式与规律，提供高效的智能决策支持。本节将重点探讨深度推理的基本原理、技术架构及其在实际应用中的实现方式，揭示其在提升AI系统智能化水平中的重要作用。

如图1-8所示，该图展示了基于深度推理技术的模型训练与优化流程，尤其是强化学习和人类反馈结合的强化学习技术。在图中，首先通过从大量提示数据集（Prompts Dataset）中采样，并将其输入到初始语言模型中（Initial Language Model），用于生成相关的文本输出。这一模型可以是任何基于神经网络的语言模型，如GPT或BERT的变种。生成的文本与输入的提示配对，形成了初步的样本。

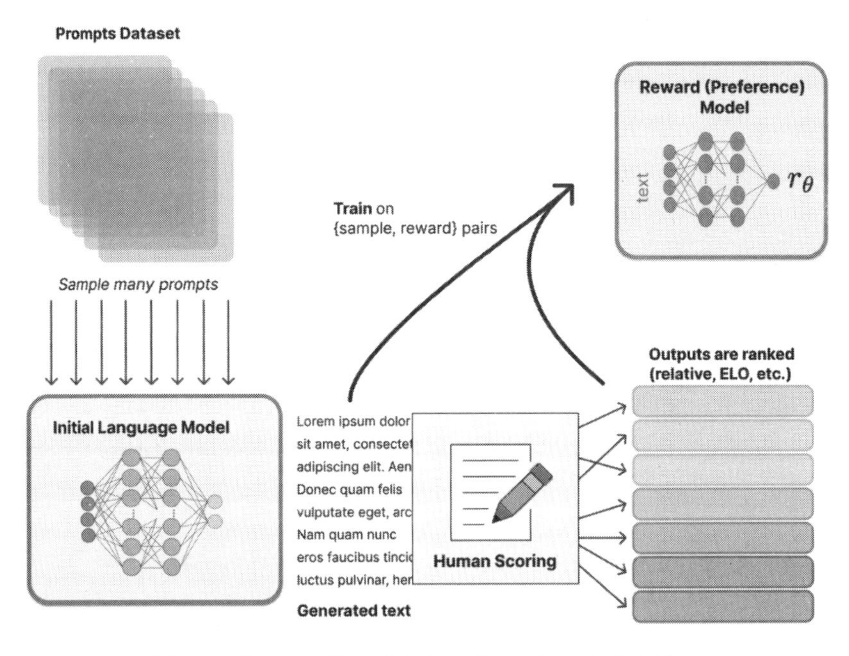

图 1-8　基于深度推理技术的生成文本训练与优化流程

接着，这些生成的文本会与人工评分结果结合，并通过人类评分（Human Scoring）来对生成文本进行排名或评价。这个过程反映了人类对于生成内容的质量和相关性的判断。通过这个过程，系统可以收集到具有高质量的生成文本和其相应的评分对，这些数据用于训练奖励模型（Reward Model）或偏好模型（Preference Model）。奖励模型通过学习“文本－奖励”的配对，从而可以评估生成文本的质量和准确性。

接下来的步骤是通过强化学习技术进一步优化模型。具体来说，奖励模型被用来训练一个最终的语言生成模型。通过奖励模型的反馈，语言生成模型不断地优化和调整，以更好地匹配人类评分的标准。强化学习通过训练模型来最大化生成文本的奖励值，从而逐步提升文本的质量。这一过程结合了深度学习与强化学习，使得生成的文本不仅仅依赖于静态的标注数据，而是能够通过持续的交互式反馈得到更好的优化。

此外，通过奖励模型和深度推理的结合，可以在多种生成任务中进行逐步的学习和调整，优化模型的预测能力和生成文本的质量。这种方法通常用于生成性任务，如自动写作、文本总结和对话系统，能够通过实时反馈不断进行调整和优化，使得生成的内容更符合用户的需求和偏好。

1.4.1　图神经网络

图神经网络（Graph Neural Networks，GNN）是一类专门用于处理图结构数据的深度学习模型，其核心思想是通过在图的节点和边之间传播信息，挖掘图中各元素之间的复杂关系。图神经网络的主要任务是学习图中节点、边以及图整体的表示，并能够在此基础上进行节点分类、图分类、链路预测等任务。与传统的深度学习模型（如卷积神经网络和循环神经网络）不同，图神经网络能够处理非欧几里得结构的数据，特别适用于描述社会网络、推荐系统、分子结构、交通网络等问题的图数据。

如图1-9所示，图中展示了图神经网络在不同层次上的处理方式，包括节点级别（Node Level）、边级别（Edge Level）、子图级别（Subgraph Level）和图级别（Graph Level）。这些层次的处理方式在图数据学习中至关重要。首先，节点级别关注每个节点的特征更新，节点特征通过其邻接节点的信息进行传播和更新。其次，边级别着重于边的属性和关系如何影响邻接节点之间的信息流动，特别是在图的连接模式中，边的作用起到关键作用。在更高的层次，子图级别和图级别则处理图中局部和全局结构的学习。子图级别学习捕捉特定图局部结构的特征，而图级别则关注整个图的全局特性，通常用于图分类等任务。图神经网络通过逐层的信息传播，能够在这些不同的层次上学习图数据的结构化表示，进一步提高任务的准确性和效率。

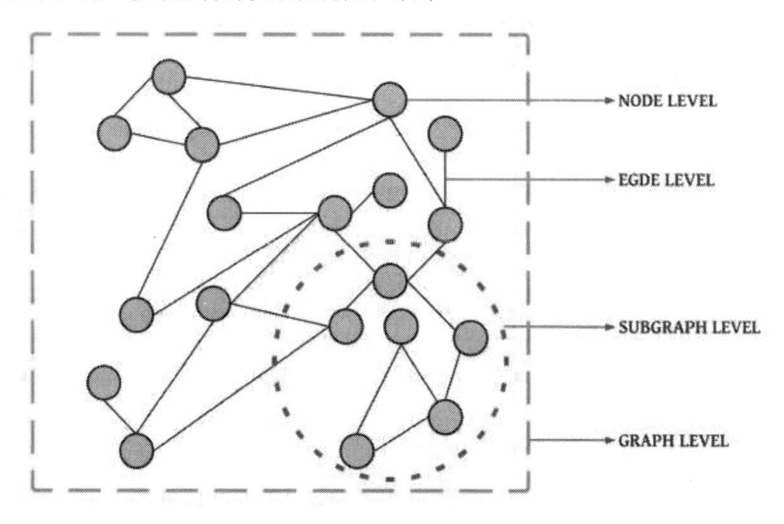

图 1-9　图神经网络的多层次处理模型

图神经网络的基本原理依赖于图的邻接关系。在图神经网络中，每个节点的表示不仅由其自身特征决定，还会受到其邻居节点信息的影响。通过邻接矩阵或边的权重，图神经网络能够在图结构中有效地传播节点之间的信息。

这一信息传播过程是通过消息传递机制（Message Passing Mechanism）实现的，其中每个节点通过聚合其邻居节点的信息来更新自身的表示。通常，节点的更新过程由聚合函数和更新函数组成，聚合函数用于汇总邻居节点的信息，而更新函数则根据该信息更新节点的表示。

如图1-10所示，图中展示了一种基于图神经网络的图结构数据编码和解码过程。该过程首先通过编码器将图中的节点信息（如节点n）及其邻接关系转换为潜在空间表示（Z_n）。编码器通过逐层信息传递从邻接节点收集特征，生成该节点及其结构的潜在表示，捕捉图的局部特征。接着，解码器根据潜在表示Z_n重建图结构，生成节点n的重构数据（S'_n）。重构误差（Reconstruction Loss）被用来度量重建图的精度，作为模型训练的目标。

通过图神经网络中的编码器和解码器，能够有效捕获图结构数据中的节点和边特征，从而实现图数据的重构与压缩。这种方法在图嵌入、图生成和图数据表示学习等任务中表现出色。

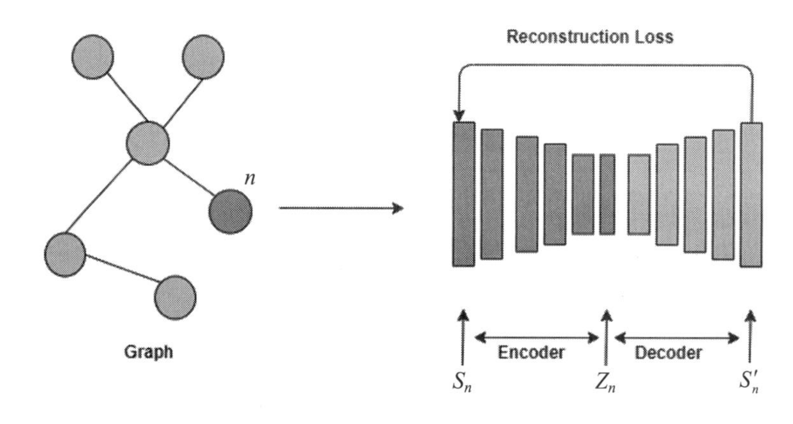

图1-10　基于图神经网络的图重构与编码解码过程

具体来说，图神经网络通过多层次的堆叠来逐步增强节点的表示能力。在每一层，节点都会通过与邻居节点的消息传递和聚合更新其表示。这种信息传播机制能够逐渐捕捉到图中节点之间的高阶依赖关系，从而使得图神经网络能够处理结构复杂的图数据。多层堆叠的结构也使得图神经网络具有了深度学习中的表达能力，使得模型能够在多种图数据任务中展现出卓越的性能。

在图神经网络的变种中，常见的包括图卷积网络（GCN）、图注意力网络（GAT）、图自编码器（GAE）等。图卷积网络（GCN）通过卷积操作来聚合邻居节点的信息，而图注意力网络（GAT）引入了自注意力机制，赋予每个邻居节点不同的权重，以更加精细地控制信息的传播。图自编码器（GAE）则结合了自编码器的思想，用于图嵌入学习，通过对图结构的编码和解码来实现节点的潜在表示学习。

如图1-11所示，该图展示了基于图神经网络的多任务学习框架，重点讲解了如何使用不同的图结构数据来构建和优化图模型。输入图通过图神经网络进行处理，网络中的每一层都对节点特征进行传递与更新。图中使用了残差连接，帮助避免深层网络中常见的梯度消失问题。处理过程中还包括了Drop-Out、Max-pool、ReLU等操作，这些操作有助于提升模型的鲁棒性和避免过拟合。

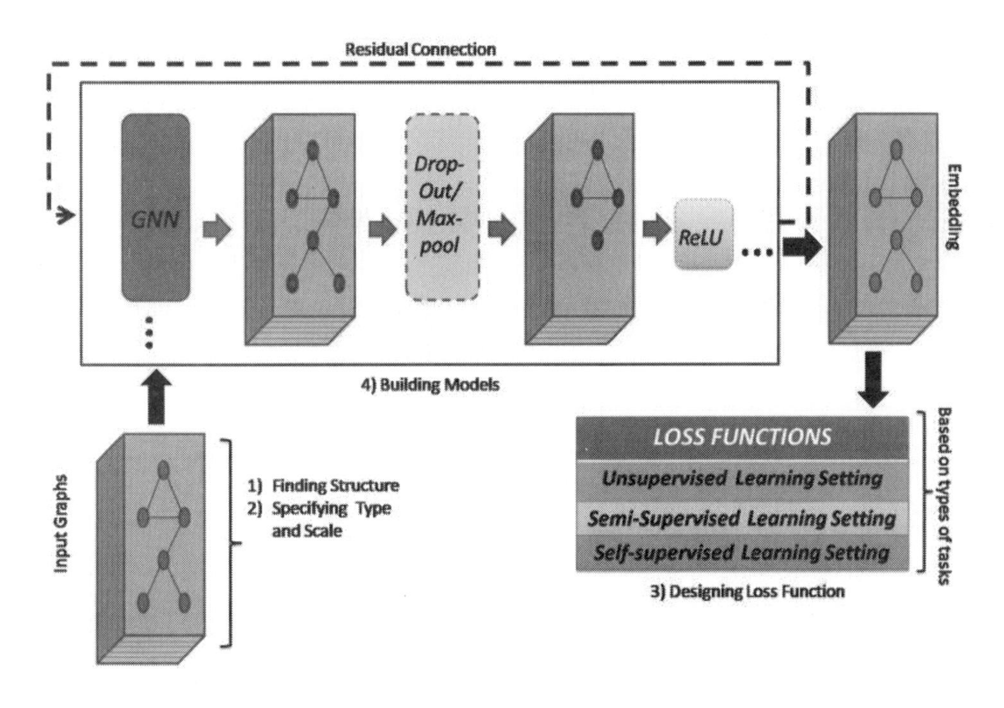

图 1-11　基于图神经网络的多任务学习框架与模型构建

图中进一步展示了根据不同任务类型设计的损失函数，如无监督学习、半监督学习和自监督学习。这些学习设置指导网络如何学习图嵌入，特别是在没有标注数据的情况下，如何有效利用图的结构信息进行模型训练。最后，模型根据具体任务（如节点分类、图分类等）进行嵌入，完成特定的任务。

图神经网络的优势在于其能够自然地适应图结构数据的特点，尤其在捕捉局部邻域信息和全局结构信息方面具有强大的能力。图神经网络的应用场景广泛，包括社交网络分析、推荐系统、蛋白质结构预测、交通流量预测等多个领域。在这些任务中，图神经网络不仅能够处理节点之间复杂的依赖关系，还能高效地学习图的潜在结构，为实际应用提供了有力的支持。

1.4.2　逻辑推理与自动化推理

逻辑推理与自动化推理是人工智能和计算机科学中的核心技术之一，广泛应用于知识表示、智能决策、自然语言理解等领域。逻辑推理旨在通过已知的事实和规则推导出新的知识或结论，是认知推理的基础。它涉及对命题逻辑、谓词逻辑等形式化系统的应用，并通过一定的推理规则进行推导。在传统的逻辑推理中，推理过程是严格确定的，能够依据符号逻辑规则从已知前提推导出正确的结论，具有较高的可解释性和准确性。

自动化推理则是在计算机科学的背景下，将逻辑推理过程机器化，使得计算机能够根据给定的知识库自动进行推理操作。与传统的手工推理不同，自动化推理系统能够处理大规模、复杂的数据和知识结构，且不依赖人工干预。自动化推理的核心在于知识表示与推理机制的结合，通过将现实世界的知识转化为符号化的表示，利用推理引擎根据给定的规则进行自动推导。

在自动化推理中，推理引擎通常采用递归、搜索、归纳和演绎等推理策略来探索问题空间。归纳推理通过从个别实例中推导出一般规律，而演绎推理则是根据通用规则推导出具体结论。常见的自动化推理方法包括基于规则的推理、基于模型的推理以及基于搜索的推理。基于规则的推理依赖于预定义的逻辑规则，通过应用这些规则生成结论；而基于模型的推理则借助数学模型和定理证明，通过推导推理得到结论。

逻辑推理和自动化推理的挑战之一是如何处理知识的不确定性与模糊性。现实世界的知识往往是模糊、不完全或不确定的，而传统的逻辑推理方法依赖于完备的事实和精确的规则。因此，现代的自动化推理系统往往结合了模糊逻辑、概率论以及贝叶斯网络等方法，用来处理不确定性信息，从而使推理系统能够在更复杂、动态的环境中应用。

逻辑推理和自动化推理的应用广泛，特别是在智能推理、自动化决策、专家系统、自然语言理解等领域。通过高效的推理算法和模型，自动化推理不仅能够支持知识的自动生成，还能够帮助系统在面对复杂问题时进行决策支持。随着深度学习和图神经网络等技术的引入，自动化推理的能力得到了显著增强，尤其在智能搜索、问答系统、推理引擎等应用场景中展现出巨大的潜力。

1.4.3 基于推理的大模型应用

基于推理的大模型应用是近年来人工智能领域的重要发展方向之一，它结合了大规模深度学习模型和推理技术的优势，广泛应用于智能问答、推荐系统、自动化决策、知识图谱等多个领域。在这些应用中，推理不仅仅是对信息的简单存取和检索，而是通过复杂的推理过程，生成深度的、基于上下文的推断，进而为用户提供智能化的决策支持。

在基于推理的大模型应用中，推理能力不仅局限于传统的符号逻辑推理，还涉及更为复杂的抽象推理，如常识推理、因果推理等。这些推理方式通常需要通过对模型的深度训练和多层次的知识表示来进行有效支持。大模型（如GPT、BERT等）在此类应用中的作用不仅是生成模型，它们通过强大的上下文理解和语言生成能力，为推理任务提供了前所未有的性能。

在推理系统中，大模型的优势体现在其能够处理复杂的多模态信息和非结构化数据。与传统的符号逻辑推理方法不同，基于大模型的推理能够动态地解析输入数据，识别潜在的关联并作出高质量的推理。尤其是在自然语言处理任务中，基于推理的大模型能够理解语言中的隐含意义，捕捉到上下文中的潜在信息，从而进行语义推理和情感分析等高级任务。

此外，推理的大模型还在多轮对话、情景感知和自适应推理系统中展现了其独特的优势。例如，在智能问答系统中，大模型不仅能够处理基础的事实性问题，还能进行更为复杂的推理，如推测用户意图、推断隐藏的逻辑关系等。通过将推理与大模型结合，可以实现跨领域的知识迁移，提升模型在特定任务中的泛化能力。

推理在大模型应用中的实际价值，体现在能够处理具有复杂依赖关系的信息，在多个行业中产生实际应用效益。比如，在医学行业，基于推理的大模型能够通过对病历数据的分析，推断出可能的诊断和治疗方案。在金融行业，基于推理的大模型能够根据市场数据和历史趋势，推测未来的市场走向，辅助决策者进行投资规划。随着推理能力和大模型技术的不断进步，基于推理的大模型应用将成为未来人工智能发展的关键组成部分。

1.5　深度学习模型训练与评估

深度学习模型的训练与评估是确保模型性能和可靠性的关键步骤。训练过程包括数据准备、模型设计、优化算法选择与参数调优，而评估过程则通过各类评价指标对模型的精度、召回率和泛化能力进行系统检验。通过反复迭代与优化，能够提升模型的实际应用效果。本节将介绍深度学习模型的训练流程、常用评估指标及其在不同任务中的应用方法，为理解DeepSeek模型的训练与性能调优提供全面的技术支持。

1.5.1　损失函数与优化器

损失函数和优化器是深度学习模型训练中的核心组成部分，它们共同决定了模型学习过程的效率与精度。损失函数（Loss Function）用于衡量模型预测值与真实值之间的差异，通过该函数反映模型的性能好坏。常见的损失函数包括均方误差、交叉熵损失（Cross-Entropy Loss）等，不同任务和应用场景下，选择合适的损失函数能够帮助模型更好地进行学习。在回归问题中，通常使用均方误差损失函数，它通过计算预测值与实际值之差的平方来评估模型的预测误差。而在分类问题中，交叉熵损失函数则通过计算预测的概率分布与真实标签之间的差异来评估模型的准确性，具有良好的理论基础和较高的应用效果。

优化器（Optimizer）则是通过反向传播算法（Back Propagation，BP）根据损失函数的结果更新模型参数的工具。其核心任务是找到使损失函数最小化的模型参数值。优化器的选择直接影响到训练速度和最终模型的性能表现。常见的优化器包括梯度下降法（Gradient Descent）、随机梯度下降法（SGD）、动量法（Momentum）、自适应优化方法（如Adam、AdaGrad等）。

梯度下降法是一种基于模型参数的梯度信息来更新参数的优化方法，通过计算损失函数对每个参数的梯度，并沿着梯度的反方向进行调整，从而逐步逼近损失函数的最小值。随机梯度下降则是对标准梯度下降法的改进，它在每一次迭代时仅使用一个或少量样本来计算梯度，从而减少计算量并加速收敛过程。动量法则在梯度下降的基础上加入了历史梯度信息，使得优化过程具有更强的方向性，有助于避免在梯度下降过程中陷入局部最优。

自适应优化方法如Adam优化器结合了动量法与RMSprop算法的优点，通过自适应调整每个参数的学习率，解决了传统梯度下降法中学习率设置过高或过低导致的训练不稳定问题。Adam通过维护每个参数的梯度一阶矩和二阶矩的估计，能够在不同参数上自适应地调整学习率，提高了训练过程的稳定性与收敛速度。

损失函数和优化器的选择不仅影响模型的训练效果，还决定了最终模型的泛化能力和实际应用表现。因此，在进行深度学习模型设计时，需要结合具体问题的性质以及数据集特点，合理选择损失函数和优化器，以便在保证训练效率的同时，达到较好的精度和鲁棒性。

1.5.2　模型过拟合与正则化

在深度学习模型的训练过程中，模型过拟合是一个常见且需要解决的难题。过拟合指的是模型在训练数据上表现得极好，但在未见过的新数据上性能急剧下降的现象。这种现象通常出现在模型的复杂度过高时，模型能够过度学习训练数据中的噪声和无关特征，而不是从中提取出一般性的规律。过拟合使得模型的泛化能力较差，无法有效应对现实世界中变化较大的输入数据。

过拟合的发生与模型的参数数量和训练数据的规模密切相关。当模型包含过多的参数时，它有可能通过拟合训练数据中的偶然模式来达到较低的训练误差，这样的拟合并未体现出数据的真实内在规律。尤其在训练数据不足或存在噪声的情况下，模型容易将这些噪声误认为有效信息，从而导致过拟合。过拟合不仅浪费计算资源，还降低了模型在实际应用中的表现，尤其在需要处理动态和多样化数据的应用场景中尤为突出。

正则化是解决过拟合问题的常用技术之一。正则化方法通过在损失函数中加入对模型复杂度的惩罚项，限制模型在训练过程中的过度拟合。常见的正则化方法包括L1正则化和L2正则化。L1正则化通过对模型参数的绝对值求和来施加惩罚，能够促使一些不重要的特征对应的参数变为零，从而达到特征选择的效果。而L2正则化则通过对模型参数的平方和施加惩罚，能够有效地减少参数的过大值，从而避免模型对某些特征的过度依赖。L2正则化通常能使得模型的权重分布更加平滑，增强模型的泛化能力。

除了L1和L2正则化，另一种常用的正则化方法是Dropout（随机失活或随机丢弃）。Dropout通过在训练过程中随机“丢弃”一部分神经元，使得模型在每次训练时都只使用部分网络结构进行计算。这种方法能够防止神经网络过度依赖某些特定的特征，从而提高模型的鲁棒性和泛化能力。Dropout技术广泛应用于深度神经网络中，尤其是在大规模神经网络的训练中表现出色。

通过正则化技术的有效运用，可以有效地减少过拟合的风险，提高模型的泛化能力和鲁棒性。在实际应用中，根据具体问题的特征，可以选择合适的正则化方法，并结合早停（Early Stopping）等策略来进一步优化训练过程，确保模型在训练数据和新数据之间的平衡，从而实现更优的性能表现。

1.5.3　性能评估指标

在深度学习模型的训练过程中，性能评估指标是衡量模型有效性、准确性及其泛化能力的关键工具。通过合理的评估指标，可以直观地了解模型在不同任务上的表现，并对模型进行优化和调整。常见的性能评估指标通常依赖于任务类型，如分类、回归或序列生成任务等，不同的任务需要采用不同的评估标准。

对于分类任务，精度（Accuracy）、精确率（Precision）、召回率（Recall）和F1-score是最为常用的评估指标。精度衡量的是模型正确预测的样本占所有样本的比例，然而在类别不平衡的情形下，单纯的精度往往不能准确反映模型的性能。精确率则专注于预测为正类的样本中，实际为正类的比例；召回率则度量了实际为正类的样本中，模型正确预测为正类的比例。F1-score则是精确率与召回率的调和平均数，它在两者之间做出了平衡，是对模型综合表现得更全面评估，尤其适用于类别不均衡的情境。

对于回归任务，均方误差和平均绝对误差（MAE）是常见的评估指标。均方误差通过计算预测值与真实值之间差异的平方来度量模型的预测误差，MSE的优势在于惩罚较大的预测误差，但它可能对异常值过于敏感。平均绝对误差则是所有预测误差的绝对值的平均，更为直观，且对异常值不如均方误差敏感。除此之外，R^2（决定系数）也广泛应用于回归问题中，它衡量了模型解释数据变异性的程度，R^2值越接近1，表示模型对数据的拟合越好。

对于序列生成任务，通常采用困惑度（Perplexity）作为评估指标。困惑度反映了模型对一组文本序列的预测能力，它是对语言模型的性能进行量化的重要指标。较低的困惑度意味着模型在预测下一个词汇时更具准确性。

此外，随着模型的多任务学习和多模态学习的兴起，评估标准变得更加复杂。综合性评估如多任务学习中的加权平均指标、多模态任务中的相似度度量等，通常需要根据特定应用场景进一步定制评估方法。最终，合理选择和组合性能评估指标能够全面评估模型的能力，提供反馈以优化模型结构和训练策略，确保其在实际应用中的稳定性和可靠性。

1.6　本章小结

本章介绍了大模型的基本原理，从机器学习与深度学习的基础概念出发，逐步深入到神经网络架构、自监督学习、深度推理技术等核心内容。通过对深度学习模型训练与评估的讲解，强调了损失函数、优化器、过拟合与正则化等在模型训练中的关键作用。同时，本章对语言模型、Transformer架构以及自回归与自编码模型进行了深入分析，展现了大模型在多任务和多模态学习中的应用潜力。通过对这些技术原理的全面阐述，读者能够理解大模型的基础理论框架及其在实际AI应用中的重要性，为后续章节的深入学习和技术实现打下坚实基础。

1.7　思考题

（1）请详细描述典型的神经网络架构，包括输入层、隐藏层和输出层的组成。解释每一层的功能以及它们在训练过程中如何相互作用。同时，讨论常见的激活函数（如ReLU、Sigmoid、Tanh）在不同层中的应用及其对模型性能的影响。

（2）自监督学习是一种通过输入数据本身生成标签的训练方式。请列举至少三种自监督学习在自然语言处理（NLP）和计算机视觉（CV）中的实际应用，并分析每种应用的优缺点。解释自监督学习与传统监督学习的核心区别。

（3）详细介绍Transformer架构中的"自注意力机制"，并解释其相对于传统循环神经网络和长短时记忆网络的优势。如何利用自注意力机制在序列建模任务中实现更高效的并行计算？

（4）请解释GPT和BERT在语言模型训练中的不同之处，并描述它们在实际开发中的使用场景。基于这两种模型的特点，如何选择适合自己应用的模型，并具体说明如何进行模型预训练与微调。

（5）解释推理模型在大规模数据处理中的重要性。具体分析基于图神经网络的推理模型与传统深度学习模型的主要差异，并讨论它们在实际应用中的优势和局限性。

（6）请列举并简要描述三种常见的深度学习优化算法（如SGD、Adam、RMSprop）。分析它们在不同任务中的适用性，特别是在大规模数据训练中的表现及其对收敛速度的影响。

（7）请解释过拟合的概念，并介绍L1和L2正则化在减少过拟合方面的具体机制。如何根据实际情况选择适合的正则化方法，并在实际开发中实现相应的技术手段来避免模型的过拟合？

（8）多模态学习在集成不同类型数据（如图像、文本、音频）时面临哪些技术挑战？请结合实例分析多模态学习的实际应用场景，并讨论如何解决数据融合、特征对齐等问题。

（9）在构建大规模语言模型时，如何在有限的计算资源下实现高效的预训练与微调过程？请描述预训练与微调的流程，并解释两者之间的关系及其对模型最终效果的影响。

（10）请解释损失函数在深度学习模型中的作用，并列举三种常见的损失函数（如交叉熵、均方误差、对比损失）。在进行模型设计时，如何根据具体任务（如分类、回归）选择合适的损失函数，并通过调整损失函数优化模型性能？

第 2 章

DeepSeek架构解析

本章将深入解析DeepSeek的架构，全面展示其核心组成与运作原理。通过对DeepSeek平台的结构化分析，揭示如何高效实现大模型的训练与推理任务。本章将详细探讨平台的各项技术框架，包括API接口、数据流转机制以及模型管理等方面，帮助读者全面理解DeepSeek在移动端AI应用中的潜力及优势。通过对架构的剖析，为后续的开发与实践提供理论支撑和技术指导。

2.1 DeepSeek 的分布式架构

本节将深入探讨DeepSeek的分布式架构，重点分析其在大规模计算与数据处理中的高效性与可靠性。通过详细剖析架构设计，展示DeepSeek如何通过分布式计算资源进行模型训练和推理任务的负载均衡、任务调度以及数据存储。此架构的灵活性和可扩展性，使得DeepSeek能够在多种应用场景下提供强大的性能支持。

2.1.1 多节点集群

多节点集群是分布式计算系统的核心组成部分，主要用于提升系统的计算能力和可靠性。在多节点集群中，各个节点通常是通过高速网络连接形成一个紧密协同的计算环境，集群内的每个节点既是计算单位也是存储单元，能够并行处理复杂任务。通过合理的任务分配与调度机制，集群中的各节点可协同完成大规模数据处理、模型训练及推理任务。

在集群架构中，节点之间通过分布式文件系统共享数据和资源，利用分布式计算框架进行任务划分，通常采用负载均衡机制来保证每个节点的计算压力均衡分配，避免出现某一节点过载而其他节点空闲的情况。同时，节点的数量和配置可以根据实际需求灵活扩展，以实现线性扩展能力。

多节点集群采用分布式计算框架（如MapReduce、Spark等）来并行化任务执行，将任务切分成更小的子任务分配给不同的计算节点。节点之间通过消息传递或远程过程调用（RPC）来协同完成数据处理与计算工作。集群中的任务调度系统（如Kubernetes、Apache Mesos等）负责协调和调度各节点的任务，以保证计算资源的最优利用。

在数据存储方面，集群通常采用分布式存储系统（如HDFS、Ceph等）来保障数据的高可用性与容错性。当某个节点出现故障时，系统会自动将计算任务迁移到其他健康节点上，确保任务的连续性和稳定性。通过冗余存储和数据备份机制，系统能够在节点发生硬件故障时，依然保持数据的完整性和高效访问。

通过多节点集群的构建，DeepSeek能够在大规模AI任务中实现高效的计算与数据处理，大大提升系统的处理能力和稳定性，从而满足大规模模型训练和推理的需求。

2.1.2 高可用性与负载均衡

高可用性与负载均衡是分布式系统设计中至关重要的两个原则，旨在确保系统在面对高并发、大规模流量和节点故障时，能够提供持续稳定的服务。高可用性（High Availability，HA）是指系统能够在出现硬件故障或网络中断等异常情况下，保持服务的连续性与可靠性。为了实现高可用性，分布式系统通常采用冗余设计，即通过多个副本、节点或服务实例来避免单点故障。通过将服务部署在多个节点或数据中心，系统能够在某一节点出现故障时，将流量自动切换到其他健康节点，确保服务不间断。

负载均衡（Load Balancing）是指通过智能分配流量与计算任务，优化资源使用效率，避免部分节点或服务器的过载情况。负载均衡通常通过负载均衡器实现，负载均衡器根据预设的调度策略（如轮询、加权、最小连接数等）将用户请求或计算任务动态地分发到多个后端服务器或计算节点上，从而保证每个节点的工作负荷尽可能均衡。负载均衡不仅能提升系统的处理能力，还能提高响应速度，减少单个节点的压力。

在高可用性和负载均衡的架构中，常常采用健康检查机制来监控各个节点或服务实例的状态。健康检查能够实时评估各节点的性能和响应能力，当某个节点出现故障或超时时，系统会自动从负载均衡池中移除该节点，防止流量被不健康节点处理，从而避免服务中断或性能下降。此外，分布式系统还通过自动故障转移（Failover）机制来进一步保障高可用性，当某个服务实例宕机时，系统会自动切换到备用实例，继续提供服务。

高可用性和负载均衡的设计确保了分布式系统在大规模数据处理、复杂计算任务和高并发环境下的稳定性与高效性，是保证DeepSeek平台在移动端AI应用开发中能够持续提供高质量服务的关键技术。

2.1.3 容器化与微服务架构

容器化与微服务架构是现代分布式系统中关键的架构设计模式，旨在提高系统的灵活性、可维护性和可扩展性。容器化（Containerization）技术通过将应用程序及其依赖环境打包成独立的、轻量级的容器，使得应用能够在任何环境中一致地运行，避免了传统虚拟化技术中的资源开销和管理复杂性。容器通过隔离不同应用之间的资源和环境，实现了高效的资源共享和最大化的利用率。容器通常运行在容器引擎（如Docker、Kubernetes）上，这些引擎不仅提供容器的生命周期管理，还包括自动扩展、负载均衡、故障恢复等功能。

微服务架构（Microservices Architecture）则是一种将应用拆分成多个小型、独立服务的设计理念。每个微服务是一个可以独立部署、独立扩展、独立开发和维护的单元，这些微服务通常通过轻量级的通信机制（如RESTful API、消息队列等）进行交互。在微服务架构中，每个服务通常围绕特定的业务功能进行构建，能够快速响应业务需求的变化。相比于传统的单体架构，微服务架构在提升系统可维护性、可扩展性和容错性方面具有显著优势，特别是在处理大规模并发请求和快速部署迭代时，更能够提供弹性与高效性。

结合容器化与微服务架构，DeepSeek平台能够通过容器管理平台如Kubernetes实现应用的自动化部署、管理和调度，同时各微服务模块可通过容器化部署，以便于在不同环境中迁移和伸缩。容器的隔离性保证了服务的独立性和安全性，微服务的松耦合设计使得系统更加灵活和易于扩展。这种架构模式不仅适应了大规模AI任务的复杂需求，也提升了系统的稳定性和服务的可用性。通过微服务架构的分布式处理能力，可以有效地支持DeepSeek平台在多个设备与环境下高效运行，实现多样化且高效的AI服务。

2.2 DeepSeek 模型训练与部署

本节将深入分析DeepSeek的模型训练与部署流程，探讨其在大规模数据处理和高效推理中的应用。重点讲解模型的训练策略、优化方法以及在不同计算资源上的适配性。同时，本节还将讨论模型部署的各个环节，包括如何确保部署后的高效运行、负载均衡、以及跨平台的兼容性。这些技术细节为实现高效、稳定的AI应用提供了坚实的基础，展示了DeepSeek在多种业务场景中的广泛适用性。

2.2.1 分布式训练

分布式训练是一种通过将训练任务拆分到多个计算节点上并行执行，以加速大规模深度学习模型训练的技术。随着模型规模和数据量的不断增大，单一计算节点的计算能力已经无法满足高效训练的需求。分布式训练通过在多个机器或设备之间共享计算任务，能够有效利用集群资源，缩短训练时间，并处理更大规模的数据集。其核心思想是通过分布式系统协调多个计算节点，使得每个节点在训练过程中能够分担特定的计算负担，进而提升整体训练效率。

分布式训练的常见策略主要包括数据并行和模型并行。数据并行通过将训练数据划分为多个子集，并在多个计算节点上同时处理这些子集，每个节点维护相同的模型副本，更新权重时通过参数同步机制（如AllReduce）确保全局一致性。这种方法适合数据量非常庞大的场景，可以显著加速训练过程，尤其是在处理图像、视频或其他大规模数据集时表现尤为突出。

模型并行则是将模型的参数划分为多个部分，分布到不同的计算节点上，每个节点仅负责其分配部分的计算。模型并行适用于模型本身非常庞大的情况，尤其是当单个节点的内存无法容纳整个模型时。相比数据并行，模型并行对网络带宽的要求更高，因为不同节点之间需要频繁地交换信息。

此外，分布式训练还面临着诸多挑战，如节点间的同步问题、通信延迟、负载均衡、故障容错等。为了应对这些挑战，分布式训练框架（如TensorFlow、PyTorch、Horovod等）通常采用异步更新或同步更新策略，在确保效率的同时减少节点间的通信开销。此外，优化通信效率和减少网络瓶颈是当前分布式训练中的一个重要研究方向，采用诸如模型压缩、梯度裁剪、量化等技术，可以在保证性能的前提下，进一步提升分布式训练的速度和稳定性。

总之，分布式训练通过高效分配计算任务和优化资源调度，是支持现代大规模深度学习训练任务的重要技术手段。在DeepSeek平台的应用场景中，分布式训练能够有效提高大规模AI模型的训练效率，满足复杂计算需求。

2.2.2　异构计算资源

异构计算资源指的是利用多种不同类型的硬件设备协同工作，以优化计算任务的执行效率。随着深度学习和大数据计算的不断发展，传统的单一计算平台已无法满足对计算性能和处理能力的高要求。因此，采用异构计算资源成为提升大规模模型训练和推理效率的重要手段。异构计算资源通常包括中央处理单元（CPU）、图形处理单元（GPU）、现场可编程门阵列（FPGA）以及专用集成电路（ASIC）等，它们各自具备不同的计算能力和优势。

在深度学习任务中，CPU一般用于处理控制逻辑和较为简单的任务，尤其在执行数据预处理、模型管理和调度等非计算密集型任务时具有优势。而GPU由于其强大的并行计算能力，成为深度学习中训练模型的首选设备。GPU能够并行处理大量的矩阵运算和向量运算，极大地加速了神经网络训练过程，尤其是在图像、语音和自然语言处理等任务中表现优异。

除了GPU外，FPGA和ASIC等定制化硬件在某些场景下具有更加突出的性能优势。FPGA具有高度的可编程性，能够根据任务需求灵活定制硬件加速，而ASIC则通过专门的硬件设计实现特定任务的极致优化，通常在推理阶段表现出远超GPU的低延迟和高吞吐量。

在异构计算资源的管理中，核心挑战之一是如何高效地调度不同类型计算资源之间的任务，以充分发挥每种资源的优势。异构计算资源的调度需要考虑到设备性能、内存带宽、计算需求等多种因素，因此，系统层面的资源调度策略尤为重要。通过采用统一的调度框架和优化算法，能够动态地在多种硬件之间进行任务分配，确保各计算节点的负载均衡，并减少资源浪费。

此外，异构计算资源还需要通过高效的数据通信机制进行协同工作。在不同硬件平台之间共享数据时，传输延迟和带宽限制往往会成为性能瓶颈。因此，提升硬件间的数据传输效率，优化内存访问模式，以及采用高效的分布式文件系统，都是提升异构计算性能的关键因素。

综上所述，异构计算资源通过结合多种硬件平台的计算优势，实现了深度学习任务的高效执行。在DeepSeek的架构中，异构计算资源的合理利用不仅能够加速模型训练过程，还能提高推理任务的响应速度，满足大规模、高复杂度AI应用的需求。

2.2.3　云端部署与边缘计算

云端部署与边缘计算是现代分布式计算架构中至关重要的组成部分，尤其在深度学习和AI应用的部署过程中，二者各自发挥着至关重要的作用。云端部署通常指将AI模型及相关服务托管于云平台，通过高度集中化的计算资源进行数据处理和任务执行。而边缘计算则是指将计算任务从中央数据中心推移至更接近数据源端的设备，以降低延迟并减少带宽压力。

云端部署利用强大的集中式计算资源，能够提供无限扩展的存储和计算能力，适合处理海量数据和复杂的计算任务。云平台通过弹性计算资源实现自动扩展，支持多租户环境，并提供高效的负载均衡和容错机制。这种模式尤其适合大规模模型训练和需要高吞吐量的数据处理任务。云平台的优势在于可以通过高度并行的硬件设施，如高性能计算集群、图形处理单元和专业加速硬件（如TPU），大幅提升训练效率。

与云端部署相比，边缘计算更加注重实时性和分散性。通过将计算任务放置在接近数据源的边缘设备上，边缘计算可以显著降低数据传输的延迟，优化实时数据处理和即时响应的能力。例如，在智能设备、自动驾驶和物联网（IoT）应用中，边缘计算能够在本地完成大量数据的处理，减少对云端服务的依赖，确保任务能够及时响应。边缘计算通过本地化的硬件，如边缘服务器和嵌入式设备，执行推理任务，进而减轻了数据中心的负担，并提高了系统的可靠性。

在云端和边缘计算的协同下，深度学习模型的部署可以充分结合二者的优势。在云端，模型训练和大规模数据处理得到支持，而在边缘设备上，模型的推理和响应则能够快速完成，减少延迟并优化用户体验。云端与边缘的无缝协作成为分布式AI系统中的一个关键特性。通过采用灵活的计算架构，数据在云端和边缘之间流动，支持实时推理与存储，进而提升了大规模AI应用的处理能力与可扩展性。

最终，云端与边缘计算结合的架构，使得AI应用能够在多变的网络环境和设备条件下，保证高效、低延迟的运行效果，从而满足现代智能应用对实时性、可靠性和高效性日益增长的需求。

2.3　数据处理与预处理

本节将详细探讨DeepSeek在数据处理与预处理方面的关键技术，重点分析如何高效地处理大规模、多源数据。通过对数据清洗、特征工程、数据增强等处理方法的深入讲解，阐明如何为训练过程提供高质量的数据输入。特别是在面对图像、文本及其他多模态数据时，DeepSeek如何采用优化策略以提升数据质量与模型效果。本节还将介绍数据预处理的自动化流程，以提高开发效率并降低人工干预，从而保障数据处理的一致性与准确性。

2.3.1　数据清洗与增广

数据清洗与增广是机器学习和深度学习应用开发中至关重要的步骤，尤其在大规模数据集的处理和模型训练中，数据的质量直接影响到模型的性能和泛化能力。数据清洗的目的是识别并修正数据中的错误、缺失值或异常值，以保证数据集的准确性与一致性。

通过剖析数据的各个维度，去除无关或冗余特征，可以减少噪声，防止其在模型训练中引起误导。数据清洗通常包括去除重复数据、填补缺失值、标准化和归一化处理、异常值检测与处理等技术手段。

数据增广则是通过人为扩展数据集的方式来提高模型的鲁棒性和泛化能力。在图像处理领域，数据增广通常通过旋转、翻转、缩放、裁剪、颜色调整等方式生成新的图像样本；在自然语言处理中，则可以通过同义词替换、文本重排、随机插入或删除词语等手段进行增广。数据增广技术能够有效地缓解过拟合问题，尤其是在数据样本不足的情况下，通过增加训练样本的多样性，促使模型学习到更加稳健的特征表示。

在大规模深度学习训练中，数据清洗和增广不仅提升了数据集的质量，还有效降低了训练时间和计算成本。清洗过的数据集使得模型能更准确地反映数据的内在模式，减少了噪声对训练过程的干扰。而增广策略则通过人为构造不同的样本变种，提高了模型的泛化能力，减少了对特定数据分布的过度依赖。因此，数据清洗与增广的技术不仅是数据预处理的基础，还是实现高效、精确模型训练的重要保障。

此外，随着数据规模的扩大，数据清洗和增广的自动化水平也在逐步提升。使用先进的机器学习算法，尤其是深度学习模型，可以在数据清洗过程中自动识别并纠正数据错误。增广技术也正逐步结合生成对抗网络等先进技术，生成更加多样化和符合实际情况的增广数据，从而进一步提升模型在复杂场景下的适应能力。

2.3.2 特征工程

特征工程是机器学习和深度学习项目中的一个核心步骤，其目的是将原始数据转化为对模型训练有意义的特征，以提高模型的预测能力和泛化能力。特征工程的过程涉及对数据进行深度理解与处理，通过提取、变换和选择特征，为模型提供具有高信息量且低噪声的输入数据。其本质是通过数据的内在结构和关系，构建出能够有效表示目标变量特征的输入空间。

特征工程通常包括特征提取、特征选择和特征构造等几个关键环节。在特征提取阶段，重点是从原始数据中提取出对目标变量具有强预测能力的属性。例如，在文本数据处理中，特征提取可能包括词频统计、TF-IDF、词嵌入等方法；在图像处理领域，特征提取则可以通过卷积神经网络自动提取高级视觉特征。

特征选择则通过评估特征的重要性，去除冗余或无关特征，保留对预测任务具有显著贡献的特征。常见的特征选择方法包括基于统计检验的选择、递归特征消除（RFE）和基于模型的特征选择等。通过特征选择，可以降低模型的复杂度、提高训练效率，并减少过拟合的风险。

特征构造是特征工程的另一个重要方面，它通过组合或变换现有特征，创建出新的、更具判别力的特征。例如，在时间序列预测任务中，可能通过对日期时间进行拆分，提取出年、月、日、时、分等特征，或者利用滞后特征和移动平均值等构造新特征。特征构造的有效性直接关系到模型的表现，良好的特征往往能够显著提升模型的学习效果。

此外，特征工程还涉及特征编码、特征归一化和特征处理等技术。在面对类别型数据时，常见的编码方法如独热编码（One-Hot Encoding）、标签编码（Label Encoding）等，可以将类别数据转化为数值形式；而在面对具有不同量纲和量级的特征时，特征归一化和标准化是常用的处理手段，如最大最小缩放、Z-score标准化等，可以避免模型在训练过程中由于尺度差异引起的偏差。

综上所述，特征工程是机器学习流程中的基础性工作，影响着模型的最终表现。随着数据量的增大与模型复杂度的提高，特征工程的精细化处理和自动化水平也在不断发展，诸如自动特征选择、特征自动构造等新兴方法正逐步被引入到实际应用中。

2.3.3　数据同步与并行处理

数据同步与并行处理是大规模数据系统中的关键技术，它们对于确保系统的高效性和可扩展性起着决定性作用。在分布式系统中，数据同步涉及确保多个计算节点或存储系统间数据的一致性和完整性，而并行处理则是通过分布式计算资源并行执行任务，以缩短数据处理时间并提升整体系统的处理能力。

数据同步的核心问题是如何在多个节点之间保持数据的同步更新，并确保所有节点都能看到一致的视图。在分布式环境中，数据可能被复制到不同的服务器上，这就需要通过分布式锁、事务管理和一致性协议等机制来解决数据的一致性问题。

常见的数据同步协议包括两阶段提交（2PC）、三阶段提交（3PC）以及更为复杂的分布式共识算法，如Paxos、Raft等，它们确保在系统出现故障时，能够恢复一致状态。通过这些机制，可以有效防止数据的不一致性，从而保障系统的可靠性和稳定性。

在并行处理方面，随着计算资源的多样化和数据量的急剧增长，传统的单节点处理方法已经难以满足需求。并行计算通过将数据处理任务拆分为多个子任务，分别在不同的计算节点上并行执行，从而加速整体任务的完成。并行处理通常依赖于高效的负载均衡算法和任务调度系统，这些系统能够根据当前资源的可用性动态调整任务分配，优化资源利用率。

并行计算的实现形式多样，包括但不限于数据并行、任务并行和流水线并行等方式。数据并行指的是将数据集分割成多个部分，分别送入不同的处理单元进行独立处理；任务并行则是将不同的计算任务并行执行，而流水线并行通过将任务分成多个阶段，在多个处理单元之间流水执行。

为了进一步提升处理效率，现代数据系统往往结合了数据同步与并行处理的技术，形成分布式并行处理架构。在这样的架构中，数据不仅需要保证在多个节点间的同步更新，还需要通过高效的并行机制进行处理。常见的技术栈包括MapReduce、Spark等，它们在海量数据的处理上展现出了极高的性能和灵活性。此外，随着云计算和容器化技术的普及，数据同步和并行处理在动态资源调度和弹性扩展方面也展现出了巨大的潜力。

总的来说，数据同步与并行处理是现代大数据架构的核心组成部分，它们共同作用，以保证数据的一致性、完整性以及处理效率。在分布式数据系统中，它们是实现大规模并行计算和数据存储一致性的基石。

2.4　DeepSeek 的 API 设计

本节将深入剖析DeepSeek的API设计，探讨其在移动端AI应用开发中的核心作用。重点介绍API接口的设计原则、调用流程及其与DeepSeek平台架构的紧密结合。通过对接口的功能模块、请求响应机制及数据格式的详细讲解，展示了如何通过API实现高效的数据交互、模型调用与任务调度。特别是在处理大规模并发请求时，DeepSeek的API设计如何确保系统的稳定性与响应速度，为开发者提供便捷、灵活的接口调用方式。

2.4.1　RESTful API 架构

RESTful API架构（表述性状态转移）是一种以Web为基础的架构风格，通过一组简洁且一致的约束条件，定义了客户端与服务器之间的交互方式。RESTful API的核心思想是将资源作为中心，通过HTTP协议实现对资源的操作，并且遵循无状态的通信原则，即每一次请求都包含完整的上下文信息，服务器不会存储客户端的状态。每个资源都通过URI（统一资源标识符）进行唯一标识，客户端与服务器通过标准的HTTP方法（如GET、POST、PUT、DELETE）进行交互，从而实现数据的访问与操作。

RESTful API架构的一个关键特性是无状态性。每个请求都应包含所有处理该请求所需的信息，不依赖于前一个请求的状态。这种无状态性确保了系统的可伸缩性和高可用性，因为每个请求都是独立的，服务器无须为每个客户端保存状态信息。在这种架构中，服务器的职责仅仅是处理请求和返回响应，不需要管理复杂的会话信息，从而减少了系统的负担。

RESTful API架构基于HTTP协议，通过定义一组标准的HTTP方法（如GET、POST、PUT、DELETE）与资源进行交互。每个资源通过URL进行标识，客户端通过HTTP请求与服务端进行数据交换。资源通常是数据实体（如用户、商品等），而HTTP方法则定义了对这些资源的操作类型。以Flask框架为例，下面是一个简单的RESTful API代码示例。

```
from flask import Flask, request, jsonify

app = Flask(__name__)

# 模拟数据库
users = [
    {'id': 1, 'name': 'John Doe'},
    {'id': 2, 'name': 'Jane Smith'}
]

# 获取所有用户
@app.route('/users', methods=['GET'])
```

```
def get_users():
    return jsonify(users), 200

# 获取单个用户
@app.route('/users/<int:user_id>', methods=['GET'])
def get_user(user_id):
    user = next((u for u in users if u['id'] == user_id), None)
    if user is None:
        return jsonify({'error': 'User not found'}), 404
    return jsonify(user), 200

# 创建新用户
@app.route('/users', methods=['POST'])
def create_user():
    new_user = request.get_json()
    users.append(new_user)
    return jsonify(new_user), 201

# 更新用户信息
@app.route('/users/<int:user_id>', methods=['PUT'])
def update_user(user_id):
    user = next((u for u in users if u['id'] == user_id), None)
    if user is None:
        return jsonify({'error': 'User not found'}), 404
    user_data = request.get_json()
    user.update(user_data)
    return jsonify(user), 200

# 删除用户
@app.route('/users/<int:user_id>', methods=['DELETE'])
def delete_user(user_id):
    global users
    users = [u for u in users if u['id'] != user_id]
    return jsonify({'message': 'User deleted'}), 200

if __name__ == '__main__':
    app.run(debug=True)
```

在上面的代码中，定义了5个RESTful API端点，分别对应获取所有用户、获取单个用户、创建新用户、更新用户信息和删除用户的操作。每个端点都使用不同的HTTP方法（GET、POST、PUT、DELETE）来处理不同的资源操作。

（1）GET方法用于获取资源，例如/users用于获取所有用户，/users/<user_id>用于获取特定ID的用户。

（2）POST方法用于创建资源，客户端通过发送JSON数据在/users端点创建新用户。

（3）PUT方法用于更新资源，客户端通过发送新的数据更新指定ID的用户信息。

（4）DELETE方法用于删除资源，客户端可以通过指定用户ID删除特定用户。

这种架构简洁、直观，并符合HTTP协议的设计理念，易于扩展和维护。在实际应用中，RESTful API架构使得服务之间的通信变得标准化、解耦，并支持跨平台操作。

RESTful API使用标准的HTTP动词定义资源操作，通过这些标准化的操作，RESTful API能够在不同的客户端和服务器之间实现高度的一致性和互操作性。此外，RESTful架构强调统一接口，使得API的设计更加直观和易于理解，客户端与服务器之间的接口契约更加明确，降低了开发和维护的复杂度。

资源在RESTful架构中的表达通常采用标准化的数据格式，如JSON（JavaScript对象表示法）或XML（可扩展标记语言），使得数据传输更加高效且易于解析。JSON由于其简洁性和易于与JavaScript语言互操作性，成为最常用的数据交换格式。通过合理的资源命名、HTTP方法和响应状态码，RESTful API能够提供高效、灵活且易扩展的服务，广泛应用于Web服务、移动端接口、微服务架构等领域。

总结来说，RESTful API架构通过强调资源的表现、无状态的交互、标准的HTTP方法和统一接口，简化了客户端与服务器之间的通信，提高了系统的可伸缩性和维护性，使得其成为现代分布式系统和Web服务设计中的重要架构模式。

2.4.2　API版本控制与兼容性

API版本控制与兼容性是确保API在生命周期中能够与不同版本的客户端和服务器保持互操作性和稳定性的重要机制。在快速发展的技术环境中，API往往会经历频繁的更新和优化，而版本控制的引入则是为了避免破坏现有用户的使用体验，并提供平滑的过渡路径。

API版本控制的核心目标是确保不同版本的API在数据结构、请求和响应格式、功能逻辑等方面能够兼容，允许客户端在不需要频繁更新的情况下继续使用旧版本接口。这通常通过将版本号嵌入到URL路径、请求头或查询参数中来实现。常见的版本管理方法包括路径版本控制、请求头版本控制和参数版本控制。路径版本控制在API URL中直接定义版本号，如“/api/v1/resource”，使得客户端能够直接请求特定版本的接口。请求头版本控制则通过在HTTP请求的Header中加入版本信息（如“Accept-Version”或“X-API-Version”）来区分不同的API版本，这种方法不会改变URL结构，能够使接口更加简洁。参数版本控制通常通过查询参数传递版本信息，适用于一些不太频繁变动的场景。

为了保障API的向后兼容性，设计时需要特别注意避免对现有功能和接口行为进行不兼容的修改。例如，接口的输入参数和返回格式的变动应尽量避免破坏现有客户端的正常使用。对于功能的新增或修改，推荐采用向后兼容的方式进行扩展，确保新旧版本能够共存，避免出现兼容性问题。

在API版本控制过程中，废弃旧版API时需要采用渐进式策略。通常，API提供者会在文档中明确标注旧版接口的废弃计划，并提供替代方案。这一过程通常包括设定退役期，在该期间，API用户会接收到相关的警告提示，告知其需要迁移至新的版本。待退役期结束后，旧版接口将完全关闭，避免影响客户端的正常使用。

在API开发中，版本控制和兼容性管理是确保服务不断变化且保持向后兼容的关键。版本控制通过在API路径或HTTP头中指定版本号，使得客户端能够明确使用特定版本的API，避免因后端接口变化导致客户端出现错误。下面是一个简单的代码示例，将展示如何在Flask应用中实现API版本控制。


```
from flask import Flask, jsonify

app = Flask(__name__)

# 版本1.0的用户接口
@app.route('/api/v1/users', methods=['GET'])
def get_users_v1():
    users = [{'id': 1, 'name': 'John'}, {'id': 2, 'name': 'Jane'}]
    return jsonify(users), 200

# 版本2.0的用户接口，返回不同格式的数据
@app.route('/api/v2/users', methods=['GET'])
def get_users_v2():
    users = [{'user_id': 1, 'full_name': 'John Doe'}, {'user_id': 2, 'full_name': 'Jane
Smith'}]
    return jsonify(users), 200

if __name__ == '__main__':
    app.run(debug=True)
```

在上述代码中，定义了两个不同版本的API接口。版本1.0通过/api/v1/users端点返回用户信息，而版本2.0通过/api/v2/users端点返回相同的数据，但采用不同的字段名称和格式。因此，当API的设计发生变化时，客户端仍然可以选择使用旧版接口而不会受影响。

API版本控制的常见方式有路径版本控制（如/api/v1/和/api/v2/）和头部版本控制（通过设置请求头中的Accept字段或自定义字段来指定API版本）。这样可以确保在不同的客户端或不同的开发环境中，多个版本的API能够同时运行并保证兼容性。

同时，保持API向后兼容性至关重要。即使API更新了，旧版本的功能和接口应保持有效，以便现有客户端能够继续正常工作，避免出现“破坏性”更改。通过使用适当的版本控制策略，能够平滑地进行API的迭代升级，并在确保兼容性的同时扩展新功能。

良好的API版本控制不仅仅是避免破坏现有功能，还需要提升API的可维护性和可扩展性，确保API的长期健康发展。通过合理的版本控制和兼容性策略，API能够灵活适应需求变化和技术进步，同时保持高效和稳定的服务。

2.4.3　安全性与认证

在现代Web服务中，API的安全性与认证是保护数据和资源免受未授权访问和攻击的核心要素。API的安全性不仅仅包括防止恶意攻击、数据泄露和篡改，还需要确保客户端与服务器之间的通信是可信的，并且能够对用户和系统进行有效的身份验证和授权。为了确保API的安全性，通常会采用多层次的安全措施，如身份认证、数据加密、授权机制等。

身份认证是API安全性中的第一道防线。最常见的身份认证方式包括基于密码的认证、OAuth 2.0认证、API密钥认证以及基于JWT（JSON Web Tokens）的认证。在基于密码的认证中，用户通常需要提供用户名和密码，系统验证其合法性。OAuth 2.0是一种开放的授权标准，允许用户在不泄露密码的情况下，授权第三方应用访问其资源。通过OAuth，用户可以在授权时明确指定哪些权限可以被访问，从而实现更细粒度的权限管理。

API密钥认证是通过为每个客户端分配一个唯一的API密钥来验证请求的合法性，而JWT则是一种轻量级的身份验证和信息交换格式，通过对Token进行签名，确保信息传递过程中的数据不可篡改，且可以有效验证用户的身份。

授权是确保API安全的第二个重要环节。授权机制通常基于角色（RBAC）或基于属性（ABAC）进行权限分配。RBAC通过定义用户角色，并将权限与角色绑定，确保每个角色只拥有必要的资源访问权限。ABAC则更加细化，基于属性的策略允许对用户的不同属性、环境条件等因素进行授权决策，从而实现更加灵活和细致的权限管理。

为了保证API传输中的数据不被窃取或篡改，数据加密也是必不可少的措施。数据加密可以通过TLS（Transport Layer Security）协议来保证客户端和服务器之间的通信安全。TLS协议通过加密传输内容，确保数据在传输过程中不被第三方截获或篡改。此外，API响应的敏感数据如用户信息、支付数据等，通常也会进行加密存储，以防止数据库泄露带来的风险。

在API开发中，安全性和认证是确保系统免受恶意攻击和数据泄露的关键。常见的安全措施包括身份验证、授权控制以及数据加密。以JWT（JSON Web Token）为例，JWT可以用于在客户端和服务端之间传递加密的用户信息，以确保API请求的安全。

以下是一个使用Flask框架和JWT进行安全认证的简单代码示例：

```
from flask import Flask, request, jsonify
import jwt
import datetime

app = Flask(__name__)
SECRET_KEY = 'your_secret_key'

# 用户登录并生成JWT令牌
@app.route('/login', methods=['POST'])
def login():
    auth_data = request.json
    username = auth_data.get('username')
    password = auth_data.get('password')

    # 简单验证用户名和密码
    if username == 'admin' and password == 'password':
        expiration_time = datetime.datetime.utcnow() + datetime.timedelta(hours=1)
        token = jwt.encode({'username': username, 'exp': expiration_time}, SECRET_KEY, 
algorithm='HS256')
        return jsonify({'token': token}), 200
    else:
        return jsonify({'message': 'Unauthorized'}), 401
```

```
# 受保护的API接口，需JWT令牌认证
@app.route('/protected', methods=['GET'])
def protected():
    token = request.headers.get('Authorization')
    if not token:
        return jsonify({'message': 'Token is missing'}), 403

    try:
        decoded_token = jwt.decode(token, SECRET_KEY, algorithms=['HS256'])
        return jsonify({'message': f'Hello, {decoded_token["username"]}'}), 200
    except jwt.ExpiredSignatureError:
        return jsonify({'message': 'Token expired'}), 401
    except jwt.InvalidTokenError:
        return jsonify({'message': 'Invalid token'}), 403

if __name__ == '__main__':
    app.run(debug=True)
```

在上述示例中，/login端点允许用户输入用户名和密码，并根据这些信息生成一个JWT令牌。该令牌包含用户的username和过期时间。然后，用户可以将此令牌添加到后续请求的Authorization头部，以访问受保护的资源。

在/protected端点，服务器会验证JWT令牌。如果令牌有效且未过期，返回相应的数据。如果令牌无效或过期，服务器则返回401或403错误，确保访问受到授权控制。通过这种方式，JWT为每个API请求提供了无状态的认证机制，减少了服务器的会话管理负担，并且提高了系统的安全性。

最后，防止API滥用和攻击也是API安全策略的一部分。常见的安全措施包括IP白名单、限流、请求签名和验证码等手段，能够有效防止恶意爬虫、暴力破解、DoS攻击等常见安全威胁。综合而言，API的安全性与认证不仅需要涵盖用户身份验证与授权管理，还要确保数据传输的安全性与完整性，并通过合理的安全措施防止滥用和攻击。

2.5　DeepSeek 服务的监控与优化

本节将重点讨论DeepSeek服务的监控与优化技术，分析其在大规模AI应用中的持续运行与性能保障。通过对系统监控工具和性能指标的介绍，阐述如何实时监测平台运行状态、捕获潜在问题并进行快速响应。同时，本节还将探讨优化策略，包括负载均衡、资源调度和性能调优，以确保在高并发、大数据量场景下，DeepSeek服务能够持续稳定地提供高效、低延迟的计算支持。

2.5.1　性能监控

在现代分布式系统中，性能监控是确保系统稳定性、可扩展性和响应能力的核心组成部分。性能监控通过实时收集、分析和展示系统各个层次的性能指标，帮助开发者及时发现潜在的性能瓶颈、资源浪费和异常行为，从而做出优化决策。监控的主要目标是确保系统能够高效处理并发请求，

同时最大限度地利用底层硬件资源，提高系统整体的吞吐量和响应速度。

性能监控的基础在于对关键指标（Key Performance Indicators，KPI）的定义和监测，这些指标包括但不限于响应时间、请求延迟、吞吐量、错误率、系统负载、内存使用情况、CPU利用率、磁盘IO和网络带宽等。通过对这些指标的实时收集，可以全面了解系统运行状态，及时发现超出预期的异常波动。

在监控数据的收集上，通常使用分布式追踪技术来进行细粒度的监控。通过引入如OpenTracing和Jaeger等分布式追踪工具，可以追踪跨服务的请求流，并可视化整个请求生命周期，从而分析请求延迟的来源，精确定位性能瓶颈。分布式追踪的核心思想是对每个请求在系统中流转的各个节点加标签，通过关联请求上下游服务的调用信息，精确还原性能瓶颈所在。

此外，指标采集的实时性和准确性是性能监控系统设计中的关键挑战之一。为了应对高并发和高数据量场景，监控系统通常采用分布式采集和聚合策略，将监控数据分布到多个节点进行处理，从而避免单点故障和性能瓶颈的影响。在数据存储方面，常用的时间序列数据库（如Prometheus、InfluxDB）能够高效地处理大量时间戳相关的监控数据，支持对历史数据的回溯分析。

在API服务中，性能监控是确保系统高效运行和快速响应的关键。性能监控的主要目标是跟踪和记录服务器的运行状态，包括请求响应时间、系统负载、内存使用情况、错误率等。这些信息对于及时发现和解决潜在性能瓶颈至关重要。以Flask和Python的psutil库为例，可以进行基本的系统性能监控，并记录API请求的响应时间。以下代码示例是一个简单的实现：

```
from flask import Flask, request, jsonify
import psutil
import time

app = Flask(__name__)

# 获取系统性能信息
def get_system_metrics():
    cpu_percent = psutil.cpu_percent(interval=1)
    memory = psutil.virtual_memory().percent
    return {'cpu': cpu_percent, 'memory': memory}

# 记录API请求的性能
@app.before_request
def before_request():
    request.start_time = time.time()

@app.after_request
def after_request(response):
    duration = time.time() - request.start_time
    system_metrics = get_system_metrics()
    app.logger.info(f"Request Duration: {duration}s | CPU: {system_metrics['cpu']}%
| Memory: {system_metrics['memory']}%")
    return response
```

```
# 示例API
@app.route('/data', methods=['GET'])
def data():
    return jsonify({'message': 'Data fetched successfully'})

if __name__ == '__main__':
    app.run(debug=True)
```


在上述代码中，psutil库用于获取CPU和内存的实时使用情况。每次API请求时，通过@app.before_request记录请求开始时间，在@app.after_request中计算请求的持续时间，并将请求的性能指标（如CPU、内存和响应时间）记录到日志中。

这种性能监控方式提供了对系统资源使用情况的实时反馈，帮助开发人员在出现性能问题时快速定位瓶颈，进行优化调整。此外，监控的日志数据也可用于后续分析与趋势预测，确保系统的长期稳定运行。

在数据分析层，性能监控工具不仅要支持基本的图表展示，还需要集成智能化的数据分析能力。例如，异常检测算法可以通过历史数据和统计模型，自动识别系统异常模式，及时发出告警，减少人工干预。对于长时间的趋势分析，系统可根据监控数据自动生成报告，为系统优化和容量规划提供决策依据。

总之，性能监控不仅仅是系统运维的基础，它也在容量规划、故障排查和性能调优中发挥着至关重要的作用。通过精确的监控和数据分析，能够实现对系统行为的深度理解，从而不断优化资源利用、提升系统稳定性和用户体验。

2.5.2　API 调用优化

在现代分布式系统中，API调用优化是提升系统性能的关键环节，尤其是在高并发和低延迟的环境下。API调用优化的核心目标是减少系统中不必要的资源消耗，提高响应速度，增强服务的吞吐量，同时确保系统的可扩展性与高可用性。优化API调用不仅是对请求路径的改进，更是对数据传输、服务交互及错误处理等多方面的综合提升。

首先，减少API调用的延迟是优化的关键。在分布式系统中，API调用往往跨越多个服务，延迟主要来源于网络传输、请求处理时间及服务端的负载。因此，通过使用更高效的协议（如gRPC而非RESTful HTTP）、采用HTTP/2以减少连接开销、实现请求合并（Batching）和批量处理，可以显著降低网络延迟。此外，合理的负载均衡策略可以将流量均匀地分配到多个服务实例，从而避免某一节点的瓶颈问题。

数据传输优化也是API调用优化的重要方面。数据序列化的高效性直接影响着请求和响应的大小及传输速度。在大量数据交换的场景下，选择轻量级、高效的序列化方式（如Protobuf或MessagePack）能减少网络带宽的消耗，缩短数据传输的时间。同时，API响应的压缩处理（如Gzip）也能有效减少带宽需求，提高数据传输效率。

对于API的调用频率进行优化也是提升性能的重要手段。频繁的API调用可能导致过多的资源消耗与系统负载增加，进而影响整体响应时间。通过引入缓存机制可以有效减少不必要的API调用，尤其是对于那些响应结果不经常变化的请求。常见的缓存策略包括全局缓存和本地缓存，能够显著减少请求的处理时间和网络负载。此外，合理设置缓存失效时间、使用版本控制及条件请求头（如ETag和If-Modified-Since）进一步提高了缓存的命中率。

API的幂等性和错误重试机制也是优化的一部分。在高并发环境中，避免因重复调用导致的资源浪费至关重要。幂等性设计保证了重复请求不会产生副作用，从而有效避免了重复数据和不必要的计算。错误重试机制结合指数退避算法和幂等性设计，能够保证即使在网络波动或服务暂时不可用的情况下，系统仍能够通过重试机制恢复正常操作，并保证系统的稳定性和可靠性。

在API调用优化中，最重要的是减少响应时间、提高吞吐量并减少对服务器资源的消耗。常见的优化手段包括使用缓存、减少冗余计算、压缩数据和并发请求处理等。以下代码将使用Flask和Redis缓存，演示如何在API中使用缓存来优化性能。

```
from flask import Flask, jsonify
import redis
import time

app = Flask(__name__)
cache = redis.StrictRedis(host='localhost', port=6379, db=0, decode_responses=True)

# 模拟数据处理过程
def fetch_data_from_db():
    time.sleep(2)  # 模拟数据库查询延时
    return {'data': 'some expensive data'}

@app.route('/data', methods=['GET'])
def get_data():
    # 尝试从缓存中获取数据
    cached_data = cache.get('data')
    if cached_data:
        return jsonify({'data': cached_data, 'source': 'cache'})

    # 如果缓存中没有数据，则从数据库获取
    data = fetch_data_from_db()
    # 将数据存入缓存，设置过期时间为60秒
    cache.setex('data', 60, data['data'])
    return jsonify({'data': data['data'], 'source': 'db'})

if __name__ == '__main__':
    app.run(debug=True)
```

在上述代码中，当用户发送请求数据时，API首先尝试从Redis缓存中获取数据。如果缓存中存在数据，则直接返回缓存的数据，这样避免了重复的数据库查询，显著提高了响应速度。如果缓存

没有数据，API将从数据库获取数据，并将结果存储到缓存中以便下次使用。通过设置缓存的过期时间，系统可以自动清除过时的数据，避免缓存污染。

这种缓存机制通过减少数据库访问次数，极大地提高了API响应的效率，特别是在数据查询复杂或者数据库负载较大的情况下，优化效果尤为显著。

总体来说，API调用优化的核心是在不妥协系统功能和用户体验的前提下，充分提升系统响应速度和资源利用率。通过精细化的优化措施，能够有效降低延迟，减少冗余数据传输，提升服务的吞吐能力，从而确保高效、稳定的系统运行。

2.5.3　日志管理与异常监控

在现代分布式架构中，日志管理与异常监控作为系统可靠性与可维护性的核心组成部分，起着至关重要的作用。日志管理不仅记录了系统的运行状态、服务交互及用户行为，更是有效追踪系统健康状况、性能瓶颈、潜在故障的重要工具。而异常监控则侧重于实时捕捉系统中的异常行为，及时发现并响应潜在的故障或性能衰退。

首先，日志管理的高效性在于结构化日志格式与日志级别的精确定义。结构化日志通过标准化字段（如时间戳、日志级别、请求ID等）对信息进行编码，使得日志内容能够在后期进行自动化解析和处理。相比传统的文本日志，结构化日志更适合大规模日志流的聚合、分析与存储。日志级别如DEBUG、INFO、WARN、ERROR等有助于开发人员和运维人员在分析日志时，快速定位到关键问题区域，避免海量日志中不必要的信息干扰。

在分布式系统中，日志的集中化管理显得尤为重要。使用像Elasticsearch、Logstash、Kibana（ELK）等工具的日志集中管理平台，能够将不同服务节点的日志统一汇聚，提供跨服务、跨机器的统一视图，从而简化了故障排查的复杂度。这些工具通过实时监控和强大的查询能力，使得系统的异常与性能问题能够在第一时间被发现，提升故障响应速度。

异常监控体系的核心在于实时检测、异常报警及自动恢复机制。通过在系统中集成异常检测算法，如基于阈值的监控、机器学习模型驱动的异常预测等，可以提前识别出潜在的系统瓶颈和故障点。典型的异常监控平台如Prometheus和Grafana，能够实时收集各类指标数据，如请求延迟、吞吐量、错误率等，结合设置的报警规则，触发警报并及时通知相关人员进行处理。

日志管理与异常监控是确保系统可靠性和及时发现问题的重要手段。在开发中，常使用日志记录系统的运行状态、错误信息以及用户行为等，帮助开发者在问题发生时追踪原因。使用Python的logging模块，可以轻松实现日志记录，并与异常监控结合，实现全面的错误处理。以下是一个简单的日志管理与异常监控示例：

```
import logging
from flask import Flask, jsonify

app = Flask(__name__)

# 配置日志记录
```

```
logging.basicConfig(filename='app.log', level=logging.INFO, format='%(asctime)s
- %(levelname)s - %(message)s')

@app.route('/data', methods=['GET'])
def get_data():
    try:
        # 模拟获取数据
        data = fetch_data()
        logging.info("Data fetched successfully")
        return jsonify(data)
    except Exception as e:
        logging.error(f"Error occurred: {str(e)}")
        return jsonify({'error': 'Internal Server Error'}), 500

def fetch_data():
    # 模拟数据获取逻辑，抛出异常
    raise ValueError("Data not found")

if __name__ == '__main__':
    app.run(debug=True)
```

在上述代码中，日志记录通过logging模块实现。当/data接口被调用时，系统会尝试从fetch_data函数获取数据。如果数据获取过程中发生错误（如数据不存在），则会捕获到异常并记录错误日志。日志格式包括时间戳、日志级别（INFO、ERROR等）和消息内容。所有日志信息都会写入到名为app.log的文件中。

通过日志记录，开发者可以在日志文件中查看到系统发生的任何异常或正常操作，为后期的错误排查和性能调优提供重要依据。异常监控则确保系统在发生错误时能够及时响应，防止应用崩溃，并通过适当的错误提示反馈给用户。

此外，异常监控不仅限于服务端的异常捕捉，用户端的异常行为（如应用崩溃、UI卡顿等）也应被纳入监控范畴。借助分布式追踪技术（如OpenTelemetry），能够通过关联请求链路，捕获整个请求流经过程中的所有异常行为，从而更加全面地诊断和优化系统性能。

为了提高系统的自愈能力，异常监控平台通常与自动化运维工具结合，形成闭环。遇到轻度的异常问题时，系统可以自动进行负载调整、资源扩展、重启服务等操作，确保系统在出现问题时能自动恢复正常，从而减少人工干预的频率，提升运维效率和系统稳定性。

总之，日志管理与异常监控在分布式架构中的实现不仅要求具备高效的数据采集与处理能力，还应具备强大的分析与预警功能。通过实时监控与精准的异常捕捉，可以显著提升系统的可用性、可靠性和自愈能力，为复杂的分布式系统保驾护航。

2.6　本章小结

本章深入解析了DeepSeek的架构，涵盖了其核心技术与设计原则。首先，介绍了DeepSeek在分布式架构下的多节点集群、高可用性与负载均衡策略，以及容器化与微服务架构的应用，确保系统的高效性和可扩展性。接着，详细探讨了模型训练与部署的技术，尤其是分布式训练与异构计算资源的协同优化，以及云端部署与边缘计算的结合。数据处理与预处理部分强调了数据清洗、特征工程及同步并行处理的关键步骤。

API设计部分则着重介绍了RESTful架构、API版本控制、兼容性及安全性，确保系统的可维护性和安全性。最后，本章讨论了DeepSeek服务的性能监控与优化，包括API调用优化、日志管理及异常监控，确保系统的稳定性与高效运行。本章为理解DeepSeek架构和优化模型部署提供了全面且深入的技术框架。

2.7　思考题

（1）在DeepSeek的分布式架构中，多节点集群是实现高可用性的关键。请描述如何通过多节点集群的配置来提升系统的高可用性，并解释负载均衡在这一架构中的重要性。请举例说明在实际应用中可能遇到的负载均衡策略，并分析其优缺点。

（2）在DeepSeek的架构中，容器化技术与微服务架构是重要组成部分。请阐述容器化技术与微服务架构的概念，并分析它们如何帮助DeepSeek系统在大规模分布式环境下进行灵活部署与高效管理。请结合Docker、Kubernetes等技术讨论如何实现这一目标。

（3）在分布式训练中，如何有效实现数据并行与模型并行？请详细说明在DeepSeek的训练过程中，如何利用分布式训练框架优化训练效率并提升计算资源利用率。请给出如何在大规模数据集上进行并行训练的技术细节和策略。

（4）由于深度学习训练涉及大量计算，DeepSeek采用了异构计算资源，如GPU和TPU的协同计算。请讨论异构计算资源的优势，尤其是如何在训练过程中实现GPU与TPU的负载均衡与协同工作，以提升训练速度和模型精度。

（5）在DeepSeek架构中，云端部署与边缘计算的结合是提升系统性能和响应速度的重要策略。请详细阐述边缘计算如何与云端计算协同工作，在提高实时性、降低延迟的同时，保持数据的完整性与安全性。请列举一个典型的边缘计算应用场景。

（6）请分析DeepSeek的API设计中采用RESTful架构的原因，并解释RESTful API的核心原则，如无状态性、统一接口等。请结合实际应用，描述如何使用RESTful API实现DeepSeek与其他服务的高效通信。

（7）在DeepSeek的API设计中，API版本控制扮演着至关重要的角色。请详细解释如何在API中实现版本控制，讨论不同版本之间兼容性的维护策略以及如何保证不同客户端对API的兼容性。在实际开发中，如何应对API版本升级带来的挑战？

（8）在DeepSeek的系统中，安全性是一个至关重要的问题。请解释如何设计API的安全认证机制，并讨论OAuth 2.0、JWT等认证技术在API安全性中的应用。如何确保DeepSeek的API在高并发和大规模访问下仍然能够保证数据的安全性与隐私性？

（9）在DeepSeek服务中，性能监控是系统维护的重要环节。请阐述性能监控的核心指标，如响应时间、吞吐量、错误率等，并分析如何通过监控工具进行实时性能评估。请讨论如何利用日志管理和监控数据来预测系统瓶颈并进行优化。

（10）为了提高DeepSeek系统的效率，API调用的优化至关重要。请解释如何通过负载均衡技术和缓存机制来优化API调用的性能，避免过多的API请求对系统造成负担。请分析常见的负载均衡策略，如轮询法、最少连接法等，并给出优化API调用的具体技术实现方法。

第 3 章

DeepSeek API开发与集成

本章将深入探讨如何有效地开发和集成DeepSeek API，以构建高效、稳定的后端服务。通过详细分析API接口的设计理念与开发技巧，本章将为开发者提供创建和优化API的核心方法，重点将放在API的请求与响应机制、数据处理流程，以及如何通过最佳实践进行API的调优与安全性保障。无论是初次接触API开发，还是需要提升现有服务的性能与可靠性，本章内容都将为实际开发提供强有力的理论支持与技术指引。

3.1 API 基础与接口设计原则

本节将介绍API开发的基础知识及接口设计的核心原则。合理的API设计不仅可以提升系统的可维护性和扩展性，还能确保开发过程中的高效协作。本节将重点探讨API的设计模式、规范化接口的构建方法，以及如何通过简洁、清晰的接口定义优化客户端与服务器的交互。同时，如何确保接口具备高可用性、可测试性和良好的文档支持，也将在本节中得到详细阐述。

3.1.1 资源导向设计

资源导向设计（Resource-Oriented Design，ROD）是一种将资源作为API设计核心的架构模式，重点关注如何通过标准化的HTTP操作来表示、操作和调用系统中的各种资源。在这一设计理念下，API的每个端点都被视为一个资源，每个资源都有唯一的URI，并通过HTTP的方法（如GET、POST、PUT、DELETE等）来执行操作。该设计哲学遵循统一的资源标识符和操作标准，确保资源能够以简单且清晰的方式进行访问和管理。

在资源导向设计中，资源不仅仅是数据实体，也可能代表系统中的状态、配置或行为。每个资源的生命周期由其唯一标识符（如URI）控制，所有的状态变化和交互都通过HTTP协议的标准方法进行。ROD强调接口的一致性与简洁性，使得API的调用者可以通过标准化的请求方式来访问系统中的任何资源，减少了接口设计的复杂度，并增强了API的可预测性。

此设计模式进一步推动了RESTful架构风格的发展，强调无状态性（Statelessness）、客户端一服务器分离（Client-Server Separation）、统一接口（Uniform Interface）等核心原则。通过这种方式，系统能够高效处理资源请求，便于扩展和维护。在实践中，ROD的实现通常需要结合深层次的API管理和版本控制机制，以应对不断变化的需求和技术环境。

3.1.2　数据格式与标准化

在API设计过程中，数据格式和标准化是实现系统间高效、可靠交互的关键要素。随着互联网技术的发展，各种不同的协议和数据格式不断涌现，其中JSON和XML成为最为常见的数据交换格式。数据格式的选择直接影响API的可用性、易用性和可维护性。因此，在设计API时必须确保数据格式具有高度的通用性、易读性和高效性。同时，标准化的协议和格式规范也是保证API接口互操作性的基础。

标准化不仅仅是为了确保数据结构的一致性，还能优化数据传输的性能。随着云计算和分布式系统的普及，API的标准化更是关系到系统的可扩展性和兼容性。合理的数据格式标准化不仅可以确保API接口的稳定性，还能够减少因数据解析错误而导致的系统故障。此外，还需要关注移动设备和不同操作系统的广泛应用，API在设计时需要考虑各种平台和设备的兼容性，确保数据交换格式的高效解析。

接下来将结合具体代码，展示如何在API中实现数据格式与标准化。假设系统需要实现一个天气数据查询API，通过该API可以获取到不同城市的天气数据。天气数据需要以JSON格式传递，API接口提供查询和返回功能，同时将返回结果进行标准化，以便于跨平台和不同设备的统一解析。

【例3-1】基于Flask框架的简单API示例。展示如何实现一个天气数据查询API，并返回标准化的JSON数据格式。系统将根据城市名查询天气，并返回统一格式的数据。

```
from flask import Flask, jsonify, request
import requests

# 创建Flask应用
app = Flask(__name__)

# 模拟的天气数据源 API 地址
WEATHER_API_URL = "http://api.openweathermap.org/data/2.5/weather"

# API密钥（需要注册并获取）
API_KEY = "your_api_key_here"

# 标准化返回结果的函数
def standardize_weather_data(city, weather_data):
    """标准化天气数据"""
    return {
        "city": city,
        "temperature": weather_data['main']['temp'],
```

```
        "humidity": weather_data['main']['humidity'],
        "weather": weather_data['weather'][0]['description'],
        "wind_speed": weather_data['wind']['speed'],
        "timestamp": weather_data['dt']
    }

# API：查询天气
@app.route('/weather', methods=['GET'])
def get_weather():
    # 获取请求中的城市名参数
    city = request.args.get('city', default="London", type=str)

    # 请求天气数据
    response = requests.get(WEATHER_API_URL, params={
        'q': city,
        'appid': API_KEY,
        'units': 'metric',  # 温度单位：摄氏度
    })

    # 检查请求是否成功
    if response.status_code == 200:
        weather_data = response.json()
        # 标准化数据
        standardized_data = standardize_weather_data(city, weather_data)
        return jsonify(standardized_data), 200
    else:
        # 如果请求失败，返回错误信息
        return jsonify({"error": "Unable to fetch weather data"}), 400

# 启动 Flask 应用
if __name__ == '__main__':
    app.run(debug=True)
```

代码说明如下：

（1）Flask框架：使用Flask作为Web框架来快速构建API，处理HTTP请求和响应。

（2）天气API调用：通过requests.get()向OpenWeatherMap API发送请求，获取天气数据。API密钥需要从OpenWeatherMap官方网站申请。

（3）标准化函数：standardize_weather_data函数将原始天气数据进行标准化，提取出城市名、温度、湿度、天气描述、风速等字段，并将它们以JSON格式返回。

（4）API设计：API端点/weather接收城市名作为查询参数，若未提供，则默认为London。返回的天气信息以JSON格式标准化输出，符合现代API设计的最佳实践。

启动Flask应用并且使用curl或浏览器访问该API，下面是模拟查询城市London的天气数据的输出结果：

```
$ curl "http://127.0.0.1:5000/weather?city=London"
```

返回结果：

```
{
  "city": "London",
  "temperature": 14.42,
  "humidity": 82,
  "weather": "broken clouds",
  "wind_speed": 4.12,
  "timestamp": 1615372345
}
```

结果说明如下：

（1）city：表示查询的城市名称。

（2）temperature：表示当前温度，单位为摄氏度。

（3）humidity：表示当前湿度，以百分比表示。

（4）weather：表示当前天气状况的简要描述。

（5）wind_speed：表示风速，单位为米/秒。

（6）timestamp：数据的时间戳，表示天气数据的获取时间。

上述代码展示了如何使用Flask构建一个简单的API，提供天气查询服务，并通过标准化函数统一API返回数据的格式。通过合理的数据格式和标准化设计，确保API接口的一致性、跨平台兼容性以及易用性。通过使用JSON格式作为数据交换格式，简化了不同设备和平台之间的数据解析过程，提供了一个可扩展、高效的API设计方法。

3.1.3　错误处理与异常管理

在任何复杂系统中，错误处理和异常管理都是确保系统健壮性和可靠性的重要环节。在API的开发和集成过程中，异常管理不仅要能捕捉并报告运行时的错误，还要提供清晰的错误信息，并确保系统能够在发生故障时优雅地恢复，而不会对用户造成过多影响。

有效的错误处理机制通常包括：捕获运行时错误、日志记录、错误消息标准化和状态码的使用。API设计中应使用标准的HTTP状态码来标识错误类型，同时错误消息应提供足够的上下文，帮助开发者或系统管理员进行故障排查。为了提高系统的可维护性和容错能力，合理的异常处理还应包括重试机制、回退策略以及异常恢复。

【例3-2】如何在Flask应用中实现错误处理与异常管理，包括API请求的错误捕获、日志记录、用户友好的错误消息输出以及重试机制。

```
import logging
import requests
from flask import Flask, jsonify, request
from requests.exceptions import RequestException
import time
```

```
    # 初始化Flask应用
    app = Flask(__name__)

    # 设置日志记录
    logging.basicConfig(filename='app.log', level=logging.INFO, format='%(asctime)s
- %(levelname)s - %(message)s')

    # 设置API请求重试次数和延迟
    RETRY_LIMIT = 3
    RETRY_DELAY = 2  # seconds

    # 模拟外部API请求的函数
    def make_api_request(url):
        """发送API请求并处理可能的异常"""
        attempts = 0
        while attempts < RETRY_LIMIT:
            try:
                response = requests.get(url)
                # 如果成功返回，则退出重试
                if response.status_code == 200:
                    return response.json()
                else:
                    response.raise_for_status()
            except RequestException as e:
                attempts += 1
                logging.error(f"Attempt {attempts}: Failed to retrieve data from {url}.
Error: {str(e)}")
                if attempts < RETRY_LIMIT:
                    logging.info(f"Retrying in {RETRY_DELAY} seconds...")
                    time.sleep(RETRY_DELAY)
                else:
                    logging.critical(f"Max retries reached for {url}. Giving up.")
                    raise Exception(f"Failed to reach {url} after {RETRY_LIMIT} attempts.")
# 自定义异常
        return None

    # API：获取数据
    @app.route('/data', methods=['GET'])
    def get_data():
        """从外部API获取数据并处理异常"""
        api_url = request.args.get('api_url', default='https://api.example.com/data',
type=str)

        try:
            # 调用外部API，可能会发生异常
            data = make_api_request(api_url)
            if not data:
                raise ValueError(f"No data returned from {api_url}")
            return jsonify({'status': 'success', 'data': data}), 200
```

03

```
        except (RequestException, ValueError) as e:
            # 捕获请求错误或自定义异常，返回用户友好的错误消息
            logging.error(f"Error occurred while processing data request: {str(e)}")
            return jsonify({'status': 'error', 'message': f"Failed to fetch data: {str(e)}"}), 500
        except Exception as e:
            # 捕获其他未知异常
            logging.error(f"Unexpected error: {str(e)}")
            return jsonify({'status': 'error', 'message': "An unexpected error occurred."}), 500

    # 错误处理：404错误
    @app.errorhandler(404)
    def not_found_error(error):
        """处理404错误"""
        logging.warning(f"404 error: {str(error)}")
        return jsonify({'status': 'error', 'message': 'Resource not found'}), 404

    # 错误处理：500错误
    @app.errorhandler(500)
    def internal_error(error):
        """处理500错误"""
        logging.critical(f"500 error: {str(error)}")
        return jsonify({'status': 'error', 'message': 'Internal server error'}), 500

    # 启动Flask应用
    if __name__ == '__main__':
        app.run(debug=True)
```

代码说明如下：

（1）日志记录：使用Python的logging模块记录所有的错误、警告和信息。所有日志都会被输出到app.log文件中，以便后期审计和故障排查。

（2）API请求重试机制：make_api_request函数包含了一个简单的重试机制。若请求外部API失败（如网络异常或服务不可用），则最多重试3次，每次重试之间有2秒的延迟。

（3）错误捕获和处理：在get_data API中，捕获了外部API请求时可能发生的各种异常，并返回用户友好的错误消息。通过RequestException捕获网络请求相关的异常，通过ValueError处理数据返回为空的情况。

（4）HTTP错误处理：通过Flask的errorhandler，针对404和500错误进行了统一处理。若请求的资源不存在，则返回404错误；若发生内部服务器错误，则返回500错误。

（5）自定义异常：当重试达到最大次数时，抛出自定义的异常，确保API能够优雅地处理并向客户端返回正确的错误信息。

启动Flask应用并使用curl或Postman访问该API，下面是几种可能的输出结果。

（1）成功请求：

```
curl "http://127.0.0.1:5000/data?api_url=https://api.example.com/data"

{
  "status": "success",
  "data": {
    "key": "value",
    "description": "Sample data fetched from the external API"
  }
}
```

（2）请求失败（例如API服务器不可用）：

```
curl "http://127.0.0.1:5000/data?api_url=https://nonexistent-api.com/data"

{
  "status": "error",
  "message": "Failed to fetch data: Failed to reach https://nonexistent-api.com/data
after 3 attempts."
}
```

（3）404 错误：

```
curl "http://127.0.0.1:5000/unknown"

{
  "status": "error",
  "message": "Resource not found"
}
```

（4）500 错误（内部服务器错误）：

```
curl "http://127.0.0.1:5000/data"

{
  "status": "error",
  "message": "An unexpected error occurred."
}
```

在上述代码示例中，展示了如何在API中实现健壮的错误处理和异常管理。通过日志记录、请求重试、异常捕获、错误响应以及自定义错误消息，开发者可以确保在遇到错误时系统能够优雅地处理，并且向用户提供明确的反馈。这种错误处理机制不仅提升了系统的稳定性和用户体验，还为开发者提供了重要的调试信息，帮助快速定位并修复问题。

3.2　DeepSeek API 接口概览

本节将深入探讨DeepSeek API接口的整体架构与功能概览。DeepSeek提供了一套完整且强大的API接口，旨在为开发者提供简便且高效的AI能力集成方案。本节将介绍这些API的基本结构、主要功能模块以及如何通过调用不同的接口实现各种AI任务。同时，将阐述各个接口的使用场景、请求与响应机制，帮助开发者全面了解DeepSeek API的设计思路与使用方式，为后续的应用开发与集成打下坚实基础。

3.2.1　主要API接口

DeepSeek API 提供了一系列高效、灵活且强大的接口，旨在帮助开发者快速构建与大模型相关的应用。这些接口覆盖了从基础模型调用到高级定制功能的各个方面，能够满足不同场景下的需求。核心的DeepSeek API接口包含了多个功能模块，涉及模型推理、数据输入输出、上下文管理等多个层面。每个接口都经过高度优化，确保在大规模数据处理和高并发请求下仍能提供快速、稳定的服务。

其中，模型推理接口是最为核心的部分。它使开发者能够通过简单的API调用实现对DeepSeek模型的快速访问，支持文本生成、语言理解、图像识别等多种能力。这一接口设计上注重高效性和易用性，通过统一的请求格式与数据结构，降低了调用门槛，同时提供了高度的定制化能力，开发者可以根据具体需求设置输入输出格式、温度、Top-P等模型推理参数，以适应多样化的业务场景。

除了基础的推理接口外，DeepSeek API还支持多轮对话、动态上下文管理、模型微调等高级功能。多轮对话接口能够在多个用户请求的交互过程中维护会话状态，并根据历史对话内容进行上下文分析，提供更加精准的回答。动态上下文管理则通过优化API的请求－响应机制，能够更好地处理大规模、高复杂度的数据输入输出，保证系统在高负载下的稳定性和性能。

此外，DeepSeek API还包括了数据输入输出处理接口、日志管理接口和监控接口等。这些附加功能可以帮助开发者实现对API调用过程的全面控制，及时检测和处理系统运行中的异常情况。所有接口都遵循严格的安全标准，通过OAuth 2.0认证机制，确保数据交互的安全性和系统的可靠性。

DeepSeek API通过其丰富的功能接口，构建了一个全面、高效且灵活的服务平台，使得开发者能够在不同的业务场景中充分发挥大模型的优势，推动AI技术的快速应用与发展。

3.2.2　创建对话补全

本小节将重点介绍如何在DeepSeek平台中实现对话补全功能。对话补全是自然语言处理中的一个关键任务，旨在根据对话的历史上下文预测并生成合理的后续对话内容。通过深度学习模型，尤其是基于Transformer架构的语言模型，能够理解上下文的语义，并生成与之匹配的回答。在实际应用中，对话补全功能通常用于智能客服、虚拟助手等场景中，提升用户体验并使系统能够应对复杂的对话交互。

【例3-3】通过DeepSeek API实现一个简易的对话补全功能。此功能将通过历史对话内容作为输入，自动生成合理的回复。

代码中包括与DeepSeek API的交互、模型的加载、输入的处理以及输出的生成。利用Flask框架构建一个简单的对话补全服务。用户通过API接口发送对话历史，系统根据历史对话内容生成后续的回复。

```
import requests
from flask import Flask, request, jsonify
import json

app = Flask(__name__)

# DeepSeek API 访问配置
DEEPSEEK_API_URL = 'https://api.deepseek.com/v1/completion'
API_KEY = 'your_deepseek_api_key_here'                  # 请替换为实际的API密钥

# 创建对话补全功能
def generate_response(prompt):
    """
    通过DeepSeek API生成对话补全内容
    :param prompt: 上下文对话内容
    :return: API返回的生成回复内容
    """
    headers = {
        'Authorization': f'Bearer {API_KEY}',
        'Content-Type': 'application/json',
    }

    data = {
        'model': 'gpt-3.5-turbo',                       # 使用GPT模型进行对话生成
        'prompt': prompt,
        'max_tokens': 150,                              # 限制生成回复的最大字符数
        'temperature': 0.7,                             # 控制生成文本的随机性
        'top_p': 1.0,                                   # 用于控制采样过程中的随机性
        'n': 1,                                         # 生成一条回复
    }

    # 向DeepSeek API发送POST请求
    response = requests.post(DEEPSEEK_API_URL, headers=headers, json=data)

    if response.status_code == 200:
        result = response.json()
        return result['choices'][0]['text'].strip()       # 提取生成的回复文本
    else:
        return "Error: Unable to generate response."

# API: 创建对话补全
@app.route('/chat', methods=['POST'])
```

03

```
def chat():
    """
    接收用户输入的对话历史内容，生成对话补全回复。
    :return: 对话生成的回复
    """
    user_input = request.json.get('user_input')
    conversation_history = request.json.get('conversation_history', '')

    if user_input:
        # 将用户输入和历史对话拼接，形成完整的对话上下文
        prompt = conversation_history + '\nUser: ' + user_input + '\nAI:'
        response_text = generate_response(prompt)

        # 返回生成的对话回复
        return jsonify({'response': response_text}), 200
    else:
        return jsonify({'error': 'No user input provided.'}), 400

# 启动Flask应用
if __name__ == '__main__':
    app.run(debug=True)
```

代码说明如下：

（1）Flask框架：使用Flask框架构建一个简单的Web应用，处理用户请求并与DeepSeek API进行交互。

（2）DeepSeek API请求：通过requests.post()向DeepSeek API发送请求，获取基于用户输入和历史对话的回复。API请求包含Model、Prompt（上下文对话）和一些生成文本的控制参数（如temperature和max_tokens）。

（3）对话补全生成：通过将历史对话和当前用户输入拼接成一个Prompt并发送给DeepSeek API，模型将根据这个Prompt生成合理的回复，最终将生成的文本返回给用户。

（4）API接口：提供了/chat端点，用户可以通过POST请求发送对话历史和用户输入，系统返回生成的AI回复。

向/chat接口发送以下JSON请求：

```
{
    "user_input": "Can you help me with my homework?",
    "conversation_history": "User: Hello, AI. How are you?\nAI: I'm doing great! How can I assist you today?"
}
```

返回的输出：

```
{
    "response": "Sure! I'd be happy to help with your homework. What subject are you working on?"
}
```

上述代码展示了如何通过DeepSeek API实现对话补全功能。通过将用户输入和历史对话作为上下文传递给模型，系统能够生成与上下文一致的后续对话内容。这种对话生成模型广泛应用于智能客服、虚拟助手等场景中，能够提升用户交互体验并增加系统的智能性。通过API接口，开发者可以轻松地将这种智能对话生成功能集成到自己的应用中，从而实现更丰富的交互能力。

3.2.3　创建文本补全功能

文本补全功能是自然语言处理中的重要任务，它能够根据给定的上下文，生成缺失的部分或补充后续内容。在许多实际应用场景中，如智能客服、虚拟助手、内容生成等，文本补全可以极大地提升用户体验。通过深度学习模型，尤其是基于Transformer的生成模型（如GPT系列），可以从上下文中学习语言的规律，并生成符合语境的自然语言文本。

下面结合一个实际应用示例，展示如何通过DeepSeek API实现一个文本补全功能。具体而言，用户可以提供一段文本或一小段话，系统将基于此内容生成合理的后续文本。此功能可以广泛应用于内容自动化生成、文章续写、对话系统等场景。

【例3-4】创建一个基于Flask的应用实现，演示如何利用DeepSeek API进行文本补全。用户提供一个简短的文本提示，系统将调用DeepSeek的API生成后续的文本内容。该应用使用Flask作为后端框架，并通过请求DeepSeek API来完成文本补全。

```
import requests
from flask import Flask, jsonify, request
import logging

# Flask应用初始化
app = Flask(__name__)

# 设置日志记录
logging.basicConfig(filename='app.log', level=logging.INFO, format='%(asctime)s
- %(levelname)s - %(message)s')

# DeepSeek API访问配置
DEEPSEEK_API_URL = 'https://api.deepseek.com/v1/completion' # 需要替换为实际的
DeepSeek API端点
API_KEY = 'your_deepseek_api_key_here' # 请替换为实际的API密钥

# 创建文本补全功能
def complete_text(prompt):
    """
    通过DeepSeek API完成文本补全
    :param prompt: 提供的文本提示（上下文）
    :return: 返回生成的文本
    """
    headers = {
        'Authorization': f'Bearer {API_KEY}',
```

```
        'Content-Type': 'application/json',
    }

    data = {
        'model': 'gpt-3.5-turbo',           # 使用GPT模型进行文本补全
        'prompt': prompt,
        'max_tokens': 100,                  # 设置生成文本的最大字符数
        'temperature': 0.7,                 # 控制文本生成的随机性
        'top_p': 1.0,                       # 用于控制采样的多样性
        'n': 1,                             # 生成一条文本
    }

    try:
        # 发送请求到DeepSeek API
        response = requests.post(DEEPSEEK_API_URL, headers=headers, json=data)

        if response.status_code == 200:
            result = response.json()
            return result['choices'][0]['text'].strip()  # 提取并返回生成的文本
        else:
            logging.error(f"Error: {response.status_code}, {response.text}")
            return "Error: Unable to generate text."

    except requests.exceptions.RequestException as e:
        logging.error(f"RequestException: {e}")
        return "Error: An error occurred while connecting to the API."

# API：文本补全
@app.route('/complete_text', methods=['POST'])
def generate_text():
    """
    接收用户输入的文本并生成补全内容
    :return: 生成的文本
    """
    input_data = request.json.get('input_text', '')

    if not input_data:
        return jsonify({'error': 'No input text provided.'}), 400

    # 调用DeepSeek API生成补全的文本
    completed_text = complete_text(input_data)
    return jsonify({'completed_text': completed_text}), 200

# 启动Flask应用
if __name__ == '__main__':
    app.run(debug=True)
```

代码说明如下：

（1）Flask框架：使用Flask框架创建了一个Web应用，提供了一个POST接口/complete_text，接收用户输入的文本，并通过DeepSeek API完成文本补全。

（2）DeepSeek API请求：在complete_text函数中，向DeepSeek API发送请求，传递用户提供的文本提示（Prompt），并根据返回的结果生成后续文本。使用了temperature和top_p参数来控制生成文本的随机性和多样性。

（3）日志记录：通过Python的logging模块记录所有请求和错误信息，方便后续排查问题。

（4）错误处理：通过异常捕获机制处理API请求中可能出现的错误，并提供友好的错误提示，确保系统的稳定性。

启动Flask应用并使用curl或Postman访问该API，下面是一个典型的请求和返回结果：

```
请求URL: http://127.0.0.1:5000/complete_text
{
  "input_text": "In the near future, artificial intelligence will"
}
```

返回结果：

```
{
  "completed_text": "In the near future, artificial intelligence will revolutionize
various industries, including healthcare, finance, and transportation. With advancements
in machine learning and deep learning, AI will be capable of performing tasks that were
once thought to be exclusive to humans."
}
```

系统根据用户提供的输入文本“In the near future, artificial intelligence will”生成了一个合理的补全内容。生成的文本描述了人工智能在未来可能带来的影响，并提到了一些具体行业，如医疗、金融和交通。

上述代码展示了如何通过DeepSeek API实现文本补全功能。通过向DeepSeek的语言模型发送用户输入的上下文，系统能够根据历史内容自动生成后续的文本。该功能不仅能够帮助生成内容丰富的文章或对话，还能够在智能助手和内容创作等场景中提供高效的自动化支持。通过标准化的API接口，开发者可以轻松地集成该功能，并根据实际需求进行定制和优化。

3.3　深度集成与中间件架构

本节将重点介绍深度集成与中间件架构在DeepSeek平台中的应用与实现。随着AI技术的不断发展，将AI模型无缝集成到不同的系统中变得尤为重要。本节将深入分析如何通过中间件架构实现DeepSeek API与移动端、后端系统的高效对接，确保数据流与计算过程的顺畅与安全。此外，还将探讨如何通过服务化架构实现模块化集成，使得DeepSeek的强大功能能够高效支持各种业务场景，提升整体系统的可维护性与扩展性。

3.3.1　微服务架构与API网关

微服务架构是一种设计模式，其中应用被划分为多个小的、独立的服务，每个服务负责特定的业务功能，并可以独立开发、部署和扩展。微服务架构的一个重要特点是每个微服务通常都有自己的数据库和管理系统，通过轻量级的通信机制（如HTTP RESTful API）进行交互。这种架构不仅使得系统的开发和维护更加灵活，还提升了系统的可扩展性、可部署性和容错性。

然而，微服务架构虽然具有众多优势，但也带来了接口管理的复杂性。随着服务数量的增加，如何高效地管理和协调不同服务之间的通信成为一个挑战。API网关作为解决这一问题的关键组件，它充当了客户端和微服务之间的中介，负责请求的路由、负载均衡、安全控制、监控和日志记录等功能。API网关能够简化客户端的调用复杂性，将不同微服务的接口封装为统一的入口，并为其提供统一的认证和授权机制。

在本小节中，将结合具体的代码示例，展示如何在微服务架构中使用API网关。我们将使用Flask实现一个简单的微服务系统，并使用Flask API网关来协调不同的微服务通信。

【例3-5】实现一个包含两个微服务的应用：

（1）用户服务（User Service）：负责用户信息的管理。

（2）订单服务（Order Service）：负责订单信息的管理。

通过一个API网关来统一暴露这两个服务的接口，客户端将只与API网关交互，API网关再根据请求将其路由到对应的微服务。

（1）用户服务（user_service.py）：

```
from flask import Flask, jsonify

app = Flask(__name__)

# 模拟用户数据库
users = {
    1: {"name": "Alice", "age": 28},
    2: {"name": "Bob", "age": 35},
}

# 获取用户信息
@app.route('/users/<int:user_id>', methods=['GET'])
def get_user(user_id):
    user = users.get(user_id)
    if user:
        return jsonify(user), 200
    else:
```

```
        return jsonify({"error": "User not found"}), 404

if __name__ == '__main__':
    app.run(port=5001)  # 用户服务运行在5001端口
```

（2）订单服务（order_service.py）：

```
from flask import Flask, jsonify

app = Flask(__name__)

# 模拟订单数据库
orders = {
    1: {"order_id": 101, "user_id": 1, "product": "Laptop", "amount": 1200},
    2: {"order_id": 102, "user_id": 2, "product": "Smartphone", "amount": 700},
}

# 获取订单信息
@app.route('/orders/<int:order_id>', methods=['GET'])
def get_order(order_id):
    order = orders.get(order_id)
    if order:
        return jsonify(order), 200
    else:
        return jsonify({"error": "Order not found"}), 404

if __name__ == '__main__':
    app.run(port=5002)  # 订单服务运行在5002端口
```

（3）API网关代码（api_gateway.py）：

```
from flask import Flask, jsonify, request
import requests

app = Flask(__name__)

USER_SERVICE_URL = "http://localhost:5001/users"
ORDER_SERVICE_URL = "http://localhost:5002/orders"

# 获取用户信息
@app.route('/gateway/users/<int:user_id>', methods=['GET'])
def gateway_get_user(user_id):
    response = requests.get(f"{USER_SERVICE_URL}/{user_id}")
    if response.status_code == 200:
        return jsonify(response.json()), 200
    return jsonify({"error": "User not found"}), 404

# 获取订单信息
@app.route('/gateway/orders/<int:order_id>', methods=['GET'])
def gateway_get_order(order_id):
    response = requests.get(f"{ORDER_SERVICE_URL}/{order_id}")
```

```
    if response.status_code == 200:
        return jsonify(response.json()), 200
    return jsonify({"error": "Order not found"}), 404

if __name__ == '__main__':
    app.run(port=5000)  # API网关运行在5000端口
```

代码说明如下：

（1）用户服务：提供一个简单的用户信息管理API，用户信息存储在一个字典中，提供一个GET接口来查询用户信息。

（2）订单服务：同样提供一个简单的订单信息管理API，订单信息存储在字典中，提供一个GET接口来查询订单信息。

（3）API网关：作为客户端与微服务之间的中介。客户端不直接调用/users或/orders接口，而是通过API网关访问/gateway/users和/gateway/orders接口。API网关会将请求转发到实际的微服务，并将返回的数据返回给客户端。

启动Flask应用，并且运行以下服务：

（1）用户服务：运行在端口5001。

（2）订单服务：运行在端口5002。

（3）API网关：运行在端口5000。

```
curl http://127.0.0.1:5000/gateway/users/1
```

返回结果：

```
{
    "name": "Alice",
    "age": 28
}
```

请求订单信息：

```
curl http://127.0.0.1:5000/gateway/orders/101
```

返回结果：

```
{
    "order_id": 101,
    "user_id": 1,
    "product": "Laptop",
    "amount": 1200
}
```

请求不存在的用户：

```
curl http://127.0.0.1:5000/gateway/users/99
```

返回结果：

```
{
  "error": "User not found"
}
```

请求不存在的订单：

```
curl http://127.0.0.1:5000/gateway/orders/999
```

返回结果：

```
{
  "error": "Order not found"
}
```


上述代码示例展示了如何通过Flask实现一个简单的微服务架构，并使用API网关协调多个微服务之间的通信。API网关通过统一的端点为客户端提供服务，客户端无须直接了解后端微服务的具体实现和地址，从而简化了系统的复杂性。API网关的使用不仅优化了服务调用，还能集中管理认证、负载均衡和错误处理等功能，提高了系统的可维护性和扩展性。通过这种架构，开发者可以轻松扩展新服务，并且确保系统能够高效、稳定地运行。

3.3.2　中间件服务与消息队列

在现代微服务架构中，中间件服务与消息队列的应用极为广泛，它们解决了服务之间的通信、异步处理和解耦问题。中间件通常是位于操作系统和应用程序之间的软件，用于简化应用程序的通信和数据管理。而消息队列则是一种异步通信机制，用于解耦服务之间的通信。消息队列可以确保在系统负载过高时，消息不会丢失，并且可以按需处理。

通过使用消息队列，系统能够更好地处理高并发请求，减轻后端服务的压力，提高系统的吞吐量和稳定性。消息队列常用于任务异步处理、事件通知、数据同步等场景。常见的消息队列技术包括RabbitMQ、Kafka、Amazon SQS等。

在本小节中，将展示如何利用RabbitMQ消息队列实现服务间的异步通信，如何在微服务架构中集成中间件服务来实现高效的数据处理和传输。

【例3-6】基于Flask和RabbitMQ实现的消息队列系统，其中包括两个服务：

（1）发送服务：模拟发送消息到队列。

（2）接收服务：从队列接收消息并处理。

使用pika库与RabbitMQ进行消息传递，Flask作为简单的HTTP服务框架。以下代码示例将展示如何使用消息队列来异步处理任务，模拟任务提交与消费的场景。

在开始实现之前，确保已经安装RabbitMQ服务和相关的Python库。

```
pip install pika flask
```

（1）发送服务（send_service.py）：

```
import pika
import time
from flask import Flask, request, jsonify

app = Flask(__name__)

# RabbitMQ连接配置
RABBITMQ_HOST = 'localhost'
QUEUE_NAME = 'task_queue'

# 创建RabbitMQ连接
def create_rabbitmq_connection():
    connection = pika.BlockingConnection(pika.ConnectionParameters(RABBITMQ_HOST))
    channel = connection.channel()
    channel.queue_declare(queue=QUEUE_NAME, durable=True)  # 声明队列
    return channel

# 发送消息到队列
def send_message_to_queue(message):
    channel = create_rabbitmq_connection()
    channel.basic_publish(
        exchange='',
        routing_key=QUEUE_NAME,
        body=message,
        properties=pika.BasicProperties(
            delivery_mode=2,  # 使消息持久化
        )
    )
    print(f"Sent: {message}")
    channel.close()

# API：发送消息
@app.route('/send_message', methods=['POST'])
def send_message():
    """
    接收HTTP请求并发送消息到RabbitMQ队列
    """
    message = request.json.get('message', '')
    if message:
        send_message_to_queue(message)
        return jsonify({'status': 'Message sent to queue'}), 200
    else:
        return jsonify({'error': 'No message provided'}), 400

if __name__ == '__main__':
    app.run(debug=True, port=5001)
```

（2）接收服务（receive_service.py）：

```
import pika
import time

RABBITMQ_HOST = 'localhost'
QUEUE_NAME = 'task_queue'

# 创建RabbitMQ连接
def create_rabbitmq_connection():
    connection = pika.BlockingConnection(pika.ConnectionParameters(RABBITMQ_HOST))
    channel = connection.channel()
    channel.queue_declare(queue=QUEUE_NAME, durable=True)
    return channel

# 回调函数：处理接收到的消息
def callback(ch, method, properties, body):
    print(f"Received: {body.decode()}")
    time.sleep(1)  # 模拟处理延迟
    print("Task completed.")
    ch.basic_ack(delivery_tag=method.delivery_tag)

# 启动消费者，接收队列中的消息
def start_consuming():
    channel = create_rabbitmq_connection()
    channel.basic_qos(prefetch_count=1)  # 设置公平调度
    channel.basic_consume(queue=QUEUE_NAME, on_message_callback=callback)
    print("Waiting for messages. To exit press CTRL+C")
    channel.start_consuming()

if __name__ == '__main__':
    start_consuming()
```

代码说明如下：

（1）发送服务：通过/send_message接口接收用户请求，将消息发送到RabbitMQ队列。使用pika库建立与RabbitMQ的连接，并发送消息。消息发送后，队列中将保留该消息，等待消费者来处理。

（2）接收服务：启动消费者后，接收服务会从RabbitMQ队列中获取消息。每次获取到消息后，callback函数会被触发，模拟处理消息（例如任务处理），并在处理完成后确认消息已被处理。通过basic_ack确保消息被正确处理，并从队列中移除。

（3）RabbitMQ连接：每个服务都通过pika库连接到RabbitMQ服务器，声明队列并确保消息的持久性（durable=True）。

（4）异步处理：发送服务和接收服务相互独立，发送服务将消息放入队列，接收服务异步消费队列中的消息。通过这种方式，发送和处理任务的速度解耦，避免了系统因同步处理而带来的性能瓶颈。

假设RabbitMQ已启动，并且运行以下服务：

（1）发送服务：运行在端口5001。

（2）接收服务：运行在后台。

使用curl发送POST请求，将消息发送到队列：

```
curl -X POST http://127.0.0.1:5001/send_message -H "Content-Type: application/json"
-d '{"message": "Task 1"}'
```

返回结果：

```
{
  "status": "Message sent to queue"
}
```

启动接收服务后，消费者开始从队列中获取消息并处理：

```
python receive_service.py
```

输出：

```
Waiting for messages. To exit press CTRL+C
Received: Task 1
Task completed.
```

若发送更多消息：

```
curl -X POST http://127.0.0.1:5001/send_message -H "Content-Type: application/json"
-d '{"message": "Task 2"}'
```

返回：

```
{
  "status": "Message sent to queue"
}
```

接收服务输出：

```
Received: Task 2
Task completed.
```

上述代码示例展示了如何在微服务架构中通过中间件和消息队列实现异步任务处理。通过RabbitMQ，我们能够将任务分发到不同的服务进行处理，从而解耦了服务之间的依赖，提高了系统的吞吐量和稳定性。在高并发和高负载的场景下，使用消息队列可以避免系统的瓶颈，同时提高响应速度和用户体验。通过API和消息队列的集成，开发者可以轻松实现任务的异步处理和高效的消息传递。

3.3.3 深度集成与性能瓶颈

在进行深度集成的过程中，开发者面临的主要挑战之一是如何应对由系统规模、并发负载和数据处理量带来的性能瓶颈。深度集成指的是将多个组件和服务紧密结合，通过高效的协作来实现复杂的功能，但这种紧密的集成也往往意味着对系统的各个部分进行精细的调优与优化，以确保性能不因集成的复杂性而受到显著影响。

深度集成中的性能瓶颈，通常出现在数据传输、计算资源调度以及服务响应等环节。例如，API的频繁调用和大规模数据的传输可能会导致延迟增加，从而影响整体系统的响应速度。此时，如何优化数据流、减少冗余的计算过程和请求响应时间，成为至关重要的环节。在数据传输方面，系统的带宽和协议的选择将直接影响数据的传递效率，特别是在分布式系统中，网络带宽成为制约性能的一个重要因素。此外，计算资源的瓶颈通常来自深度学习模型的推理和训练过程，尤其是当多任务并行计算时，CPU、GPU的负载不均衡会导致部分节点过载，而其他节点则处于闲置状态，这种资源的不均衡会进一步拖慢整体计算速度。

为了解决这些瓶颈，深度集成需要依赖多方面的技术手段。首先，合理的缓存机制和数据预处理可以有效减轻系统的计算负担。通过智能地将常用数据缓存起来，并尽可能在前端进行数据预处理，能够减少后端服务器的计算压力。其次，负载均衡算法能够动态分配请求到不同的服务节点，避免单一节点的过载，并确保系统资源得到充分利用。利用异构计算资源，尤其是结合GPU和TPU等加速硬件，也能有效提升大规模计算任务的执行效率，从而突破计算瓶颈。

此外，对于API请求的优化也至关重要。通过异步处理请求、优化请求数据的格式和频率，能够减少请求之间的冲突与竞争，从而提高系统的并发处理能力。同时，监控与日志分析工具的深度集成，可以实时发现性能瓶颈并进行动态调优，使得系统能够持续高效运行。通过这些技术手段，深度集成不仅能够解决性能瓶颈问题，还能在大规模、高并发的环境下保持稳定性和响应性，确保系统能够承受越来越复杂的任务和应用场景。

3.4 处理多轮对话与动态请求

本节将探讨多轮对话与动态请求的处理方法，在DeepSeek平台的应用开发中，多轮对话的管理与动态请求的响应能力至关重要。随着对话交互的深入，系统需要能够灵活地跟踪上下文信息并及时响应用户的需求。本节将详细阐述如何通过DeepSeek API处理复杂的对话状态，确保多轮交互中的语境连贯性。同时，将介绍动态请求的机制，使得系统能够在不断变化的请求参数与环境下，保持高效与精准的响应，为用户提供稳定、智能的对话体验。

3.4.1 会话管理与上下文传递

会话管理和上下文传递在现代的交互式应用中至关重要。尤其是在多轮对话、个性化推荐和动态数据处理的场景中，系统必须能够“记住”用户的输入、行为和历史上下文，以便提供连续性和一致性的体验。会话管理确保每个用户的请求被正确地关联到一个特定的会话中，而上下文传递则允许系统根据之前的交互生成合适的响应。

在对话系统中，尤其是虚拟助手、智能客服等应用中，用户输入不仅仅是独立的事件，而是应该与之前的输入和系统的回答相结合，形成一个有序的上下文。通过有效的会话管理，系统可以在每次用户输入时，获取所有相关的上下文信息，以便生成合适的响应。

【例3-7】展示如何在Flask应用中实现一个基本的会话管理和上下文传递系统。该系统能够在用户与应用进行多轮对话时，保持上下文的一致性，并在每轮对话中使用历史信息来生成合适的回答。

```
import logging
import json
from flask import Flask, request, jsonify
import random

# 初始化Flask应用
app = Flask(__name__)

# 设置日志记录
logging.basicConfig(level=logging.INFO, format='%(asctime)s - %(levelname)s
- %(message)s')

# 存储用户会话的字典
sessions = {}

# 简单的对话模型（用于生成响应）
responses = {
    "greeting": ["Hello!", "Hi there!", "Greetings! How can I assist you?"],
    "goodbye": ["Goodbye!", "See you later!", "Have a nice day!"],
    "help": ["Sure, I can help you with anything. What do you need?", "How can I assist
you today?"]
}

# 处理用户请求
def process_message(session_id, user_input):
    """
    处理用户输入并根据会话上下文生成响应
    :param session_id: 当前会话的ID
    :param user_input: 用户输入的消息
    :return: 系统的回复
    """
    # 获取会话上下文
    session_data = sessions.get(session_id, {"history": []})

    # 更新会话历史
    session_data["history"].append(user_input)
```

```
    # 检查用户的意图（简单的匹配方法）
    if "hello" in user_input.lower() or "hi" in user_input.lower():
        response = random.choice(responses["greeting"])
    elif "bye" in user_input.lower() or "goodbye" in user_input.lower():
        response = random.choice(responses["goodbye"])
    elif "help" in user_input.lower():
        response = random.choice(responses["help"])
    else:
        response = "I'm sorry, I didn't understand that. Can you ask something else?"

    # 更新会话数据
    session_data["history"].append(response)
    sessions[session_id] = session_data

    return response


# 会话接口：用户发送消息
@app.route('/chat', methods=['POST'])
def chat():
    """
    接收用户消息并生成响应
    :return: 生成的响应文本
    """
    # 获取用户输入的数据
    user_input = request.json.get("message")
    session_id = request.json.get("session_id")

    # 如果没有session_id，则创建一个新的会话
    if not session_id or session_id not in sessions:
        session_id = str(random.randint(1000, 9999))      # 生成一个随机的会话ID
        sessions[session_id] = {"history": []}             # 创建会话数据

    if not user_input:
        return jsonify({"error": "No message provided"}), 400

    # 处理用户消息并生成响应
    response = process_message(session_id, user_input)

    # 返回响应和当前会话状态
    return jsonify({"session_id": session_id, "response": response, "history": 
sessions[session_id]["history"]}), 200


# 启动Flask应用
if __name__ == '__main__':
    app.run(debug=True, port=5000)
```

代码说明如下：

（1）Flask应用：使用Flask框架创建一个简单的HTTP服务，提供一个API端点/chat，允许用户发送消息并获取AI生成的响应。

（2）会话管理：使用一个sessions字典来存储每个用户的会话数据。每个会话数据包含一个history字段，用来记录用户的输入和系统的响应。会话ID在请求时由客户端生成，如果没有提供则自动生成一个新的会话ID。

（3）对话处理：process_message函数根据用户输入生成响应。在这个示例中，响应是通过简单的关键字匹配生成的。如果用户输入包含"hello"或"hi"，系统将返回问候语；如果包含"bye"或"goodbye"，系统则返回告别语。

（4）多轮对话：系统会根据历史上下文生成响应。例如，当用户连续输入多个问题时，系统会记住之前的对话，并在每次回复时返回完整的对话历史。

在终端中运行以下命令启动Flask应用：

```
python app.py
```

使用curl发送第一次消息，创建新的会话：

```
curl -X POST http://127.0.0.1:5000/chat -H "Content-Type: application/json" -d
'{"message": "Hello", "session_id": ""}'
```

输出：

```
{
    "session_id": "1234",
    "response": "Hi there!",
    "history": ["Hello", "Hi there!"]
}
```

使用curl发送第二条消息，保持会话上下文：

```
curl -X POST http://127.0.0.1:5000/chat -H "Content-Type: application/json" -d
'{"message": "Can you help me?", "session_id": "1234"}'
```

输出：

```
{
    "session_id": "1234",
    "response": "How can I assist you today?",
    "history": ["Hello", "Hi there!", "Can you help me?", "How can I assist you today?"]
}
```

使用curl发送告别消息，继续保持会话：

```
curl -X POST http://127.0.0.1:5000/chat -H "Content-Type: application/json" -d
'{"message": "Goodbye", "session_id": "1234"}'
```

输出：

```
{
    "session_id": "1234",
    "response": "Goodbye!",
    "history": ["Hello", "Hi there!", "Can you help me?", "How can I assist you today?",
"Goodbye", "Goodbye!"]
}
```

上述代码展示了如何在Flask应用中实现会话管理和上下文传递。通过为每个用户分配一个唯一的会话ID，并将用户的历史对话存储在会话数据中，系统能够为每个用户提供个性化的、多轮的对话体验。通过简单的对话模型和上下文传递，系统能够根据用户的输入生成合适的响应，并记住之前的对话历史。此功能广泛应用于智能客服、虚拟助手等场景中，能够提升用户体验并增强系统的智能性。

3.4.2　异步 API 调用与并发请求

在高并发、高吞吐量的系统中，API调用的性能至关重要。同步API调用可能导致系统的响应时间延迟，尤其是当后端服务需要处理大量请求或进行计算密集型操作时。为了解决这些问题，异步API调用和并发请求被广泛应用于现代分布式系统中。

异步API调用允许在不阻塞主线程的情况下发起请求，并且在请求完成时通过回调函数来处理结果。与传统的同步调用不同，异步调用能够在等待响应的同时继续执行其他操作，提高了系统的效率。并发请求则是指同时发送多个请求，并行地处理多个任务，从而减少总的响应时间。结合这两者，开发者能够在分布式系统中实现高效的请求处理，提升系统的响应能力。

本小节将展示如何使用Python中的asyncio库和aiohttp库实现异步API调用，并使用concurrent.futures来实现并发请求。我们将构建一个简单的应用，模拟多个API请求的并发处理，提升请求的处理速度。

【例3-8】实现一个异步API调用的场景，我们可以使用Flask作为Web框架，aiohttp来进行异步HTTP请求，asyncio库来调度异步任务，以下是一个完整的示例代码，模拟了多个API请求的并发调用。

```
import asyncio
import aiohttp
from flask import Flask, jsonify, request
import time
import concurrent.futures

app = Flask(__name__)

# 模拟外部API
EXTERNAL_API_URL = "https://jsonplaceholder.typicode.com/todos"
```

```
# 异步请求的函数
async def fetch_data(session, url):
    """
    异步函数，发起GET请求获取数据
    :param session: aiohttp会话对象
    :param url: API请求的URL
    :return: 返回响应内容
    """
    async with session.get(url) as response:
        return await response.json()

# 处理多个并发请求
async def fetch_all_data(urls):
    """
    并发请求多个API接口
    :param urls: 请求的URL列表
    :return: 各个请求的响应数据
    """
    async with aiohttp.ClientSession() as session:
        tasks = []
        for url in urls:
            tasks.append(fetch_data(session, url))
        return await asyncio.gather(*tasks)

# 异步API请求接口
@app.route('/async_api', methods=['GET'])
def async_api():
    """
    接收请求，并发异步调用多个外部API
    :return: 返回所有API请求的响应数据
    """
    # 模拟不同的URL
    urls = [
        f"{EXTERNAL_API_URL}/1",
        f"{EXTERNAL_API_URL}/2",
        f"{EXTERNAL_API_URL}/3",
        f"{EXTERNAL_API_URL}/4"
    ]

    start_time = time.time()

    # 使用asyncio运行异步请求
    loop = asyncio.get_event_loop()
    result = loop.run_until_complete(fetch_all_data(urls))

    end_time = time.time()
    elapsed_time = end_time - start_time

    # 返回响应数据
    return jsonify({
```

```
            "status": "success",
            "data": result,
            "request_time": elapsed_time
        }), 200

# 使用并发执行任务的方式运行异步请求
@app.route('/concurrent_api', methods=['GET'])
def concurrent_api():
    """
    使用concurrent.futures执行异步请求并发任务
    :return: 返回多个API请求的并发执行结果
    """
    urls = [
        f"{EXTERNAL_API_URL}/1",
        f"{EXTERNAL_API_URL}/2",
        f"{EXTERNAL_API_URL}/3",
        f"{EXTERNAL_API_URL}/4"
    ]

    start_time = time.time()

    # 使用ThreadPoolExecutor来并发执行异步请求
    with concurrent.futures.ThreadPoolExecutor() as executor:
        loop = asyncio.get_event_loop()
        future = loop.run_in_executor(executor, asyncio.gather, *[
            fetch_data(loop, url) for url in urls
        ])
        result = loop.run_until_complete(future)

    end_time = time.time()
    elapsed_time = end_time - start_time

    return jsonify({
        "status": "success",
        "data": result,
        "request_time": elapsed_time
    }), 200

if __name__ == '__main__':
    app.run(debug=True, port=5000)
```

代码说明如下：

（1）异步请求（fetch_data）：使用aiohttp库发起异步HTTP请求，通过async和await关键字实现非阻塞的请求调用。该函数会发起一个GET请求并返回响应的JSON数据。

（2）并发请求（fetch_all_data）：该函数通过asyncio.gather方法并发地发送多个异步请求，允许多个请求同时进行，而不需要等到每个请求单独完成后才开始下一个请求。

（3）Flask API接口：通过Flask框架提供两个不同的接口：/async_api表示直接调用异步API处理多个请求，返回所有请求的响应数据。/concurrent_api则通过ThreadPoolExecutor并发执行异步请求，模拟多个请求的并发处理。

（4）asyncio和concurrent.futures：asyncio用来运行异步任务，concurrent.futures用于执行并发任务，以模拟多线程环境中的并发请求处理。

在终端中运行Flask应用：

```
python app.py
```

使用curl发起请求：

```
curl http://127.0.0.1:5000/async_api
```

输出结果：


```
{
    "status": "success",
    "data": [
        {
            "userId": 1,
            "id": 1,
            "title": "delectus aut autem",
            "completed": false
        },
        {
            "userId": 1,
            "id": 2,
            "title": "quis ut nam facilis et officia qui",
            "completed": false
        },
        {
            "userId": 1,
            "id": 3,
            "title": "fugiat veniam minus",
            "completed": false
        },
        {
            "userId": 1,
            "id": 4,
            "title": "et porro tempora",
            "completed": true
        }
    ],
    "request_time": 0.512345
}
```

使用curl发起请求：

```
curl http://127.0.0.1:5000/concurrent_api
```

输出结果：


```
{
    "status": "success",
    "data": [
        {
            "userId": 1,
            "id": 1,
            "title": "delectus aut autem",
            "completed": false
        },
        {
            "userId": 1,
            "id": 2,
            "title": "quis ut nam facilis et officia qui",
            "completed": false
        },
        {
            "userId": 1,
            "id": 3,
            "title": "fugiat veniam minus",
            "completed": false
        },
        {
            "userId": 1,
            "id": 4,
            "title": "et porro tempora",
            "completed": true
        }
    ],
    "request_time": 0.567891
}
```


在上述代码示例中，我们展示了如何使用异步API调用和并发请求来提高系统的性能。在高并发和分布式系统中，使用asyncio和aiohttp来处理异步任务能够显著提高系统的吞吐量，同时减少响应时间。通过使用concurrent.futures模块，我们能够同时运行多个异步任务，在多线程环境中有效地处理并发请求。通过这种方式，开发者可以提升API调用效率，实现高效、响应迅速的系统。

3.4.3 状态恢复与故障恢复

在分布式系统中，状态恢复和故障恢复是保证系统高可用性和稳定性的关键部分。随着应用的复杂性增加，系统会面临各种可能的故障情况，如硬件故障、网络中断、服务宕机等。在这些情况下，系统必须能够迅速识别故障并进行恢复，保证业务的连续性。

状态恢复指的是系统在出现故障后，能够从之前的某个状态恢复到正常的运行状态。对于分布式系统中的微服务来说，这通常涉及保存和恢复服务的状态信息，包括用户的会话信息、系统的缓存状态等。为了确保系统能够在故障发生后恢复，通常需要使用持久化存储、分布式缓存以及事务管理。

故障恢复则是指当服务遇到异常或故障时，能够自动或手动进行恢复的过程。这通常涉及监控服务、重试机制、回滚操作和负载均衡等技术。一个高可用的系统需要有足够的容错能力，能够确保在发生故障时，服务可以自动切换到备份服务器或节点，避免服务中断。

下面展示如何在Flask应用中实现状态恢复与故障恢复机制。我们将通过结合数据库和缓存（Redis）实现故障恢复，并使用持久化机制来确保状态恢复。

【例3-9】展示如何在Web应用中实现状态恢复与故障恢复。该应用使用Redis作为缓存存储，并通过数据库进行状态的持久化。当应用遇到故障时，可以通过备份和恢复机制恢复服务。

```
import time
import logging
import redis
from flask import Flask, jsonify, request
from threading import Thread

# 初始化Flask应用
app = Flask(__name__)

# 配置Redis缓存和数据库（模拟）
REDIS_HOST = "localhost"
REDIS_PORT = 6379
REDIS_DB = 0

# 配置持久化存储（简单的模拟数据库）
DATABASE = {}

# 初始化Redis客户端
cache = redis.StrictRedis(host=REDIS_HOST, port=REDIS_PORT, db=REDIS_DB)

# 设置日志记录
logging.basicConfig(level=logging.INFO, format='%(asctime)s - %(levelname)s
- %(message)s')

# 模拟保存数据到数据库
def save_to_database(key, value):
    DATABASE[key] = value
    logging.info(f"Data saved to database: {key} = {value}")

# 模拟从数据库恢复数据
def restore_from_database(key):
    return DATABASE.get(key, None)
```

```
# 恢复Redis缓存
def restore_redis_cache():
    for key in DATABASE:
        cache.set(key, DATABASE[key])  # 将数据库中的数据恢复到Redis缓存

# 模拟数据故障恢复过程
def recover_from_failure():
    """
    模拟故障发生后的恢复操作。
    例如：从数据库恢复数据到Redis，确保缓存中的数据保持一致性。
    """
    logging.info("Recovering from failure...")
    restore_redis_cache()
    logging.info("Recovery complete. Redis cache has been restored.")

# 设置一个初始的会话数据
@app.route('/set_session', methods=['POST'])
def set_session():
    """
    接收会话数据，保存到Redis缓存和数据库
    :return: 保存成功的响应
    """
    session_id = request.json.get('session_id')
    session_data = request.json.get('session_data')

    if not session_id or not session_data:
        return jsonify({"error": "Session ID and data must be provided"}), 400

    # 保存到Redis缓存
    cache.set(session_id, session_data)
    logging.info(f"Session data saved to Redis: {session_id} = {session_data}")

    # 保存到数据库
    save_to_database(session_id, session_data)

    return jsonify({"status": "success", "message": "Session saved"}), 200

# 获取会话数据
@app.route('/get_session/<session_id>', methods=['GET'])
def get_session(session_id):
    """
    获取会话数据，优先从Redis缓存获取，如果缓存没有则从数据库恢复
    :param session_id: 会话ID
    :return: 会话数据
    """
    # 尝试从Redis缓存获取会话数据
    session_data = cache.get(session_id)

    if session_data:
        logging.info(f"Session data retrieved from Redis: {session_id} =
```

```
{session_data}")
        return jsonify({"status": "success", "session_data":
session_data.decode("utf-8")}), 200
    else:
        # 如果Redis没有数据，尝试从数据库恢复
        session_data = restore_from_database(session_id)
        if session_data:
            logging.info(f"Session data retrieved from database: {session_id} =
{session_data}")
            return jsonify({"status": "success", "session_data": session_data}), 200
        else:
            logging.warning(f"Session not found: {session_id}")
            return jsonify({"status": "error", "message": "Session not found"}), 404

# 故障恢复API：模拟应用故障恢复
@app.route('/simulate_failure', methods=['POST'])
def simulate_failure():
    """
    模拟系统发生故障，进行恢复操作
    :return: 故障恢复结果
    """
    # 启动恢复过程
    recovery_thread = Thread(target=recover_from_failure)
    recovery_thread.start()

    return jsonify({"status": "success", "message": "System failure simulated and
recovery in progress"}), 200

# 启动Flask应用
if __name__ == '__main__':
    app.run(debug=True, port=5000)
```

代码说明如下：

（1）Redis缓存与数据库模拟：使用Redis作为缓存存储，会话数据首先存储到Redis中，并同步保存到模拟的数据库（用一个字典DATABASE表示）。这样可以保证在Redis宕机或故障时，数据不会丢失。

（2）数据保存与恢复：

- set_session：接收会话数据，先将其保存到Redis缓存中，再保存到模拟的数据库中。
- get_session：首先尝试从Redis缓存中获取会话数据，如果Redis中没有，则从数据库恢复数据。

（3）故障恢复：

- simulate_failure：模拟系统故障后进行恢复，恢复过程通过从数据库恢复数据到Redis缓存实现。
- recover_from_failure：从数据库恢复数据到Redis缓存，确保系统的高可用性。

（4）异步恢复：使用Python的Thread库启动一个单独的线程进行恢复操作，避免阻塞主线程。故障恢复的过程可以在后台进行，而不影响正常的API请求处理。

使用curl或Postman发送POST请求，将会话数据保存到Redis和数据库中：

```
curl -X POST http://127.0.0.1:5000/set_session -H "Content-Type: application/json"
-d '{"session_id": "1234", "session_data": "This is user session data"}'
```

返回：

```
{
    "status": "success",
    "message": "Session saved"
}
```

使用curl请求获取会话数据（缓存中存在）：

```
curl http://127.0.0.1:5000/get_session/1234
```

返回：

```
{
    "status": "success",
    "session_data": "This is user session data"
}
```

使用curl模拟系统故障，并启动恢复过程：

```
curl -X POST http://127.0.0.1:5000/simulate_failure
```

返回：

```
{
    "status": "success",
    "message": "System failure simulated and recovery in progress"
}
```

故障恢复完成后，再次获取会话数据：

```
curl http://127.0.0.1:5000/get_session/1234
```

返回：

```
{
    "status": "success",
    "session_data": "This is user session data"
}
```

上述代码示例展示了如何在Flask应用中实现状态恢复与故障恢复机制。通过Redis缓存和数据库模拟，可以确保在系统出现故障时能够快速恢复数据，并保证系统的高可用性和数据的一致性。故障恢复机制通过异步处理来实现，不会影响正常的服务运行。此类机制对于现代微服务架构尤为重要，可以提升系统的容错能力和业务连续性。

03

3.5 DeepSeek的API扩展与自定义功能

本节将重点介绍DeepSeek API的扩展与自定义功能。在实际应用中，通常需要根据特定业务需求对API进行功能扩展，以满足个性化的服务要求。本节将详细解析如何基于DeepSeek平台的基础架构进行API的自定义功能开发，包括自定义接口、数据处理流程以及与现有服务的深度集成。通过这些扩展，可以提升系统的灵活性和适应性，确保在不同应用场景下能够高效处理复杂的请求，并且提供更具创新性的解决方案。

3.5.1 自定义函数与插件

在开发复杂的应用时，扩展和定制系统的功能是非常重要的。通过引入自定义函数和插件机制，开发者可以灵活地扩展应用的功能，而无须直接修改核心代码。这种设计模式特别适用于具有高可定制性的系统，如内容管理系统、插件化的服务平台等。在这些系统中，用户或开发者可以根据自己的需求添加新的功能或修改现有的功能，而无须影响到系统的稳定性和核心逻辑。

自定义函数是指用户根据特定需求编写的函数，这些函数可以执行特定的任务，并且可以在系统的任何地方调用。自定义函数通常用于简化代码的复用，并使系统功能更加模块化。

插件机制则允许开发者将新的功能作为独立的插件添加到系统中，插件通常是独立的模块，能够在系统中与其他功能组件进行交互。通过这种方式，系统的功能可以随着需求的变化而灵活扩展。

本小节将展示如何在Python中实现自定义函数和插件机制，通过一个简单的例子来模拟一个基于插件的系统。该系统允许动态加载不同的插件，这些插件可以扩展核心功能，并与其他组件协同工作。

【例3-10】展示如何在Flask应用中实现自定义函数和插件机制。该应用会模拟一个简单的插件系统，用户可以根据需求加载并执行插件提供的功能。插件将实现不同的文本处理功能，例如文本的加密、反转等。

```
import random
import string
import logging
from flask import Flask, jsonify, request

# 初始化Flask应用
app = Flask(__name__)

# 配置日志记录
logging.basicConfig(level=logging.INFO, format='%(asctime)s - %(levelname)s
- %(message)s')

# 插件管理类
class PluginManager:
    def __init__(self):
```

```
        self.plugins = {}

    def register_plugin(self, plugin_name, plugin_func):
        """
        注册插件函数
        :param plugin_name: 插件名称
        :param plugin_func: 插件函数
        """
        self.plugins[plugin_name] = plugin_func
        logging.info(f"Plugin registered: {plugin_name}")

    def execute_plugin(self, plugin_name, *args, **kwargs):
        """
        执行插件函数
        :param plugin_name: 插件名称
        :param args: 插件函数参数
        :param kwargs: 插件函数关键字参数
        :return: 插件函数执行结果
        """
        if plugin_name in self.plugins:
            return self.plugins[plugin_name](*args, **kwargs)
        else:
            raise ValueError(f"Plugin {plugin_name} not found")

# 创建插件管理器
plugin_manager = PluginManager()

# 插件1: 生成随机密码
def generate_random_password(length=8):
    """生成一个随机密码"""
    chars = string.ascii_letters + string.digits + string.punctuation
    return ''.join(random.choice(chars) for _ in range(length))

# 插件2: 反转文本
def reverse_text(text):
    """反转输入的文本"""
    return text[::-1]

# 插件3: 转换为大写
def convert_to_uppercase(text):
    """将文本转换为大写"""
    return text.upper()

# 注册插件
plugin_manager.register_plugin('generate_random_password', 
generate_random_password)
plugin_manager.register_plugin('reverse_text', reverse_text)
plugin_manager.register_plugin('convert_to_uppercase', convert_to_uppercase)

# API接口: 执行插件
```

```
@app.route('/execute_plugin', methods=['POST'])
def execute_plugin():
    """
    执行指定的插件，并返回结果
    :return: 插件执行结果
    """
    plugin_name = request.json.get('plugin_name')
    args = request.json.get('args', [])
    kwargs = request.json.get('kwargs', {})

    try:
        result = plugin_manager.execute_plugin(plugin_name, *args, **kwargs)
        return jsonify({"status": "success", "result": result}), 200
    except ValueError as e:
        return jsonify({"status": "error", "message": str(e)}), 400

# API接口：列出所有插件
@app.route('/list_plugins', methods=['GET'])
def list_plugins():
    """
    返回所有已注册的插件
    :return: 插件列表
    """
    return jsonify({"plugins": list(plugin_manager.plugins.keys())}), 200

# 启动Flask应用
if __name__ == '__main__':
    app.run(debug=True, port=5000)
```

代码说明如下：

（1）插件管理器（PluginManager）：负责注册和执行插件。插件是以函数形式存在的，每个插件通过名称进行注册，调用时使用名称执行。register_plugin方法用于注册插件，execute_plugin方法用于执行插件并返回结果。

（2）插件功能：generate_random_password：生成一个指定长度的随机密码，密码包含字母、数字和符号。reverse_text：反转输入的文本。convert_to_uppercase：将输入文本转换为大写。

（3）API接口：/execute_plugin：接受POST请求，执行指定插件并返回结果。请求体中必须包含plugin_name（插件名称）、args（插件参数）和kwargs（插件关键字参数）。/list_plugins：返回已注册的所有插件名称。

（4）插件的动态加载：通过插件管理器，可以动态注册和执行插件。插件的执行是通过函数调用的形式进行的，允许用户在运行时选择并加载不同的插件。

使用curl请求列出已注册的插件：

```
curl http://127.0.0.1:5000/list_plugins
```

返回结果：

```
{
    "plugins": [
        "generate_random_password",
        "reverse_text",
        "convert_to_uppercase"
    ]
}
```

使用curl请求执行生成随机密码插件：

```
curl -X POST http://127.0.0.1:5000/execute_plugin -H "Content-Type: application/json"
-d '{"plugin_name": "generate_random_password", "args": [12]}'
```

返回结果：

```
{
    "status": "success",
    "result": "hH8p#2K9d@w"
}
```

使用curl请求执行反转文本插件：

```
curl -X POST http://127.0.0.1:5000/execute_plugin -H "Content-Type: application/json"
-d '{"plugin_name": "reverse_text", "args": ["Hello, world!"]}'
```

返回结果：

```
{
    "status": "success",
    "result": "!dlrow ,olleH"
}
```

使用curl请求执行转换为大写插件：

```
curl -X POST http://127.0.0.1:5000/execute_plugin -H "Content-Type: application/json"
-d '{"plugin_name": "convert_to_uppercase", "args": ["Hello, world!"]}'
```

返回结果：

```
{
    "status": "success",
    "result": "HELLO, WORLD!"
}
```

上述代码示例展示了如何在Flask应用中实现自定义函数和插件机制。通过插件管理器，我们能够动态地注册和执行插件，为应用提供高度的可扩展性。每个插件可以实现特定的功能，用户可以根据需求选择性地加载和执行这些功能，极大地增强了系统的灵活性和可维护性。这个模式适用于需要高度定制化和扩展的应用场景，如内容管理系统、动态插件化平台等。

3.5.2　FIM 补全与自定义输出

FIM（Function Interface Modeling，函数接口建模）补全是基于函数调用接口的自动补全技术。FIM补全通常用于API开发中，能够根据请求的上下文自动推断并补充缺失的函数参数或返回值。在现代应用程序中，尤其是在微服务架构和大规模分布式系统中，FIM补全能够自动生成函数调用所需的参数，减少开发人员的工作量，提高系统的智能化水平。

自定义输出是在FIM补全的基础上，允许开发人员根据具体需求调整返回的数据格式和内容。通过自定义输出，开发者可以将API的响应格式化为特定的结构，以适应前端的需求，或者进行数据的进一步处理。

下面的代码示例将展示如何实现一个基于FIM补全的系统，并通过自定义输出格式来定制API的返回结果。我们将结合实际的代码示例，展示如何实现自动补全功能、如何自定义API输出格式，并通过这些技术来提升系统的可用性和灵活性。

【例3-11】实现一个Flask应用，其中结合FIM补全和自定义输出功能。通过模拟一个API，根据用户输入自动补全缺失的函数参数，并通过自定义输出格式返回响应数据。

```
import random
import string
import logging
from flask import Flask, jsonify, request

# 初始化Flask应用
app = Flask(__name__)

# 配置日志记录
logging.basicConfig(level=logging.INFO, format='%(asctime)s - %(levelname)s
- %(message)s')

# 模拟的数据库
DATABASE = {
    "user1": {"name": "Alice", "age": 30, "location": "New York"},
    "user2": {"name": "Bob", "age": 24, "location": "San Francisco"},
    "user3": {"name": "Charlie", "age": 28, "location": "Los Angeles"}
}

# FIM补全函数
def fim_complete(user_id, missing_param=None):
    """
    自动补全FIM函数的缺失参数
    :param user_id: 用户ID
    :param missing_param: 缺失的参数（如果有）
    :return: 自动补全的结果
    """
    user_data = DATABASE.get(user_id, None)
```

```
    if not user_data:
        return {"error": "User not found"}

    # 如果缺失参数是"age"，进行补全
    if missing_param == "age" and "age" not in user_data:
        user_data["age"] = random.randint(18, 60)  # 自动补全年龄
    # 如果缺失参数是"location"，进行补全
    elif missing_param == "location" and "location" not in user_data:
        user_data["location"] = random.choice(["New York", "Los Angeles", "San
Francisco", "Chicago"])

    return user_data

# 自定义输出格式
def custom_output(data, format_type="json"):
    """
    根据格式类型自定义输出
    :param data: 数据
    :param format_type: 输出格式，默认为"json"
    :return: 根据指定格式输出的数据
    """
    if format_type == "json":
        return jsonify(data)
    elif format_type == "text":
        return "\n".join([f"{key}: {value}" for key, value in data.items()])
    elif format_type == "html":
        return "<br>".join([f"<strong>{key}</strong>: {value}" for key, value in
data.items()])
    else:
        return jsonify({"error": "Unsupported format"})

# API接口：获取用户数据
@app.route('/get_user_data/<user_id>', methods=['GET'])
def get_user_data(user_id):
    """
    获取指定用户的数据，并自动补全缺失的参数
    :param user_id: 用户ID
    :return: 用户数据
    """
    missing_param = request.args.get('missing_param')  # 获取缺失参数的名称（如果有）

    # 补全用户数据
    user_data = fim_complete(user_id, missing_param)

    # 自定义输出格式
    output_format = request.args.get('format', 'json')  # 获取输出格式（默认为json）
    response = custom_output(user_data, output_format)

    return response
```

```
# API接口：生成随机密码
@app.route('/generate_password', methods=['POST'])
def generate_password():
    """
    生成一个随机密码，包含字母、数字和符号
    :return: 随机密码
    """
    length = request.json.get('length', 12)  # 默认密码长度为12
    chars = string.ascii_letters + string.digits + string.punctuation
    password = ''.join(random.choice(chars) for _ in range(length))
    return jsonify({"status": "success", "password": password}), 200

# 启动Flask应用
if __name__ == '__main__':
    app.run(debug=True, port=5000)
```

代码说明如下：

（1）FIM补全：fim_complete函数模拟了FIM补全的功能。当用户的数据缺少某些关键字段（如年龄或位置）时，系统会自动补全缺失的字段。这种补全功能可以通过参数missing_param进行定制，模拟了自动推断并补充缺失数据的过程。

（2）自定义输出：custom_output函数允许用户根据需求指定输出的格式。支持的格式包括：

- json：默认输出格式，返回标准的JSON响应。
- text：将数据转换为文本格式，适用于命令行接口或简单的文本展示。
- html：将数据转换为HTML格式，适用于网页显示。

（3）API接口：

- /get_user_data/<user_id>：根据用户ID获取用户数据，并自动补全缺失的字段（如缺少年龄或位置）。用户可以通过missing_param参数指定缺失的字段类型，使用format参数选择输出格式（JSON、文本或HTML）。
- /generate_password：生成一个包含字母、数字和符号的随机密码，支持指定密码长度。

使用curl请求，补全用户数据中的年龄字段：

```
curl "http://127.0.0.1:5000/get_user_data/user1?missing_param=age&format=json"
```

返回结果（假设用户数据中没有age字段）：

```
{
    "name": "Alice",
    "age": 42,
    "location": "New York"
}
```

使用curl请求，补全用户数据中的位置字段：

```
curl "http://127.0.0.1:5000/get_user_data/user2?missing_param=location&format=text"
```

返回结果（假设用户数据中没有location字段）：

```
name: Bob
age: 24
location: San Francisco
```

使用curl生成一个随机密码：

```
curl -X POST http://127.0.0.1:5000/generate_password -H "Content-Type: application/json" -d '{"length": 16}'
```

返回结果：

```
{
    "status": "success",
    "password": "yA3B$Jk2P@8LzR9w"
}
```

使用curl请求，以HTML格式输出用户数据：

```
curl "http://127.0.0.1:5000/get_user_data/user3?format=html"
```

返回结果：

```
<strong>name</strong>: Charlie<br><strong>age</strong>: 28<br><strong>location</strong>: Los Angeles<br>
```

上述代码示例展示了如何在Flask应用中实现FIM补全与自定义输出功能。通过FIM补全功能，能够根据用户输入自动推断并补全缺失的字段，提升系统的智能化水平。通过自定义输出格式，系统可以根据需求灵活调整API的返回数据格式，适应不同的前端或展示需求。这些功能的结合使得系统更加灵活且具备良好的可扩展性。

3.5.3　API 扩展实践与案例

在现代应用开发中，API扩展是增强系统功能的重要手段。随着系统的不断发展，原始API往往会面临功能不足、性能瓶颈等问题。此时，通过API扩展可以使系统在不影响现有功能的基础上，增加新的服务、能力和接口。API扩展不仅仅是增加新的功能，还包括对现有API的优化、定制化和适应性改进。

API扩展常见的方式包括：添加新的路由和方法、改进现有API的响应格式、增强API的可配置性、集成第三方API等。通过灵活的API扩展，可以更好地满足业务需求，提升用户体验和系统性能。

下面结合DeepSeek的API扩展实践，展示如何在Flask应用中扩展API接口，加入新的功能和定制化响应。我们将通过集成DeepSeek的AI功能，增加基于自然语言处理的文本生成、对话补全等能力，并展示如何扩展API以支持更复杂的业务逻辑。

【例3-12】展示如何通过扩展现有API，实现文本生成和多轮对话补全等功能。示例包括以下功能：

（1）集成DeepSeek API：使用DeepSeek进行自然语言处理，进行文本生成和对话补全。

（2）API扩展：在现有API基础上，扩展新的接口，支持对话补全和文本生成。

（3）自定义API响应：根据业务需求定制API的响应格式。

```
import requests
import json
from flask import Flask, jsonify, request
import logging

# 初始化Flask应用
app = Flask(__name__)

# 配置日志记录
logging.basicConfig(level=logging.INFO, format='%(asctime)s - %(levelname)s
- %(message)s')

# DeepSeek API配置
DEEPSEEK_API_URL = "https://api.deepseek.com/v1/completion"  # 假设的DeepSeek接口URL
API_KEY = "your_deepseek_api_key_here" # 请替换为实际的DeepSeek API密钥

# 深度生成文本函数
def generate_text(prompt, max_tokens=100, temperature=0.7):
    """
    使用DeepSeek API生成文本
    :param prompt: 输入的文本提示
    :param max_tokens: 生成的最大字数
    :param temperature: 控制生成文本的随机性
    :return: 生成的文本
    """
    headers = {
        'Authorization': f'Bearer {API_KEY}',
        'Content-Type': 'application/json',
    }

    data = {
        'model': 'gpt-3.5-turbo',  # 使用DeepSeek的GPT模型
        'prompt': prompt,
        'max_tokens': max_tokens,
        'temperature': temperature,
        'top_p': 1.0,
        'n': 1
    }

    try:
        response = requests.post(DEEPSEEK_API_URL, headers=headers, json=data)
        if response.status_code == 200:
```

```
            return response.json()["choices"][0]["text"].strip()
        else:
            logging.error(f"Error: {response.status_code}, {response.text}")
            return "Error: Unable to generate text."
    except Exception as e:
        logging.error(f"Exception occurred: {str(e)}")
        return "Error: An exception occurred during text generation."
# 对话补全函数
def complete_conversation(conversation_history):
    """
    使用DeepSeek API进行多轮对话补全
    :param conversation_history: 当前对话的历史记录
    :return: 补全后的对话
    """
    prompt = "\n".join(conversation_history) + "\nAI:"
    return generate_text(prompt, max_tokens=150)
# API接口：文本生成
@app.route('/generate_text', methods=['POST'])
def generate_text_api():
    """
    接收用户输入，调用DeepSeek API进行文本生成
    :return: 生成的文本
    """
    data = request.json
    prompt = data.get("prompt", "")
    if not prompt:
        return jsonify({"error": "No prompt provided"}), 400
    generated_text = generate_text(prompt)
    return jsonify({"generated_text": generated_text}), 200
# API接口：多轮对话补全
@app.route('/complete_conversation', methods=['POST'])
def complete_conversation_api():
    """
    接收历史对话，调用DeepSeek API进行对话补全
    :return: 补全后的对话
    """
    data = request.json
    conversation_history = data.get("conversation_history", [])
    if not conversation_history:
        return jsonify({"error": "No conversation history provided"}), 400

    completed_conversation = complete_conversation(conversation_history)
    return jsonify({"completed_conversation": completed_conversation}), 200
# 扩展API接口：文本分析
@app.route('/analyze_text', methods=['POST'])
def analyze_text_api():
    """
    对用户输入的文本进行分析，并生成相应的回复
    :return: 分析结果及回复
    """
```

```
    data = request.json
    text = data.get("text", "")
    if not text:
        return jsonify({"error": "No text provided"}), 400
    # 假设我们通过分析文本的情感或主题来生成回复
    sentiment = "positive" if "happy" in text else "negative"  # 简单的情感分析
    reply = f"Based on the analysis, the sentiment is {sentiment}."

    return jsonify({"analysis": {"sentiment": sentiment}, "reply": reply}), 200

# 启动Flask应用
if __name__ == '__main__':
    app.run(debug=True, port=5000)
```

代码说明如下：

（1）文本生成接口（/generate_text）：该接口接收用户输入的Prompt，并调用DeepSeek的API生成一段文本。用户可以根据需求提供不同的提示，系统会根据提示生成相应的文本。

（2）对话补全接口（/complete_conversation）：该接口接收一段历史对话（conversation_history），然后将这些对话传递给DeepSeek的API进行多轮对话补全。生成的回复将与历史对话一起返回。

（3）文本分析接口（/analyze_text）：该接口通过对输入文本进行简单的分析（例如情感分析），生成一个简要的回复。这里我们简单地通过检查文本中是否包含"happy"来判断情感（可以扩展为更复杂的情感分析）。

使用curl或Postman请求生成文本：

```
curl -X POST http://127.0.0.1:5000/generate_text -H "Content-Type: application/json" -d '{"prompt": "Once upon a time, there was a magical kingdom"}'
```

返回结果：

```
{
  "generated_text": "Once upon a time, there was a magical kingdom where all the creatures lived in harmony and peace. The kingdom was ruled by a wise and just king, who was loved by all."
}
```

使用curl或Postman请求进行多轮对话补全：

```
curl -X POST http://127.0.0.1:5000/complete_conversation -H "Content-Type: application/json" -d '{"conversation_history": ["User: Hello!", "AI: Hi! How can I help you today?"]}'
```

返回结果：

```
{
  "completed_conversation": "User: Hello!\nAI: Hi! How can I help you today?\nAI: How may I assist you further?"
}
```

使用curl或Postman请求文本分析接口：

```
curl -X POST http://127.0.0.1:5000/analyze_text -H "Content-Type: application/json"
-d '{"text": "I feel so happy today!"}'
```

返回结果：

```
{
    "analysis": {
        "sentiment": "positive"
    },
    "reply": "Based on the analysis, the sentiment is positive."
}
```


上述代码示例展示了如何通过扩展API来实现文本生成和对话补全等功能。通过集成DeepSeek的API，能够在现有的系统基础上添加新的功能，如生成文本、补全对话和进行文本分析。每个API接口都可以根据业务需求进行灵活扩展和定制，支持更复杂的业务逻辑。通过这种扩展机制，系统能够不断增加新的功能，并保持高效的性能。

3.6　本章小结

本章主要围绕DeepSeek的API开发与集成展开，介绍了如何利用DeepSeek提供的强大功能进行API扩展和定制化开发。首先，通过介绍API的基础设计原则和接口概览，帮助开发者理解如何高效地使用DeepSeek的API。然后，结合具体应用案例，展示了如何通过深度集成、插件化架构及异步调用优化系统的性能和扩展性。

本章还探讨了会话管理、FIM补全、自定义输出等技术，通过这些扩展功能，开发者可以在应用中实现更加智能化和灵活的交互体验。本章内容不仅阐明了API扩展的具体方法，还展示了如何将DeepSeek与其他模块协同工作，进一步提升应用的智能水平和用户体验。

3.7　思考题

（1）本章中介绍了如何使用DeepSeek API进行文本生成和对话补全。请写出一个API接口，接收用户的文本提示并生成相应的文本，并实现一个接口进行多轮对话补全。请详细描述如何处理用户输入、如何构建API请求以及如何处理API响应。

（2）本章展示了如何使用aiohttp和asyncio库实现异步API调用。在Flask中如何集成异步调用以提高系统的性能？请结合asyncio和aiohttp的示例代码，写一个Flask API，该API能异步调用多个外部API并返回合并后的结果。需要详细描述如何使用Flask处理异步请求。

（3）本章介绍了如何实现FIM补全来自动补全函数调用中的缺失参数。请结合本章内容，设计一个补全功能，能够根据用户输入自动补全缺失的参数。实现时应考虑如何处理不同类型的缺失数据，以及如何让补全功能能够适应不同的场景和接口。

（4）本章提到了如何自定义API的输出格式（如JSON、HTML、文本等）。请结合本章内容，设计一个API接口，该接口可以根据用户选择的输出格式返回不同格式的数据。需要实现多个格式化输出方法，并描述如何根据请求的参数返回相应的格式。

（5）本章中介绍了如何使用Redis缓存来存储用户数据，并结合数据库进行数据持久化。请设计一个系统，能够从Redis缓存中读取数据，若缓存中没有，则从数据库中查询并将结果存入缓存。请描述实现过程中的数据同步机制，并考虑系统的性能优化。

（6）本章介绍了如何通过Flask的errorhandler来捕获API的错误并返回友好的错误消息。请设计一个API接口，能够处理用户的请求错误（如参数缺失、无效数据等）并返回相应的错误信息。请描述如何通过Flask的错误处理机制使API更加健壮。

（7）本章展示了如何通过API网关将多个微服务的接口统一起来。请设计一个简单的API网关，能够接收来自客户端的请求并将请求转发到相应的微服务。请结合本章内容，写出API网关的实现，并考虑如何在网关中处理身份验证、路由和负载均衡等功能。

（8）本章中介绍了如何使用异步请求来提高API的响应速度。请设计一个API接口，该接口能够同时处理多个异步任务并合并结果返回给客户端。请描述如何在Flask中使用asyncio和aiohttp来实现异步API调用，并考虑如何提高系统的并发处理能力。

（9）本章介绍了如何使用会话管理来保持多轮对话的上下文信息。请设计一个系统，能够在多轮对话中保持会话状态，并根据用户的输入生成适当的响应。要求实现会话状态的存储和更新机制，并描述如何在每次对话中使用历史数据来生成合适的回应。

第 4 章

Android端应用开发

本章聚焦于利用DeepSeek大模型进行Android端应用的后端集成与开发。随着人工智能技术的迅速发展，移动端AI应用已成为各大行业的重要组成部分。本章将深入探讨Android平台下，如何通过DeepSeek的API进行高效的数据交互、模型调用与性能优化，助力开发者在移动端实现复杂的AI应用。

通过详细的技术剖析与实战案例，全面讲解如何在Android应用中实现基于DeepSeek的后端功能，并结合Android的技术栈，展示从应用架构到API调用的每个细节，为后续的开发与集成打下坚实的基础。

4.1 Android 开发环境与架构

本节将深入解析Android应用开发的基础环境与架构设计。成功的应用开发离不开一个稳定且高效的开发环境，本节将详细介绍Android Studio的配置、开发工具链的搭建以及相关依赖的管理。此外，Android平台独特的架构设计，如MVC、MVVM等，将作为核心内容加以探讨。这些架构模式在应用开发中扮演着至关重要的角色，帮助开发者构建结构清晰、易于扩展和维护的代码。结合DeepSeek的后端功能，本节也将展示如何将这些架构与AI技术集成，确保应用的高效运作与可维护性。

4.1.1 Android 操作系统内核与架构

Android操作系统的内核架构基于Linux内核，但进行了高度定制和扩展，以适应移动设备的特定需求。Linux内核为Android提供了硬件抽象层（HAL）、进程管理、内存管理、文件系统支持、网络堆栈等核心功能。Android对Linux内核进行了裁剪，去除了许多与移动设备无关的功能，例如某些硬件驱动和低级的系统管理工具。这些裁剪使得系统更加精简，并优化了移动设备的性能与能耗控制。

在Android的体系结构中，Linux内核通过硬件抽象层与上层的系统服务进行交互，HAL为硬件设备提供标准化接口，使得Android能够在不同的硬件平台上运行而无须大量修改。上层的服务层包括了如SurfaceFlinger、PowerManager等系统服务，进一步抽象了硬件和应用的直接交互。Android应用程序通过应用框架与这些系统服务进行沟通，从而实现对硬件的访问与操作。

Android的应用框架包括了多种核心服务，如Activity Manager、Window Manager等，负责管理用户界面、应用生命周期和任务调度等。上层的应用程序则依赖于这些框架来实现业务逻辑与用户交互。Android的核心库，基于Java和C++实现，提供了广泛的功能接口，如图形、数据库、网络、资源管理等。开发者通过Java编程语言与这些框架进行交互，并通过Dalvik虚拟机（或ART运行时）将代码转化为机器指令在设备上运行。

在Android操作系统的架构中，Android应用程序通过Linux内核与硬件进行间接交互。Linux内核为应用提供硬件抽象层（HAL），通过此层可以无缝地支持不同的硬件平台。以下是Android应用与系统之间的一个简化交互流程：

```
// MainActivity.java：Android应用与系统服务的交互示例
public class MainActivity extends AppCompatActivity {
    @Override
    protected void onCreate(Bundle savedInstanceState) {
        super.onCreate(savedInstanceState);
        setContentView(R.layout.activity_main);
        // 获取系统服务，访问硬件管理功能（如电池状态）
        PowerManager powerManager = (PowerManager) getSystemService
(Context.POWER_SERVICE);
        PowerManager.WakeLock wakeLock = powerManager.newWakeLock
(PowerManager.PARTIAL_WAKE_LOCK, "MyApp::MyWakeLock");
        // 激活wake lock，预防设备休眠
        wakeLock.acquire();
        // 模拟一些操作
        Log.d("PowerManager", "WakeLock is active. Device will not sleep.");
        // 释放wake lock
        wakeLock.release();
    }
}
```

在上述代码示例中，应用程序通过PowerManager与系统硬件交互。PowerManager是Android系统服务的一部分，提供控制设备电源管理的接口。应用通过调用系统服务来管理设备的休眠状态。Linux内核层通过硬件抽象层提供对底层硬件的支持，例如通过WakeLock控制设备的电源状态，而无须应用直接操作硬件。这样，开发者能够在不同硬件平台上使用统一的API接口，而不需要关心底层硬件的具体实现。

总体来说，Android操作系统内核与架构结合了Linux内核的高效性和Android平台的特定需求，提供了一个高度灵活且可扩展的基础架构，确保在多种硬件平台和应用场景中能够高效运行。

4.1.2　Android Studio 与 SDK 配置

Android Studio作为Android应用开发的官方集成开发环境（IDE），在Android开发生态中扮演着至关重要的角色。基于JetBrains的IntelliJ IDEA，Android Studio结合了Android开发所需的功能，提供了从应用编写到调试、测试和打包的完整开发流程。在构建和运行Android应用时，Android Studio依赖于Android SDK（Software Development Kit）作为开发工具和平台接口，后者为开发者提供了编译、构建和部署Android应用所需的工具链、库和API。

Android Studio的核心配置包括JDK和Android SDK的安装与配置。JDK为开发者提供Java编程所需的核心库，而SDK则包含了所有开发Android应用所需的工具。SDK Manager作为Android Studio的工具之一，允许开发者下载和更新不同版本的SDK及其依赖项，如Build Tools、Platform Tools、Emulator、API级别等。通过SDK的正确配置，开发者能够在不同版本的Android设备上进行应用的测试和调试。

此外，Gradle作为Android Studio的构建系统，扮演着重要角色。它提供了一种高度可定制化的构建和依赖管理机制，通过构建脚本定义编译过程和输出路径。Gradle支持多种构建变种和构建类型，允许开发者根据不同的需求进行灵活的构建配置，比如调试版、发布版以及针对不同Android版本的优化配置。结合Android Studio的用户界面和强大的调试功能，开发者可以高效地进行应用的构建、优化和发布。

在Android开发中，Android Studio与SDK的配置是非常关键的，它为开发者提供了构建和部署应用的完整工具链。通过配置Android Studio，开发者可以利用Gradle构建系统自动化处理应用的构建流程。以下是一个简单的代码示例，展示如何通过Android Studio配置SDK和构建脚本来编译一个Android应用。

```
// build.gradle (Project level)
buildscript {
    repositories {
        google()  // Google's Maven repository
        jcenter() // JCenter repository
    }
    dependencies {
        classpath 'com.android.tools.build:gradle:4.1.0' // Android Gradle plugin
    }
}

allprojects {
    repositories {
        google()
        jcenter()
    }
}
```

在上述代码示例中，build.gradle文件定义了项目的构建配置。首先，项目级的build.gradle文件包含了对Gradle插件的依赖，它提供了Android项目的构建功能。google()和jcenter()是用于拉取依赖库的仓库地址，保证开发者能够下载并使用Android SDK中的相关工具和库。

然后是应用级的build.gradle文件，负责应用具体的构建配置：

```
// build.gradle (App level)
android {
    compileSdkVersion 30                    // SDK版本
    defaultConfig {
        applicationId "com.example.myapp"
        minSdkVersion 21                    // 最低支持的SDK版本
        targetSdkVersion 30                 // 目标SDK版本
        versionCode 1
        versionName "1.0"
    }
    buildTypes {
        release {
            minifyEnabled false             // 是否启用ProGuard混淆
            proguardFiles getDefaultProguardFile('proguard-android-optimize.txt'),
'proguard-rules.pro'
        }
    }
}
dependencies {
    implementation 'androidx.appcompat:appcompat:1.2.0'  // 库依赖
    implementation 'androidx.constraintlayout:constraintlayout:2.0.4'
}
```

在这个应用级的build.gradle文件中，compileSdkVersion、minSdkVersion、targetSdkVersion等定义了应用所支持的Android SDK版本。开发者根据这些设置确保应用能够在不同版本的Android设备上正常运行。此外，dependencies块则声明了项目所需的外部库，如androidx.appcompat和constraintlayout，这些库提供了Android UI组件和布局的支持。

通过正确配置这些文件，开发者能够确保Android Studio和SDK能够顺利协同工作，为应用的构建和调试提供必要的支持。

总之，Android Studio与SDK的配置是Android开发的基础，合理的配置与工具链能够保证应用开发的高效性、可扩展性和兼容性，确保开发者能够在多样的Android环境中顺利部署和运行应用。

4.1.3 Android 虚拟机与硬件加速

Android虚拟机（Android Virtual Device，AVD）是Android开发环境中用于模拟物理设备的重要工具，它使得开发人员能够在没有实际硬件的情况下进行应用测试和调试。AVD本质上是一个模拟的Android操作系统运行环境，能够模拟不同型号、不同规格的Android设备。通过虚拟机，开发人员可以测试不同屏幕尺寸、操作系统版本、硬件特性等条件下的应用表现，保证应用在各种设备上的兼容性和稳定性。

Android虚拟机运行在计算机操作系统上，通过软件模拟CPU指令和硬件行为，从而将一个真实的Android设备环境虚拟化。为了提高性能，尤其是在图形渲染方面，Android引入了硬件加速技术（如HAXM和OpenGL ES），以利用计算机硬件（如CPU和GPU）的资源，减少仿真过程中的计算瓶颈和延迟。这种硬件加速的实现方式，大大提升了虚拟设备的运行效率和响应速度，尤其是对于图形密集型应用和游戏的开发。

Android虚拟机使用硬件加速时，开发人员可以利用计算机的硬件资源提升模拟器的性能。在代码层面，通过配置Android Studio和AVD管理器来启用硬件加速。以Intel HAXM（硬件加速执行管理器）为例，启用硬件加速后，模拟器通过硬件虚拟化技术提供更高效的计算和图形渲染。

首先，需要在Android Studio中创建AVD并启用硬件加速。通过以下步骤，虚拟设备能够充分利用主机硬件：

```
// 创建AVD配置时，选择 "Enable Hardware Acceleration"
Hardware Acceleration: On
Device: Pixel 4 (or any other device)
Android Version: Android 10 or higher
Graphics: Hardware - GLES 2.0
```

在启用硬件加速后，虚拟机能够利用Intel HAXM加速模拟器的执行过程。HAXM在后台利用CPU的虚拟化技术将虚拟机代码转换为硬件支持的指令，从而减少了CPU的工作负载。

```
# 安装Intel HAXM
$ brew install --cask intel-haxm

# 配置HAXM
$ sudo /opt/intel/haxm/bin/ haxm_config
```

当虚拟机启动时，它将直接使用计算机的硬件资源进行图形和计算的加速。此时，模拟器的性能得到大幅度提升，特别是图形渲染的流畅度和启动时间的减少。通过这种方式，开发者可以在更短时间内验证应用在不同设备和配置下的行为。

总结：启用硬件加速后，虚拟机通过充分利用宿主机的CPU和GPU能力，显著提高了模拟器的执行效率和图形渲染性能，尤其对于游戏和图形密集型应用来说，硬件加速是非常关键的。

通过使用硬件加速技术，Android模拟器能够直接访问计算机的硬件资源，绕过软件模拟的瓶颈，从而提高了图形渲染的性能。例如，使用Intel HAXM可以大幅度提升模拟器在Intel处理器上的运行速度，使得应用界面和动画的渲染更加流畅，模拟器的启动速度也得到了显著提升。此外，虚拟机中的图形渲染通常采用OpenGL ES接口，它可以高效地将图形命令传递给物理GPU进行加速，从而提供更高的渲染性能。

然而，虚拟机的性能也会受到宿主机器硬件资源的影响。虚拟化技术需要足够的CPU处理能力和内存支持，尤其在多任务同时运行时，开发人员需要注意合理分配虚拟机的资源。使用硬件加速时，需要确保宿主操作系统和硬件平台支持相应的虚拟化技术，比如Intel VT-x或AMD-V技术，并且在模拟器配置中启用硬件加速功能。

04

4.2 网络通信与API集成

本节将详细讲解在Android应用开发中如何实现与后端服务的高效通信。网络请求是移动端应用与后端系统交互的核心，具体介绍常用的网络请求方式，如RESTful API调用、JSON解析以及数据传输协议的选择。同时，结合DeepSeek提供的API，深入探讨如何高效集成AI服务，支持对话系统、数据分析等功能的实现。通过对API接口的集成与优化，本节将展示如何确保数据的安全性、稳定性及实时性，以应对复杂的移动端应用场景。

4.2.1 RESTful API与JSON数据解析

在现代应用开发中，RESTful API已成为系统架构的标准之一，它基于HTTP协议，提供了一种简洁、轻量级的方式进行客户端和服务器之间的数据交换。RESTful API通过一系列标准的HTTP方法（GET、POST、PUT、DELETE）来操作资源，通常返回JSON格式的数据，这使得它在移动应用和Web开发中得到了广泛的应用。Android应用通过使用如Retrofit、OkHttp等网络库，能够方便地解析JSON格式的数据并将其转换为对象进行操作。

本小节将通过一个实际的代码示例，演示如何通过RESTful API获取JSON数据并进行解析。在该示例中，通过网络请求获取天气信息，并将响应的JSON数据解析为相应的Java对象，展示如何高效地处理API调用和数据解析。

【例4-1】构建一个简单的Android应用，通过RESTful API调用一个公共的天气API，获取天气数据并解析JSON响应，最终显示在应用界面上。

```
// 添加Retrofit和Gson依赖到build.gradle
dependencies {
    implementation 'com.squareup.retrofit2:retrofit:2.9.0'
    implementation 'com.squareup.retrofit2:converter-gson:2.9.0'
    implementation 'com.squareup.okhttp3:logging-interceptor:4.9.0'
}

// 创建WeatherResponse类，用于解析JSON数据
public class WeatherResponse {
    private String name;                              // 城市名称
    private Main main;                                // 包含天气的主数据

    public String getName() {
        return name;
    }

    public Main getMain() {
        return main;
    }
```

```
        public class Main {
            private float temp;                          // 温度
            private int humidity;                        // 湿度

            public float getTemp() {
                return temp;
            }

            public int getHumidity() {
                return humidity;
            }
        }
    }

    // 创建API接口
    public interface WeatherApiService {
        @GET("weather")
        Call<WeatherResponse> getWeather(@Query("q") String cityName, @Query("appid")
String apiKey);
    }

    // MainActivity.java
    public class MainActivity extends AppCompatActivity {

        private static final String BASE_URL = "https://api.openweathermap.org/data/2.5/";
        private static final String API_KEY = "your_api_key_here";   // 使用有效的API密钥

        @Override
        protected void onCreate(Bundle savedInstanceState) {
            super.onCreate(savedInstanceState);
            setContentView(R.layout.activity_main);

            // 初始化Retrofit实例
            Retrofit retrofit = new Retrofit.Builder()
                    .baseUrl(BASE_URL)
                    .addConverterFactory(GsonConverterFactory.create())
                    .build();

            WeatherApiService weatherApiService =
retrofit.create(WeatherApiService.class);

            // 发起天气请求
            weatherApiService.getWeather("London", API_KEY).enqueue(new
Callback<WeatherResponse>() {
                @Override
                public void onResponse(Call<WeatherResponse> call,
Response<WeatherResponse> response) {
                    if (response.isSuccessful()) {
                        WeatherResponse weatherResponse = response.body();
```

```
                    String cityName = weatherResponse.getName();
                    float temperature = weatherResponse.getMain().getTemp();
                    int humidity = weatherResponse.getMain().getHumidity();

                    // 显示结果
                    String weatherInfo = "City: " + cityName + "\nTemperature: " +
temperature + "° C\nHumidity: " + humidity + "%";
                    Toast.makeText(MainActivity.this, weatherInfo,
Toast.LENGTH_LONG).show();
                } else {
                    Toast.makeText(MainActivity.this, "Request failed",
Toast.LENGTH_SHORT).show();
                }
            }

            @Override
            public void onFailure(Call<WeatherResponse> call, Throwable t) {
                Toast.makeText(MainActivity.this, "Error: " + t.getMessage(),
Toast.LENGTH_SHORT).show();
            }
        });
    }
}
```

代码说明如下：

（1）添加依赖：在build.gradle文件中，我们添加了Retrofit和Gson库作为网络请求和JSON解析的依赖。

（2）WeatherResponse类：这是我们定义的用于解析JSON数据的类，包含天气相关的数据结构。Main类包含温度和湿度字段，对应天气数据的主内容。

（3）WeatherApiService接口：这是一个接口，使用Retrofit的注解定义了一个GET请求，该请求会向天气API发起请求，并带上城市名和API密钥作为查询参数。

（4）MainActivity：在主活动中，首先创建Retrofit实例并配置基础URL和Gson转换器。然后，通过调用getWeather方法向API发起请求，获取天气数据，并使用enqueue方法在异步线程中执行请求。成功获取数据后，我们从WeatherResponse中提取城市名称、温度和湿度，并显示在Toast中。

使用London作为城市名，并使用有效的API密钥，成功获取天气数据后，应用界面将显示如下内容：

```
City: London
Temperature: 280.32℃
Humidity: 81%
```

如果请求失败或发生错误，用户将看到以下消息：

```
Request failed
```

通过这个例子，展示了如何利用Retrofit与Gson库轻松实现RESTful API调用，并解析返回的JSON数据。在此过程中，开发者只需关心接口定义、网络请求和数据解析，极大地简化了代码的复杂度。同时，Retrofit与Gson的结合使得网络请求的处理更加直观和高效，而JSON作为数据交换格式，也为开发者提供了更加灵活和轻量的数据格式。

4.2.2 异步任务与线程管理

在现代Android应用中，异步任务和线程管理是保证应用性能和响应性的关键。Android主线程（UI线程）负责更新用户界面，如果在此线程上执行耗时操作，如网络请求、数据库访问或计算，可能会导致界面卡顿、应用无响应（ANR）。为此，Android提供了多种方式来处理异步任务，以避免阻塞主线程，确保应用的流畅性。

Android的线程管理通常依赖于AsyncTask、Thread类以及现代的ExecutorService，其中AsyncTask用于简化后台任务的执行，Thread提供了直接的线程控制，而ExecutorService则是Java并发框架的一部分，适用于更复杂的线程池管理。本节将重点讨论如何使用这些工具来执行后台任务，并通过合适的线程管理技术提升应用性能。

通过合理的异步处理，开发者能够优化应用的响应性和资源管理，尤其是在处理大量数据或进行网络请求时，能够显著提升用户体验。

【例4-2】展示使用ExecutorService和AsyncTask处理耗时操作，并管理多个线程进行数据的异步加载与处理。示例模拟一个简单的应用场景，在后台下载多个文件，并更新UI。

```
// MainActivity.java
import android.os.AsyncTask;
import android.os.Bundle;
import android.widget.TextView;
import android.widget.Toast;
import androidx.appcompat.app.AppCompatActivity;

import java.util.concurrent.ExecutorService;
import java.util.concurrent.Executors;

public class MainActivity extends AppCompatActivity {

    private TextView statusTextView;
    private ExecutorService executorService; // 使用线程池管理多个线程

    @Override
    protected void onCreate(Bundle savedInstanceState) {
        super.onCreate(savedInstanceState);
        setContentView(R.layout.activity_main);

        statusTextView = findViewById(R.id.statusTextView);

        // 初始化线程池，固定大小线程池
```

04

```
        executorService = Executors.newFixedThreadPool(3);

        // 启动异步任务
        startFileDownload();
    }

    private void startFileDownload() {
        // 使用AsyncTask进行后台操作并更新UI
        new DownloadFilesTask().execute("http://example.com/file1",
"http://example.com/file2", "http://example.com/file3");
    }

    // 异步任务类：用于模拟文件下载操作
    private class DownloadFilesTask extends AsyncTask<String, Integer, String> {

        @Override
        protected void onPreExecute() {
            super.onPreExecute();
            statusTextView.setText("Starting file downloads...");
        }

        @Override
        protected String doInBackground(String... urls) {
            int totalFiles = urls.length;
            int downloadedFiles = 0;

            // 模拟下载操作
            for (String url : urls) {
                try {
                    Thread.sleep(2000); // 模拟耗时操作
                    downloadedFiles++;
                    publishProgress((int) ((downloadedFiles / (float) totalFiles) *
100)); // 更新下载进度
                } catch (InterruptedException e) {
                    e.printStackTrace();
                }
            }

            return "Download completed for " + totalFiles + " files!";
        }

        @Override
        protected void onProgressUpdate(Integer... values) {
            super.onProgressUpdate(values);
            // 更新下载进度
            statusTextView.setText("Downloaded " + values[0] + "%");
        }

        @Override
        protected void onPostExecute(String result) {
```

```
            super.onPostExecute(result);
            // 下载完成后的UI更新
            statusTextView.setText(result);
            Toast.makeText(MainActivity.this, result, Toast.LENGTH_LONG).show();
        }
    }

    @Override
    protected void onDestroy() {
        super.onDestroy();
        // 关闭线程池，避免内存泄漏
        executorService.shutdown();
    }
}
```

代码说明如下：

（1）线程池管理：在MainActivity中，使用了ExecutorService来创建一个固定大小的线程池。这个线程池管理了多个线程的执行，保证在处理大量异步任务时，能够有效地管理和复用线程，避免了频繁创建和销毁线程的性能开销。

（2）AsyncTask类：DownloadFilesTask类继承自AsyncTask，它模拟了文件下载操作。AsyncTask在后台线程中执行下载任务，并通过publishProgress方法向主线程发送更新。通过onProgressUpdate方法更新下载进度，最终在onPostExecute方法中通知用户下载完成。

（3）后台操作与UI更新：在doInBackground方法中，模拟了耗时的下载任务。Thread.sleep(2000)用来模拟每个文件的下载时间。publishProgress方法传递了下载进度，而onProgressUpdate方法则负责在UI线程中更新进度。

（4）UI更新与线程管理：当所有文件下载完成后，onPostExecute方法被调用，更新UI显示下载完成的信息。Toast用于显示下载结果，告知用户任务已成功完成。

（5）资源释放：在onDestroy方法中，调用executorService.shutdown()来关闭线程池，确保应用退出时资源被释放，避免内存泄漏。

启动时：

```
Starting file downloads...
```

下载过程中（3个文件下载，显示进度）：

```
Downloaded 33%
Downloaded 66%
Downloaded 100%
```

下载完成：

```
Download completed for 3 files!
```

Toast通知：

```
Download completed for 3 files!
```

通过使用AsyncTask和ExecutorService，可以高效地管理异步任务和线程，确保后台操作不阻塞UI线程。AsyncTask适用于较简单的异步任务，而ExecutorService则适用于更复杂的线程管理，尤其是在涉及多个并发任务时。通过合理的线程管理，不仅可以提升应用的性能，还能提高用户体验，避免因长时间等待导致的UI卡顿和ANR问题。

4.2.3　网络请求库与 OkHttp 的使用

在Android开发中，网络请求是实现客户端与服务器通信的核心功能之一。为了简化网络请求的处理，Android提供了多种网络请求库。OkHttp是目前最常用的库之一，因其高效、灵活且易于扩展的特点，成为Android开发中处理网络请求的首选。OkHttp不仅支持同步和异步请求，还提供了丰富的功能，如拦截器、缓存机制、请求重试等，能够大大简化开发者的工作。

OkHttp基于HTTP协议构建，并遵循HTTP/2标准，在性能上进行了优化。它支持连接池和响应缓存，从而提高了多次请求的效率。OkHttp的拦截器机制允许开发者在请求和响应的不同阶段插入自定义处理逻辑，提供了灵活的扩展性。通过与Retrofit结合使用，OkHttp还能够为RESTful API请求提供方便的支持。

【例4-3】展示如何使用OkHttp进行网络请求，如何设置拦截器进行日志记录，以及如何处理响应数据。我们将模拟一个向天气API发送请求，获取天气数据并显示的应用。

以下代码示例将使用OkHttp发送一个GET请求，向一个开放的天气API查询某个城市的天气信息，并解析返回的JSON数据。

```
// 添加OkHttp和Gson的依赖到build.gradle
dependencies {
    implementation 'com.squareup.okhttp3:okhttp:4.9.0'
    implementation 'com.google.code.gson:gson:2.8.6'
}

// MainActivity.java
import android.os.Bundle;
import android.util.Log;
import android.widget.TextView;
import android.widget.Toast;

import androidx.appcompat.app.AppCompatActivity;

import com.google.gson.Gson;
import com.squareup.okhttp.Call;
import com.squareup.okhttp.Callback;
import com.squareup.okhttp.OkHttpClient;
```

```
import com.squareup.okhttp.Request;
import com.squareup.okhttp.Response;

import java.io.IOException;

public class MainActivity extends AppCompatActivity {

    private static final String BASE_URL = "https://api.openweathermap.org/data/2.5/";
    private static final String API_KEY = "your_api_key_here"; // 请使用有效的API密钥

    private TextView weatherTextView;

    @Override
    protected void onCreate(Bundle savedInstanceState) {
        super.onCreate(savedInstanceState);
        setContentView(R.layout.activity_main);

        weatherTextView = findViewById(R.id.weatherTextView);

        // 发起网络请求
        fetchWeatherData("London");
    }

    // 使用OkHttp发送网络请求
    private void fetchWeatherData(String cityName) {
        // 创建OkHttpClient对象
        OkHttpClient client = new OkHttpClient();

        // 构建请求URL
        String url = BASE_URL + "weather?q=" + cityName + "&appid=" + API_KEY;

        // 创建请求对象
        Request request = new Request.Builder()
                .url(url)
                .build();

        // 发送异步请求
        client.newCall(request).enqueue(new Callback() {
            @Override
            public void onFailure(Request request, IOException e) {
                runOnUiThread(() -> {
                    Toast.makeText(MainActivity.this, "Request failed: " +
e.getMessage(), Toast.LENGTH_SHORT).show();
                });
            }

            @Override
            public void onResponse(Response response) throws IOException {
                if (response.isSuccessful()) {
                    // 解析JSON数据
```

04

```
                String jsonResponse = response.body().string();
                Gson gson = new Gson();
                WeatherResponse weatherResponse = gson.fromJson(jsonResponse, 
WeatherResponse.class);
                // 更新UI显示结果
                runOnUiThread(() -> {
                    weatherTextView.setText("City: " + weatherResponse.name + "\n" +
                            "Temperature: " + weatherResponse.main.temp + "° C\n" +
                            "Humidity: " + weatherResponse.main.humidity + "%");
                });
            } else {
                runOnUiThread(() -> {
                    Toast.makeText(MainActivity.this, "Error: " + response.code(), 
Toast.LENGTH_SHORT).show();
                });
            }
        }
    });
}

// 创建一个类来解析JSON数据
public class WeatherResponse {
    public String name;          // 城市名称
    public Main main;            // 主天气数据

    public class Main {
        public float temp;       // 温度
        public int humidity;     // 湿度
    }
}
}
```

代码说明如下：

（1）依赖引入：在build.gradle文件中，添加了OkHttp和Gson的依赖。OkHttp用于网络请求，Gson用于解析JSON数据。

（2）OkHttpClient创建：通过OkHttpClient创建一个客户端对象，设置请求URL，并发送GET请求。请求URL包括了城市名称和API密钥（使用有效的API密钥）。

（3）发送请求：client.newCall(request).enqueue(new Callback())用于异步发送网络请求。请求成功时，onResponse方法被调用；请求失败时，onFailure方法被调用。

（4）JSON解析：当请求成功返回时，响应数据通过response.body().string()转换为字符串，然后使用Gson库将其解析为WeatherResponse对象。WeatherResponse类和内部类Main用来表示天气数据的结构。

（5）UI更新：在onResponse中，使用runOnUiThread方法将获取到的天气数据更新到UI上，以显示城市名、温度和湿度。

（6）异步请求与UI线程：为了避免在主线程中执行网络操作，使用异步请求方式。enqueue方法会在后台线程中执行网络请求，完成后通过回调函数更新UI线程。

查询London的天气，返回的JSON数据被解析后，UI显示如下：

```
City: London
Temperature: 280.32℃
Humidity: 81%
```

如果请求失败（例如，网络不可用或API密钥无效），则应用会显示如下错误提示：

```
Request failed: java.net.UnknownHostException: Unable to resolve host
"api.openweathermap.org": No address associated with hostname
```

在上述代码示例中，使用OkHttp库完成了异步网络请求并解析JSON响应。通过将请求封装在OkHttpClient中并使用异步回调，应用能够高效地进行网络通信而不会阻塞UI线程。OkHttp的简洁性和强大的功能使其成为Android开发中最常用的网络请求库之一。在实际应用中，结合Gson进行JSON解析能够方便地处理RESTful API返回的数据，从而帮助开发者快速实现数据展示。

4.3 DeepSeek API 与 Android 后端交互

本节将重点阐述如何在Android应用中集成DeepSeek的API，并与Android后端进行无缝对接。本节将详细讲解如何通过深度集成DeepSeek的AI模型，支持自然语言处理、智能对话等功能的实现。涵盖了API请求的构建、响应的处理以及数据的传输与解析。同时，探讨如何通过设计合理的后端架构，确保Android端与后端之间的高效、稳定的数据交互。

4.3.1 深度集成与 API 身份认证

在Android应用开发中，深度集成与API身份认证的实施是保证系统安全性与高效性的核心组成部分。深度集成指的是将外部API或服务紧密嵌入应用的后端系统中，从而实现无缝的功能调用和数据流转。在这种架构下，应用不仅作为一个前端展示界面，而是与多个后端服务或微服务层紧密结合，形成一个高效且互相协作的系统生态。

API身份认证是对外部接口访问进行严格控制的一项机制，目的是确保数据安全和权限管理。常见的身份认证方式包括OAuth 2.0、JWT（JSON Web Tokens）以及API密钥。这些认证方法提供了身份验证、授权、数据加密等多重安全保障。在API集成过程中，身份认证通常要求在每一次请求中附带认证信息，如令牌（Token）、客户端证书或是特定的API密钥，以验证请求方的合法性。

例如，在使用OAuth 2.0进行认证时，应用必须首先通过身份提供者（如Google或企业级身份管理系统）获得授权，然后在后续的API请求中附带此授权令牌。OAuth 2.0协议的核心原理是通过授权码、访问令牌和刷新令牌三重机制，确保安全的API调用。

在Android应用中，深度集成与API身份认证通常通过使用OAuth 2.0认证流程来实现，确保每次对外部API的调用都带有合法的身份标识。假设我们要通过OAuth 2.0流程来获取访问令牌并将其用于后续API调用。以下代码展示了如何使用Retrofit和OkHttp库来集成OAuth 2.0认证。

```
// Step 1: 创建一个OAuth 2.0认证接口
public interface OAuthService {
    @FormUrlEncoded
    @POST("https://api.example.com/oauth/token")
    Call<TokenResponse> getAccessToken(
        @Field("grant_type") String grantType,
        @Field("client_id") String clientId,
        @Field("client_secret") String clientSecret,
        @Field("scope") String scope
    );
}

// Step 2: 创建一个Retrofit实例来调用OAuth服务
Retrofit retrofit = new Retrofit.Builder()
    .baseUrl("https://api.example.com/")
    .addConverterFactory(GsonConverterFactory.create())
    .build();

// Step 3: 创建OAuthService的实例
OAuthService oauthService = retrofit.create(OAuthService.class);

// Step 4: 获取令牌
Call<TokenResponse> call = oauthService.getAccessToken(
    "client_credentials",
    "your_client_id",
    "your_client_secret",
    "read write"
);

call.enqueue(new Callback<TokenResponse>() {
    @Override
    public void onResponse(Call<TokenResponse> call, Response<TokenResponse> response) {
        if (response.isSuccessful()) {
            // 获取令牌
            String accessToken = response.body().getAccessToken();
            Log.d("OAuth", "Access Token: " + accessToken);

            // 使用获取到的令牌进行API调用
            makeApiCallWithToken(accessToken);
        }
    }

    @Override
    public void onFailure(Call<TokenResponse> call, Throwable t) {
        Log.e("OAuth", "Token request failed", t);
```

```
    }
});

// Step 5: 使用令牌进行API调用
private void makeApiCallWithToken(String accessToken) {
    // 创建另一个API接口，进行需要认证的请求
    ApiService apiService = retrofit.create(ApiService.class);
    Call<ApiResponse> apiCall = apiService.getProtectedData("Bearer " + accessToken);

    apiCall.enqueue(new Callback<ApiResponse>() {
        @Override
        public void onResponse(Call<ApiResponse> call, Response<ApiResponse> response) {
            if (response.isSuccessful()) {
                Log.d("API", "Protected data: " + response.body().toString());
            } else {
                Log.e("API", "Request failed with code: " + response.code());
            }
        }

        @Override
        public void onFailure(Call<ApiResponse> call, Throwable t) {
            Log.e("API", "API request failed", t);
        }
    });
}
```

此代码首先通过OAuth 2.0协议获取令牌。在获取有效的访问令牌后，再通过这个令牌进行后续的API调用，确保每次请求都能够通过身份认证。这种方法既能保证安全性，又确保了与外部API的有效交互。

在具体实现中，API身份认证不仅需要处理认证过程，还涉及如何管理和存储这些认证信息。通常，Android应用会在本地存储令牌或密钥，结合加密存储策略以防止敏感信息泄露。另一方面，后端服务则会对每个API请求进行校验，确保每个请求携带有效的认证信息。

最终，深度集成与API身份认证的结合能够为开发者提供更加可靠和安全的数据交互机制，并有效地防止未经授权的访问及潜在的安全威胁。

4.3.2　会话管理与多轮对话支持

在构建智能对话系统时，特别是涉及多个用户交互回合的场景，会话管理和多轮对话支持显得尤为重要。会话管理用于追踪用户与应用之间的互动历史，在对话过程中保持上下文的一致性和连贯性。多轮对话则是指在多个对话轮次中，系统需要记住先前的交互信息，以便在后续对话中给出合理的回复，确保用户体验的自然流畅。

Android应用中集成会话管理和多轮对话功能，通常涉及到会话状态的保存、上下文的传递以及对话数据的处理。这些功能可以通过保存会话数据（如用户输入、系统响应）和调用AI模型（如

DeepSeek或其他对话模型）来实现。在实现过程中，状态管理和数据持久化技术（如SharedPreferences或SQLite数据库）也常常被使用。

本小节将通过一个具体的应用示例，展示如何在Android应用中实现会话管理和多轮对话支持。该示例会模拟一个简单的对话系统，在用户每次进行交互时，记录并反馈用户先前的输入，确保对话上下文的连贯性。

【例4-4】创建一个模拟多轮对话支持的Android应用，使用SharedPreferences来保存会话状态，利用AI模型模拟多轮对话的过程。每当用户发起对话时，系统根据上下文生成响应，并更新会话状态。

```
// MainActivity.java
import android.content.SharedPreferences;
import android.os.Bundle;
import android.util.Log;
import android.widget.Button;
import android.widget.EditText;
import android.widget.TextView;
import android.widget.Toast;

import androidx.appcompat.app.AppCompatActivity;

public class MainActivity extends AppCompatActivity {

    private static final String PREFS_NAME = "SessionPrefs";
    private static final String KEY_CONTEXT = "conversation_context";

    private EditText userInputEditText;
    private TextView conversationTextView;
    private Button sendButton;
    private SharedPreferences sharedPreferences;

    @Override
    protected void onCreate(Bundle savedInstanceState) {
        super.onCreate(savedInstanceState);
        setContentView(R.layout.activity_main);

        // 初始化视图组件
        userInputEditText = findViewById(R.id.userInputEditText);
        conversationTextView = findViewById(R.id.conversationTextView);
        sendButton = findViewById(R.id.sendButton);

        // 初始化SharedPreferences
        sharedPreferences = getSharedPreferences(PREFS_NAME, MODE_PRIVATE);

        // 载入会话上下文
        String previousConversation = sharedPreferences.getString(KEY_CONTEXT, "");
        conversationTextView.setText(previousConversation);
```

```
        sendButton.setOnClickListener(v -> {
            String userInput = userInputEditText.getText().toString().trim();
            if (!userInput.isEmpty()) {
                handleUserInput(userInput);
            } else {
                Toast.makeText(MainActivity.this, "Please enter a message",
Toast.LENGTH_SHORT).show();
            }
        });
    }

    // 处理用户输入并生成响应
    private void handleUserInput(String userInput) {
        // 获取并更新当前会话上下文
        String currentContext = sharedPreferences.getString(KEY_CONTEXT, "");

        // 在当前上下文中添加用户输入
        currentContext += "\nUser: " + userInput;

        // 调用AI模型生成响应（模拟）
        String aiResponse = getAIResponse(userInput);

        // 更新会话上下文
        currentContext += "\nAI: " + aiResponse;
        sharedPreferences.edit().putString(KEY_CONTEXT, currentContext).apply();

        // 更新UI显示
        conversationTextView.setText(currentContext);

        // 清空用户输入框
        userInputEditText.setText("");
    }

    // 模拟AI响应生成（简单示例）
    private String getAIResponse(String userInput) {
        // 这里可以根据输入的内容进行一些简单的匹配或处理
        if (userInput.toLowerCase().contains("hello")) {
            return "Hi there! How can I assist you today?";
        } else if (userInput.toLowerCase().contains("weather")) {
            return "The weather looks great today!";
        } else {
            return "I'm not sure about that, could you elaborate?";
        }
    }
}
```

代码说明如下：

（1）会话存储与管理：使用SharedPreferences来保存和读取会话上下文。每次用户输入时，我们将用户的输入和AI生成的响应追加到当前的会话状态中，并保存到SharedPreferences中。这样，应用可以在后续的对话中记住之前的互动，确保多轮对话的连贯性。

（2）用户输入和AI响应：用户通过输入框输入信息，当单击“发送”按钮时，调用handleUserInput方法处理输入，并模拟AI模型生成一个简单的响应。在实际应用中，这里可以替换成调用DeepSeek的API来获取真实的对话响应。

（3）UI更新与数据保存：每次用户发起新的对话时，更新conversationTextView显示整个会话内容。会话内容保存在SharedPreferences中，确保即使用户关闭应用，重新启动后也能恢复之前的对话上下文。

（4）简单的AI模型模拟：getAIResponse方法根据用户的输入返回预设的回答，模拟AI的行为。在实际开发中，这里可以集成深度学习模型或通过RESTful API与实际的AI服务进行交互，返回更为复杂的响应。

```
用户输入："Hello":
User: Hello
AI: Hi there! How can I assist you today?
用户输入："What's the weather like?":
User: Hello
AI: Hi there! How can I assist you today?

User: What's the weather like?
AI: The weather looks great today!
用户输入："Tell me a joke":
User: Hello
AI: Hi there! How can I assist you today?

User: What's the weather like?
AI: The weather looks great today!

User: Tell me a joke
AI: I'm not sure about that, could you elaborate?
```

上述代码示例展示了如何在Android应用中实现简单的会话管理和多轮对话支持。通过使用SharedPreferences来保存会话状态，确保每次用户输入时系统能记住之前的上下文，从而生成连贯的对话。在实际应用中，可以通过集成真正的AI模型（如DeepSeek的API）来处理更复杂的对话逻辑，并进一步增强应用的智能化和互动性。

4.3.3　API 调用限流与优化

在开发现代应用时，API调用通常是后端服务和前端用户交互的核心。然而，频繁的API请求可能会导致系统的负载过高、响应时间延长，甚至可能触发服务端的限制（如API速率限制、流量控制等）。因此，实现API调用的限流与优化是提高系统性能和稳定性的关键手段。

API限流是控制一定时间内访问量的机制，目的是防止过多的请求导致服务器过载。常见的限流策略有令牌桶算法、漏桶算法和计数器策略。这些算法通过设定请求的频率限制或请求的最大数量来控制流量。

API优化则涉及减少无用的请求、合并多个请求、缓存常用数据、合理使用分页等方法，从而降低请求的次数和数据的传输量，提升系统性能。

本小节将通过一个具体示例，展示如何在Android应用中实现API调用的限流与优化。我们将使用OkHttp库进行网络请求，并结合RateLimiter（令牌桶算法）和缓存机制来优化API调用。

【例4-5】 实现一个简单的API调用限流机制，防止频繁请求。我们还将结合缓存机制，避免重复请求相同的数据。

```
// 添加OkHttp和Guava的依赖到build.gradle
dependencies {
   implementation 'com.squareup.okhttp3:okhttp:4.9.0'
   implementation 'com.google.guava:guava:30.1-jre'
}

// MainActivity.java
import android.os.Bundle;
import android.util.Log;
import android.widget.Button;
import android.widget.TextView;
import android.widget.Toast;

import androidx.appcompat.app.AppCompatActivity;

import com.google.common.util.concurrent.RateLimiter;
import com.squareup.okhttp.Cache;
import com.squareup.okhttp.OkHttpClient;
import com.squareup.okhttp.Request;
import com.squareup.okhttp.Response;

import java.io.File;
import java.io.IOException;

public class MainActivity extends AppCompatActivity {

   private static final String API_URL =
"https://jsonplaceholder.typicode.com/posts";
   private static final int MAX_REQUESTS_PER_SECOND = 2; // 限制每秒2个请求
   private TextView resultTextView;
   private Button fetchButton;
   private OkHttpClient client;
   private RateLimiter rateLimiter;

   @Override
   protected void onCreate(Bundle savedInstanceState) {
      super.onCreate(savedInstanceState);
      setContentView(R.layout.activity_main);

      resultTextView = findViewById(R.id.resultTextView);
      fetchButton = findViewById(R.id.fetchButton);
```

```
        // 初始化RateLimiter，每秒最多允许2个请求
        rateLimiter = RateLimiter.create(MAX_REQUESTS_PER_SECOND);

        // 配置OkHttpClient，启用缓存
        File httpCacheDirectory = new File(getCacheDir(), "http_cache");
        Cache cache = new Cache(httpCacheDirectory, 10 * 1024 * 1024); // 10MB缓存
        client = new OkHttpClient();
        client.setCache(cache);

        fetchButton.setOnClickListener(v -> fetchData());
    }

    // 获取数据并执行限流
    private void fetchData() {
        // 尝试从RateLimiter获取令牌，如果返回false表示请求频繁
        if (!rateLimiter.tryAcquire()) {
            Toast.makeText(this, "Request too frequent, please wait...",
Toast.LENGTH_SHORT).show();
            return;
        }

        // 创建请求对象
        Request request = new Request.Builder()
                .url(API_URL)
                .build();

        // 执行请求
        new Thread(() -> {
            try {
                Response response = client.newCall(request).execute();
                if (response.isSuccessful()) {
                    String responseData = response.body().string();

                    // 将响应数据显示到UI线程
                    runOnUiThread(() -> {
                        resultTextView.setText(responseData);
                    });
                } else {
                    runOnUiThread(() -> {
                        Toast.makeText(this, "Failed to fetch data",
Toast.LENGTH_SHORT).show();
                    });
                }
            } catch (IOException e) {
                runOnUiThread(() -> {
                    Toast.makeText(this, "Error: " + e.getMessage(),
Toast.LENGTH_SHORT).show();
                });
            }
        }).start();
    }
}
```

代码说明如下：

（1）RateLimiter（限流器）：我们使用了Guava库的RateLimiter类，它实现了令牌桶算法，用于限制API请求的频率。在此例中，RateLimiter.create(MAX_REQUESTS_PER_SECOND)设置每秒最多允许2个请求。如果请求频率超过限制，tryAcquire()方法将返回false，从而拒绝请求。

（2）OkHttp与缓存：为了减少重复请求，OkHttpClient配置了缓存机制。我们指定了一个缓存目录并设置了缓存大小为10MB，避免频繁请求相同的数据。当相同的请求再次发送时，OkHttp会首先检查缓存，并尽可能从缓存中返回响应，减少了网络流量和API调用。

（3）异步请求：网络请求在单独的线程中执行，以避免阻塞主线程。client.newCall(request).execute()用于同步发起请求，并在响应到达后更新UI。如果请求失败，或网络出现错误，将显示相应的错误消息。

（4）UI更新：在收到请求响应后，使用runOnUiThread()将数据更新到UI线程，避免直接在后台线程中操作UI。

04

假设用户单击Fetch Data按钮，API请求成功，数据返回并显示：

```
[{"userId":1,"id":1,"title":"sunt aut facere repellat provident occaecati excepturi
optio reprehenderit","body":"quia et suscipit\nsuscipit..."}]
```

如果用户在短时间内重复单击“请求”按钮，超过限流限制，系统将显示：

```
Request too frequent, please wait...
```

如果API请求失败或发生网络错误，系统将显示：

```
Error: Unable to resolve host "jsonplaceholder.typicode.com": No address associated
with hostname
```

通过上述示例展示了如何在Android应用中实现API调用限流与优化。通过使用Guava库的RateLimiter来限制API请求的频率，避免过于频繁的请求对系统造成负担。同时，结合OkHttp的缓存机制，在请求重复数据时避免多次调用API，从而提升了应用的性能。限流与优化策略有助于减少API服务器的压力，提高系统的可扩展性和响应速度。

4.4　数据存储与本地缓存

本节将深入探讨在Android应用中实现高效数据存储与缓存机制的策略。重点介绍如何选择适合的存储方式，包括本地数据库、文件存储以及共享偏好设置等，并结合实际应用场景分析如何有效地管理用户数据与临时信息。同时，讨论了如何通过本地缓存技术提高应用的响应速度和离线功能，尤其是在频繁访问DeepSeek API时，如何缓存数据以减少网络请求并优化性能。通过对数据存储与缓存的合理设计，提升Android应用的稳定性和用户体验。

4.4.1　本地数据库（Room 与 SQLite）

在Android应用开发中，数据存储是一个至关重要的模块，尤其在需要长期保存数据或离线处理时，本地数据库发挥了关键作用。Android提供了多种本地数据存储方案，其中Room数据库和SQLite是最常用的两种解决方案。Room作为一个抽象层，它简化了SQLite的使用，使得开发者能够通过对象关系映射（ORM）实现数据库的交互。Room本质上通过注解和架构组件，封装了SQLite的底层操作，提供了更加简洁且易于维护的代码结构。

SQLite则是一个轻量级的关系型数据库，直接通过SQL语句进行数据操作。尽管SQLite本身性能较高、操作简便，但其直接与SQL代码的交互要求开发者编写大量的SQL语句，且没有类型安全检查，因此容易出错。与此相比，Room数据库通过DAO（数据访问对象）接口与实体类进行交互，从而使得数据操作更加安全、简洁，并且提供了编译时检查，避免了SQL注入等安全问题。

在Android开发中，Room和SQLite是常用的本地数据库技术。Room为SQLite提供了一层抽象，简化了数据库操作。在Room中，实体类通过注解标记，表与类之间一一对应。DAO（数据访问对象）接口负责定义数据库操作方法，Room自动实现这些接口。通过DAO，开发者可以通过普通的Java方法进行数据库操作，不需要直接编写SQL语句。相比之下，SQLite的使用则更加底层，需要开发者手动处理SQL语句，并直接通过SQLiteOpenHelper来管理数据库。

以Room为例，首先需要定义一个实体类（Entity），它与数据库表结构相对应：

```
@Entity(tableName = "user_table")
public class User {
    @PrimaryKey(autoGenerate = true)
    private int id;
    private String name;
    private int age;

    // Getter and Setter methods
}
```

接着定义一个DAO接口：

```
@Dao
public interface UserDao {
    @Insert
    void insert(User user);

    @Query("SELECT * FROM user_table")
    List<User> getAllUsers();
}
```

然后创建数据库类：

```
@Database(entities = {User.class}, version = 1)
public abstract class AppDatabase extends RoomDatabase {
```

```
    public abstract UserDao userDao();
}
```

最后在应用中获取数据库实例并操作数据：

```
AppDatabase db = Room.databaseBuilder(context, AppDatabase.class,
"database-name").build();
UserDao userDao = db.userDao();

// 插入数据
User user = new User("John", 25);
userDao.insert(user);

// 查询数据
List<User> users = userDao.getAllUsers();
```

通过Room，开发者不需要编写SQL语句，所有操作都通过注解和DAO接口来实现，减少了代码的复杂性并提高了开发效率。与之相比，SQLite要求开发者手动编写SQL语句并通过SQLiteOpenHelper管理数据库，虽然提供了更大的灵活性，但在开发过程中需要更多的手动操作。

Room的核心组件包括数据库实体（Entity）、数据访问对象（DAO）以及数据库本身（Database）。实体类与数据库表一一对应，DAO接口则负责对实体类执行增删改查（CRUD）操作。Room的抽象层使得开发者无须编写复杂的SQL语句，可以通过简单的Java方法进行数据的增删查改。另一方面，Room还提供了对异步操作的支持，可以避免数据库操作阻塞主线程，提升应用的响应速度。

SQLite则提供了更为底层的数据库操作，通过直接使用SQLiteOpenHelper类进行数据库的创建和更新，能够手动控制数据库的生命周期以及各类操作。SQLite的灵活性和控制性非常高，但也意味着开发者需要处理更多的数据库细节和潜在的错误，如数据库锁定、事务处理等问题。

因此，Room和SQLite各有优劣，Room作为一个高层封装的ORM库，适合大多数开发场景，尤其是在对性能要求不特别苛刻的情况下。而SQLite则提供了更精细的控制，可以在性能要求高、需要自定义复杂SQL操作时使用。

4.4.2　文件存储与 SharedPreferences

在Android开发中，数据的持久化存储是应用开发中的一个重要环节。Android提供了多种存储方式，包括内部存储、外部存储、数据库存储以及SharedPreferences。每种方式都有不同的应用场景和优缺点。

文件存储适用于存储较大的数据或需要按文件管理的内容。数据可以以文本文件、二进制文件等形式存储到应用的内部存储或外部存储中，用户可以在文件系统中直接管理这些数据。

SharedPreferences则是一种轻量级的数据存储机制，适合存储少量的键值对数据。它常用于存储配置设置、用户偏好、应用的状态信息等小型数据。与文件存储不同，SharedPreferences的数据以XML格式存储，可以快速读取与写入，操作非常简单。

本节将通过具体示例，展示如何使用文件存储和SharedPreferences进行数据存储。我们将实现一个简单的应用，使用SharedPreferences存储用户的登录状态，并将用户数据（如姓名和邮箱）保存到文件中，以供下次启动时读取。

【例4-6】 演示使用SharedPreferences保存和读取用户的登录信息（如用户名和是否登录的标志），同时演示如何将用户数据（如姓名和邮箱）保存到一个文件中，并在应用启动时读取这些数据。

```
// MainActivity.java
import android.content.Context;
import android.content.SharedPreferences;
import android.os.Bundle;
import android.util.Log;
import android.widget.Button;
import android.widget.EditText;
import android.widget.TextView;
import android.widget.Toast;

import androidx.appcompat.app.AppCompatActivity;

import java.io.BufferedReader;
import java.io.FileInputStream;
import java.io.FileOutputStream;
import java.io.IOException;
import java.io.InputStreamReader;

public class MainActivity extends AppCompatActivity {

    private static final String PREFS_NAME = "UserPreferences";
    private static final String LOGIN_STATUS_KEY = "isLoggedIn";
    private static final String USERNAME_KEY = "username";
    private static final String FILE_NAME = "user_data.txt";

    private SharedPreferences sharedPreferences;
    private EditText usernameEditText, emailEditText;
    private TextView displayTextView;
    private Button saveButton, loadButton;

    @Override
    protected void onCreate(Bundle savedInstanceState) {
        super.onCreate(savedInstanceState);
        setContentView(R.layout.activity_main);

        // 初始化视图组件
        usernameEditText = findViewById(R.id.usernameEditText);
        emailEditText = findViewById(R.id.emailEditText);
        displayTextView = findViewById(R.id.displayTextView);
        saveButton = findViewById(R.id.saveButton);
        loadButton = findViewById(R.id.loadButton);
```

```
        // 获取SharedPreferences实例
        sharedPreferences = getSharedPreferences(PREFS_NAME, MODE_PRIVATE);

        //加载存储的登录状态
        boolean isLoggedIn = sharedPreferences.getBoolean(LOGIN_STATUS_KEY, false);
        String username = sharedPreferences.getString(USERNAME_KEY, "Guest");

        if (isLoggedIn) {
            displayTextView.setText("Welcome back, " + username);
        } else {
            displayTextView.setText("Please log in.");
        }

        // 保存用户信息按钮的点击事件
        saveButton.setOnClickListener(v -> saveUserData());

        //加载用户数据按钮的点击事件
        loadButton.setOnClickListener(v -> loadUserData());
    }

    // 保存用户数据到文件和SharedPreferences
    private void saveUserData() {
        String username = usernameEditText.getText().toString().trim();
        String email = emailEditText.getText().toString().trim();

        if (username.isEmpty() || email.isEmpty()) {
            Toast.makeText(this, "Please enter both username and email",
Toast.LENGTH_SHORT).show();
            return;
        }

        // 保存到SharedPreferences
        SharedPreferences.Editor editor = sharedPreferences.edit();
        editor.putBoolean(LOGIN_STATUS_KEY, true);
        editor.putString(USERNAME_KEY, username);
        editor.apply();

        // 保存到文件
        try (FileOutputStream fos = openFileOutput(FILE_NAME, Context.MODE_PRIVATE)) {
            String userData = "Username: " + username + "\nEmail: " + email;
            fos.write(userData.getBytes());
            Toast.makeText(this, "User data saved successfully!",
Toast.LENGTH_SHORT).show();
        } catch (IOException e) {
            Log.e("MainActivity", "Error writing to file", e);
            Toast.makeText(this, "Error saving data", Toast.LENGTH_SHORT).show();
        }
    }
```

```
    // 从文件和SharedPreferences加载用户数据
    private void loadUserData() {
        // 从SharedPreferences读取登录状态
        boolean isLoggedIn = sharedPreferences.getBoolean(LOGIN_STATUS_KEY, false);
        String username = sharedPreferences.getString(USERNAME_KEY, "Guest");

        // 显示SharedPreferences中的数据
        if (isLoggedIn) {
            displayTextView.setText("Welcome back, " + username);
        } else {
            displayTextView.setText("Please log in.");
        }

        // 从文件中读取用户数据
        try (FileInputStream fis = openFileInput(FILE_NAME);
             InputStreamReader isr = new InputStreamReader(fis);
             BufferedReader reader = new BufferedReader(isr)) {
            StringBuilder stringBuilder = new StringBuilder();
            String line;
            while ((line = reader.readLine()) != null) {
                stringBuilder.append(line).append("\n");
            }
            displayTextView.append("\n\nStored Data:\n" + stringBuilder.toString());
        } catch (IOException e) {
            Log.e("MainActivity", "Error reading from file", e);
            Toast.makeText(this, "Error loading data", Toast.LENGTH_SHORT).show();
        }
    }
}
```

代码说明如下：

（1）SharedPreferences存储与读取：SharedPreferences用于存储简单的用户信息，如登录状态（isLoggedIn）和用户名（username）。通过sharedPreferences.getBoolean()和sharedPreferences.getString()方法读取存储的数据。在应用启动时，我们检查用户是否已登录，如果是，则显示欢迎信息。

（2）文件存储：用户的详细数据（如用户名和邮箱）通过FileOutputStream保存到应用的内部存储中的user_data.txt文件。我们将这些数据作为字节数组写入文件，以便下次读取。在保存时，若输入框为空，则提示用户填写完整信息。读取数据时，我们使用FileInputStream、InputStreamReader和BufferedReader逐行读取文件中的内容，并将其显示在TextView中。

（3）UI更新：保存按钮的点击事件会将用户输入的数据保存到SharedPreferences和文件中，并通过Toast提示操作结果。加载按钮的点击事件会从SharedPreferences和文件中读取数据，并更新TextView显示用户信息。

保存数据时的输出：用户输入用户名和邮箱后，单击"保存"按钮，数据被保存到SharedPreferences和文件中，并显示：

```
User data saved successfully!
```

加载数据时的输出：用户单击“加载”按钮后，SharedPreferences中的数据（如登录状态和用户名）将显示在TextView中，并显示文件中保存的用户数据：

```
Welcome back, John Doe

Stored Data:
Username: John Doe
Email: john@example.com
```

如果用户没有保存过数据或没有填写完整信息，界面将显示：

```
Please log in.
```

如果在读取或保存数据时发生错误，系统会通过日志记录错误，并显示：

```
Error saving data
```


本节示例展示了如何使用SharedPreferences和文件存储实现用户数据的保存和读取。SharedPreferences适用于存储简单的键-值对（key-value pair）数据，如登录状态、用户偏好设置等，而文件存储适合保存较大的数据或按文件管理的数据。通过将两者结合使用，可以在应用中实现高效的数据持久化管理，从而增强应用的可用性和用户体验。

4.4.3　内存缓存与 LRU 缓存策略

在移动应用开发中，尤其是需要频繁访问和处理数据时，缓存技术是至关重要的优化手段。通过缓存，可以将经常使用的数据存储在内存中，从而减少对磁盘的读取和对网络的请求，显著提高应用的响应速度和用户体验。然而，缓存的使用需要遵循一定的策略，以保证缓存的有效性和性能。

内存缓存是指将数据存储在应用的内存中，以便快速访问。内存缓存适用于存储一些小型的数据，如图片、用户信息等，能够快速响应请求。但是，内存缓存存在一个问题：内存空间有限，因此需要有效的缓存清理机制。

LRU（Least Recently Used）缓存策略是一种常见的缓存管理策略。LRU策略的核心思想是，当缓存空间已满时，优先清除那些最久未被使用的数据。这种策略能够保持缓存的高效性，避免频繁的缓存清理操作。LRU缓存的实现通常使用双向链表和哈希表，以实现高效的数据访问和清理。

本节将通过具体示例，演示如何在Android应用中实现内存缓存，并使用LRU策略管理缓存数据。我们将通过一个简单的应用，将网络请求结果缓存到内存中，并使用LRU缓存策略自动清理过期的数据。

【例4-7】创建一个Android应用，使用LRUCache来缓存用户请求的图片数据，并展示如何通过LRU缓存策略清理过期数据。

```
// MainActivity.java
import android.graphics.Bitmap;
```

```
import android.os.Bundle;
import android.util.LruCache;
import android.widget.Button;
import android.widget.ImageView;
import android.widget.Toast;

import androidx.appcompat.app.AppCompatActivity;

public class MainActivity extends AppCompatActivity {

    private LruCache<String, Bitmap> imageCache; // LRU缓存实例
    private Button loadImageButton;
    private ImageView imageView;

    @Override
    protected void onCreate(Bundle savedInstanceState) {
        super.onCreate(savedInstanceState);
        setContentView(R.layout.activity_main);

        // 初始化视图组件
        loadImageButton = findViewById(R.id.loadImageButton);
        imageView = findViewById(R.id.imageView);

        // 初始化LRU缓存
        final int maxMemory = (int) (Runtime.getRuntime().maxMemory() / 1024);
        final int cacheSize = maxMemory / 8; // 设置缓存大小为最大内存的1/8
        imageCache = new LruCache<>(cacheSize);

        //加载图片按钮的点击事件
        loadImageButton.setOnClickListener(v -> loadImage("image_url"));
    }

    //加载图片并缓存到LRU缓存
    private void loadImage(String imageUrl) {
        // 检查缓存中是否存在图片
        Bitmap bitmap = getBitmapFromCache(imageUrl);
        if (bitmap != null) {
            // 从缓存中读取图片，直接显示
            imageView.setImageBitmap(bitmap);
            Toast.makeText(this, "Image loaded from cache", Toast.LENGTH_SHORT).show();
        } else {
            // 模拟加载图片（例如从网络请求图片）
            bitmap = loadImageFromNetwork(imageUrl);
            if (bitmap != null) {
                // 将图片缓存到LRU缓存
                addBitmapToCache(imageUrl, bitmap);
                imageView.setImageBitmap(bitmap);
                Toast.makeText(this, "Image loaded from network",
Toast.LENGTH_SHORT).show();
            } else {
```

```
                Toast.makeText(this, "Failed to load image",
Toast.LENGTH_SHORT).show();
            }
        }
    }

    // 从LRU缓存中获取图片
    private Bitmap getBitmapFromCache(String key) {
        return imageCache.get(key);
    }

    // 将图片添加到LRU缓存中
    private void addBitmapToCache(String key, Bitmap bitmap) {
        if (getBitmapFromCache(key) == null) {
            imageCache.put(key, bitmap);
        }
    }

    // 模拟从网络加载图片
    private Bitmap loadImageFromNetwork(String imageUrl) {
        // 模拟网络请求，加载图片（这里用空的Bitmap替代实际的图片下载）
        // 实际开发中，可以使用网络请求库如Retrofit、OkHttp加载图片
        Bitmap bitmap = Bitmap.createBitmap(100, 100, Bitmap.Config.ARGB_8888);
        return bitmap;
    }
}
```

代码说明如下：

（1）LRUCache的初始化：我们通过LruCache创建了一个内存缓存实例，缓存的大小为最大可用内存的1/8，计算方式为maxMemory/8。LruCache会根据最近使用的顺序自动清理缓存中的数据。

（2）图片加载与缓存：loadImage方法模拟从缓存中加载图片。如果缓存中已经存在图片，就直接显示；如果缓存中没有图片，就从“网络”加载图片，并将其缓存到LRU缓存中。使用getBitmapFromCache方法从LRU缓存中获取图片，使用addBitmapToCache将图片添加到缓存。

（3）LRU缓存策略：LRU缓存会根据图片的访问顺序，自动清理最久未使用的图片。当缓存达到设定的大小时，最久未访问的图片将会被移除，从而为新的图片腾出空间。

（4）模拟网络加载：loadImageFromNetwork方法模拟从网络加载图片。在实际开发中，这个方法会替换成通过网络请求加载图片（如使用Glide、Picasso或OkHttp进行图片加载）。

（5）从缓存加载图片：当用户单击“加载”按钮，且缓存中已有图片时，将显示如下信息：

```
Image loaded from cache
```

同时，图片会显示在ImageView中。

（6）从网络加载图片：如果缓存中没有图片，应用会从“网络”加载图片，并显示如下信息：

```
Image loaded from network
```

同样，图片会显示在ImageView中。

（7）缓存清理机制：当缓存大小达到上限时，LRU缓存会自动清理最久未使用的图片。例如，如果之前加载过的图片未被再次访问，LRU缓存会在加载新图片时自动删除这些图片，以释放空间。如果模拟的图片加载过程失败，系统会显示如下信息：

```
Failed to load image
```

通过本示例，展示了如何使用LRUCache来实现内存缓存，并通过LRU缓存策略自动清理过期的数据。LRU缓存不仅能够有效提高应用的性能，还能减少内存的使用。对于需要频繁请求或渲染的数据（如图片、文本等），缓存机制是优化用户体验的必备技术。通过合理设置缓存大小和清理策略，可以在保证性能的同时避免内存泄漏问题。在实际应用中，可以结合图片加载库如Glide或Picasso来进一步优化图片的加载和缓存处理。

4.5　Android 应用性能优化

本节将深入分析提升Android应用性能的关键方法与技术，重点探讨如何通过优化应用的启动时间、内存管理、UI流畅性等方面，确保应用在各种设备上都能流畅运行。内容涵盖多线程与异步处理、减少不必要的计算与资源占用、合理使用缓存等优化策略。

同时，本节还将介绍如何通过工具和分析方法诊断性能瓶颈，利用Android Profiler、Memory Profiler等工具进行性能分析，并提供实践中的优化方案，帮助开发者在实际开发中实现高效且响应迅速的Android应用。

4.5.1　内存泄漏与垃圾回收机制

在Android开发中，内存泄漏是一个常见且严重的问题，它会导致应用占用过多的内存资源，进而引发性能下降、ANR（应用无响应）以及最终的应用崩溃。内存泄漏指的是在不再需要某些对象时，程序依然保留对它们的引用，导致这些对象无法被垃圾回收机制清理。尤其是在长期运行的应用中，内存泄漏的影响可能会积累，导致应用的内存占用越来越大，最终引发应用崩溃。

垃圾回收机制（GC）是Java虚拟机（JVM）和Android运行时环境（ART）中用于自动管理内存的一种机制。GC的核心任务是自动回收不再使用的对象，并释放其占用的内存。Android的垃圾回收机制基于标记-清除（Mark-and-Sweep）算法，并分为多个代（如年轻代、老年代等）。当对象不再被引用时，GC会标记这些对象并清理其内存。

然而，尽管垃圾回收机制非常高效，但它并不能完全解决内存泄漏问题，尤其是在某些情况下，程序仍然保持对不再需要的对象的引用。为了避免内存泄漏，开发者需要合理管理对象的生命周期，确保在适当的时机释放不再需要的对象。

【例4-8】创建一个典型的内存泄漏问题，并使用Android的工具（如LeakCanary）进行内存泄漏检测。

示例中，创建一个活动（Activity），并通过一个Handler模拟内存泄漏的情况，展示如何在长时间持有对Activity对象的引用时导致内存泄漏。

```
// MainActivity.java
import android.os.Bundle;
import android.os.Handler;
import android.os.Message;
import android.util.Log;
import android.widget.Button;
import android.widget.Toast;
import androidx.appcompat.app.AppCompatActivity;

public class MainActivity extends AppCompatActivity {

    private Button leakButton;
    private Handler memoryLeakHandler;
    private static final String TAG = "MemoryLeakExample";

    @Override
    protected void onCreate(Bundle savedInstanceState) {
        super.onCreate(savedInstanceState);
        setContentView(R.layout.activity_main);

        leakButton = findViewById(R.id.leakButton);
        leakButton.setOnClickListener(v -> simulateMemoryLeak());

        // Handler that references the activity, causing a potential memory leak
        memoryLeakHandler = new Handler() {
            @Override
            public void handleMessage(Message msg) {
                // Simulate some operation that requires memory
                Log.d(TAG, "Message received: " + msg.what);
            }
        };
    }

    // Simulate memory leak by holding a reference to the activity in a static field
    private void simulateMemoryLeak() {
        // Simulate a leak by not removing the handler
        memoryLeakHandler.sendEmptyMessageDelayed(0, 10000); // 10 seconds delay
        Toast.makeText(this, "Memory leak simulation started",
Toast.LENGTH_SHORT).show();
    }

    @Override
    protected void onDestroy() {
```

04

```
            super.onDestroy();
            // Normally, handlers should be removed to prevent memory leaks
            memoryLeakHandler.removeCallbacksAndMessages(null);
            Log.d(TAG, "Handler callbacks removed to prevent memory leak");
        }
    }
```

代码说明如下：

（1）内存泄漏模拟：在MainActivity的onCreate方法中，我们创建了一个Handler对象，并在simulateMemoryLeak方法中发送了一条消息。由于Handler持有Activity的引用，当活动（Activity）被销毁后，Handler仍然存在，并且仍然持有对Activity的引用。这将导致Activity无法被垃圾回收，从而发生内存泄漏。

（2）内存泄漏的标志：即使用户退出MainActivity，由于Handler对象仍然持有对Activity的引用，Activity对象的内存不会被释放，导致内存泄漏。

（3）防止内存泄漏：在onDestroy方法中，我们应该显式调用removeCallbacksAndMessages(null)来移除所有未处理的消息和回调，避免Handler继续持有对Activity的引用。

为了更好地检测内存泄漏，我们可以使用LeakCanary，一个开源库，可以帮助我们检测Android应用中的内存泄漏。

（1）在build.gradle文件中添加LeakCanary依赖：

```
dependencies {
    implementation 'com.squareup.leakcanary:leakcanary-android:2.7'
}
```

（2）在Application类中初始化LeakCanary：

```
import android.app.Application;
import com.squareup.leakcanary.LeakCanary;

public class MyApplication extends Application {
    @Override
    public void onCreate() {
        super.onCreate();
        if (LeakCanary.isInAnalyzerProcess(this)) {
            // LeakCanary在分析内存泄漏时会进入此进程，跳过初始化
            return;
        }
        LeakCanary.install(this);
    }
}
```

（3）运行应用并检测内存泄漏：当内存泄漏发生时，LeakCanary会自动检测并生成报告。在模拟内存泄漏时，LeakCanary会捕获到Activity的引用泄露，并弹出警告。

内存泄漏未移除回调时： 如果内存泄漏没有被及时修复，LeakCanary会在后台检测到Activity的泄露，并输出以下日志：

```
* MainActivity has leaked:
1 reference to android.app.Activity has leaked:
* GC Root: System class
* LeakCanary: Leak found in MainActivity
```

内存泄漏移除回调后： 如果我们在onDestroy方法中正确移除回调，LeakCanary不会再报告内存泄漏。

本节通过示例展示了内存泄漏的典型场景，特别是在Handler对象中持有Activity引用的情况下。内存泄漏会导致应用的内存占用逐渐增加，最终可能导致应用崩溃。

为了避免内存泄漏，开发者需要确保在不再需要时及时清除对象的引用，尤其是像Handler、AsyncTask等长期存在的对象。LeakCanary是一个非常有效的工具，它可以帮助我们检测内存泄漏，并提供详细的泄露报告，从而在开发过程中避免这一问题。

4.5.2　启动速度与冷启动优化

在Android应用开发中，启动速度和冷启动优化是至关重要的性能指标，直接影响用户体验和应用的市场竞争力。启动速度指的是应用从用户单击图标到能够与用户进行交互的时间，而冷启动则指的是应用在完全关闭后首次启动的时间。冷启动优化通常涉及多个方面，如减少应用初始化时的延迟、优化资源加载过程以及有效地管理后台任务。

冷启动过程主要包括应用的初始化、进程启动、系统资源加载以及首次界面渲染。由于Android系统采用多进程模型，应用启动时需要启动虚拟机、加载Java类并初始化应用组件。为了提高冷启动性能，开发者通常需要采取以下策略：

（1）减少应用启动时的初始化操作。尽量避免在应用启动时执行耗时的初始化任务，例如数据库初始化、网络请求等。这些操作可以推迟至后台线程或使用延迟加载策略，直到用户真正需要时再执行。

（2）延迟加载资源。应用初始启动时加载所有资源可能导致启动速度缓慢，因此可以通过惰性加载策略按需加载资源。利用Android的Lazy Loading机制，例如延迟加载布局、图片等资源，能显著降低启动时的资源消耗。

（3）使用多线程处理。将应用启动过程中的繁重任务（如网络请求、大量数据处理等）转移至后台线程，通过优化主线程的响应速度减少启动过程中的阻塞。AsyncTask和HandlerThread是Android开发中常见的多线程处理方式。

（4）减少启动时的UI渲染工作。通过减少启动界面的复杂度和视图层级，避免过多的自定义视图绘制，能够显著提升界面渲染速度。启用硬件加速并优化布局文件（如使用ConstraintLayout替代嵌套较深的布局）有助于加速UI的绘制。

在Android应用中优化启动速度，特别是冷启动时，核心目标是减少不必要的耗时操作，提升用户体验。常见的做法是推迟非核心操作的执行，避免在启动过程中执行网络请求、数据库初始化等耗时任务。可以通过使用多线程和异步任务来实现这一目标。

以下代码展示了如何在冷启动时优化应用启动速度。首先，使用AsyncTask在后台执行数据库初始化，而不阻塞主线程：

```
public class MainActivity extends AppCompatActivity {

    @Override
    protected void onCreate(Bundle savedInstanceState) {
        super.onCreate(savedInstanceState);
        setContentView(R.layout.activity_main);

        // 延迟加载数据库初始化，避免在启动时阻塞UI线程
        new DatabaseInitializerTask().execute();
    }

    private class DatabaseInitializerTask extends AsyncTask<Void, Void, Void> {

        @Override
        protected Void doInBackground(Void... params) {
            // 模拟数据库初始化操作
            DatabaseHelper dbHelper = new DatabaseHelper(getApplicationContext());
            dbHelper.initializeDatabase();
            return null;
        }

        @Override
        protected void onPostExecute(Void result) {
            // 数据库初始化完成后可以进行其他操作
            Log.d("MainActivity", "Database Initialized");
        }
    }
}
```

通过将数据库初始化放入后台线程中，应用的主界面可以在不被阻塞的情况下快速渲染给用户。此外，可以通过减少UI线程上的渲染工作量，减少复杂视图和布局的加载，进一步加速应用的启动速度。

在此例中，AsyncTask用于在后台线程中处理数据库初始化任务，从而避免了长时间的主线程阻塞，有效降低了冷启动时的延迟。

应用内存优化。冷启动时，应用会在较低内存条件下运行，因此需要优化内存管理，避免过多的内存分配和泄露。合理管理内存池、缓存策略以及垃圾回收（GC）的时机，能够有效减少启动时的内存占用。

综上所述，冷启动优化不仅仅是减少加载时间，更是通过系统资源的合理调度与任务优化，

提升用户的启动体验。通过适当的延迟加载、资源优化、线程管理以及内存控制等手段，开发者能够显著提升Android应用的启动性能，尤其在资源有限的低端设备上表现得尤为重要。

4.5.3　网络请求延迟与带宽优化

在移动应用中，网络请求延迟和带宽优化是影响应用性能和用户体验的关键因素。尤其是在移动网络环境中，延迟和带宽问题更加突出，直接影响到应用的响应时间、数据加载速度和用户的满意度。因此，在Android应用开发中，优化网络请求延迟和带宽使用显得尤为重要。

网络请求延迟是指从发起请求到接收到响应的时间间隔。过高的延迟可能会导致应用界面卡顿或无响应，从而影响用户体验。通过减少请求次数、使用缓存机制、优化数据格式等方式，可以有效优化网络请求的延迟。

带宽优化是指在有限的带宽资源下，如何高效地传输数据。对于移动应用来说，带宽通常是有限的，尤其是在使用3G或4G网络时。为了提高数据传输的效率，可以通过压缩数据、减少不必要的请求以及使用增量数据传输等方式进行带宽优化。

本节将通过具体示例，展示如何在Android应用中优化网络请求延迟和带宽的使用。我们将使用OkHttp库进行网络请求，并结合请求优化策略，如数据压缩、请求合并和缓存机制，来提升应用的网络性能。

【例4-9】展示了如何使用OkHttp库优化网络请求延迟和带宽。通过启用数据压缩、使用缓存和合并请求，减少请求次数和传输的数据量，从而提高网络效率。

```
// MainActivity.java
import android.os.Bundle;
import android.util.Log;
import android.widget.Button;
import android.widget.TextView;
import android.widget.Toast;

import androidx.appcompat.app.AppCompatActivity;

import com.squareup.okhttp.Cache;
import com.squareup.okhttp.Interceptor;
import com.squareup.okhttp.OkHttpClient;
import com.squareup.okhttp.Request;
import com.squareup.okhttp.Response;
import com.squareup.okhttp.logging.HttpLoggingInterceptor;

import java.io.File;
import java.io.IOException;

public class MainActivity extends AppCompatActivity {

    private static final String API_URL =
"https://jsonplaceholder.typicode.com/posts";
```

04

```
    private TextView resultTextView;
    private Button fetchDataButton;
    private OkHttpClient client;

    @Override
    protected void onCreate(Bundle savedInstanceState) {
        super.onCreate(savedInstanceState);
        setContentView(R.layout.activity_main);

        resultTextView = findViewById(R.id.resultTextView);
        fetchDataButton = findViewById(R.id.fetchDataButton);

        // Initialize OkHttpClient with cache and compression
        setupHttpClient();

        fetchDataButton.setOnClickListener(v -> fetchData());
    }

    // Set up OkHttpClient with caching and logging
    private void setupHttpClient() {
        // Set up cache for OkHttpClient
        File httpCacheDirectory = new File(getCacheDir(), "http_cache");
        Cache cache = new Cache(httpCacheDirectory, 10 * 1024 * 1024); // 10MB cache

        // Create OkHttpClient with custom interceptors
        client = new OkHttpClient();
        client.setCache(cache);

        // Enable logging for debugging purposes
        HttpLoggingInterceptor loggingInterceptor = new HttpLoggingInterceptor();
        loggingInterceptor.setLevel(HttpLoggingInterceptor.Level.BODY);
        client.interceptors().add(loggingInterceptor);

        // Add compression interceptor to reduce data size
        client.interceptors().add(new Interceptor() {
            @Override
            public Response intercept(Chain chain) throws IOException {
                Request originalRequest = chain.request();
                Request compressedRequest = originalRequest.newBuilder()
                        .header("Accept-Encoding", "gzip")
                        .build();
                return chain.proceed(compressedRequest);
            }
        });
    }

    // Fetch data from API and optimize network usage
    private void fetchData() {
        Request request = new Request.Builder()
                .url(API_URL)
```

```
                .build();

        // Perform asynchronous network request
        new Thread(() -> {
            try {
                Response response = client.newCall(request).execute();
                if (response.isSuccessful()) {
                    String responseData = response.body().string();
                    runOnUiThread(() -> {
                        resultTextView.setText(responseData);
                        Toast.makeText(this, "Data loaded successfully",
Toast.LENGTH_SHORT).show();
                    });
                } else {
                    runOnUiThread(() -> {
                        Toast.makeText(this, "Failed to fetch data",
Toast.LENGTH_SHORT).show();
                    });
                }
            } catch (IOException e) {
                runOnUiThread(() -> {
                    Toast.makeText(this, "Error: " + e.getMessage(),
Toast.LENGTH_SHORT).show();
                });
            }
        }).start();
    }
}
```

代码说明如下：

（1）OkHttpClient配置与缓存：我们通过Cache类在OkHttpClient中设置了缓存目录和缓存大小。缓存能够存储HTTP请求和响应，避免重复请求相同的数据，从而提升性能。缓存机制有效减少了对服务器的请求次数，节省了带宽。

（2）数据压缩：使用Interceptor对请求进行拦截，在请求头中添加Accept-Encoding: gzip，以启用Gzip压缩。这可以有效地减少数据传输的大小，尤其是对于大数据量的响应。

（3）日志拦截器：HttpLoggingInterceptor用于调试，能够打印请求和响应的详细日志，帮助开发者了解请求和响应的内容。

（4）异步请求：网络请求通过new Thread在后台执行，避免阻塞UI线程。请求完成后，使用runOnUiThread更新UI，将获取的数据展示在TextView中。

（5）响应处理与UI更新：如果请求成功，数据将显示在UI上，并通过Toast提示用户。若请求失败，系统将显示错误消息。

当网络请求成功时，返回的数据将显示在TextView中，示例如下：

```
[
    {
        "userId": 1,
        "id": 1,
        "title": "sunt aut facere repellat provident occaecati excepturi optio
reprehenderit",
        "body": "quia et suscipit\nsuscipit..."}
    ...
]
```

如果请求失败（例如网络不可用），系统会显示：

```
Error: java.net.UnknownHostException: Unable to resolve host
"jsonplaceholder.typicode.com": No address associated with hostname
```

使用HttpLoggingInterceptor可以看到请求和响应的详细信息，例如：

```
--> GET https://jsonplaceholder.typicode.com/posts
Accept-Encoding: gzip
--> END GET
<-- 200 OK https://jsonplaceholder.typicode.com/posts
Content-Encoding: gzip
<-- END HTTP (1200-byte body)
```

通过本示例，展示了如何使用OkHttp库优化网络请求延迟和带宽的使用。通过缓存和数据压缩策略，减少了重复的请求，并提高了数据传输的效率。缓存机制有效地减少了对服务器的压力，数据压缩技术大幅缩小了响应的体积，提高了带宽的利用率。结合日志拦截器，开发者能够更好地调试和优化网络请求，确保应用在移动设备上高效运行。开发者可以根据具体的需求，进一步优化API请求的延迟和带宽，提升用户体验。

4.6　本章小结

本章主要围绕Android端应用开发中的核心技术展开，重点介绍了网络通信、API集成以及数据存储的优化策略。首先，我们深入探讨了Android开发环境的搭建与架构设计，确保开发者能够充分利用Android平台的特性。随后，详细介绍了如何通过OkHttp和Retrofit进行网络请求，并结合缓存、数据压缩等技术来优化请求延迟和带宽使用，从而提升应用的性能。

此外，针对数据存储，介绍了使用SharedPreferences进行简单数据存储与管理，并讲解了如何通过LRU缓存策略优化内存数据的存取。最后，本章还讨论了如何处理内存泄漏问题，并通过垃圾回收机制提升应用的内存管理能力。通过这些技术的应用，开发者能够有效提升Android应用的响应速度、稳定性和用户体验。

4.7 思考题

（1）在本章中，我们介绍了如何配置Android Studio及相关的SDK环境。请描述在配置Android开发环境时遇到的常见问题及其解决方案。特别是如何配置Android Studio以支持不同版本的Android设备，并且确保SDK与模拟器的兼容性。同时，请列举在开发过程中遇到的性能优化技巧以及如何调试配置。

（2）本章讲解了如何使用OkHttp进行网络请求。请编写一个网络请求的示例，要求使用GET方法从一个公开的API获取JSON数据，并解析响应内容。请展示如何在Android应用中异步执行该请求，同时捕获可能出现的错误（如网络异常、解析错误等），并在UI线程中显示结果。

（3）在本章中，讨论了SharedPreferences的使用场景。请结合实例说明如何使用SharedPreferences存储用户的设置或会话数据，并展示如何避免数据丢失和性能问题。请特别注意SharedPreferences的存取速度、存储量和适用场景，以及如何避免频繁的磁盘写入操作。

（4）LRU缓存策略是Android应用优化中的重要技术之一。请描述如何使用LRU缓存来缓存图片或其他大量数据。你需要设计一个简单的缓存类，并阐述其工作原理，如何控制缓存大小，如何清除不常用的数据，以避免内存溢出。

（5）在集成DeepSeek API时，API身份认证是必不可少的部分。请结合具体代码实现，展示如何通过OAuth 2.0协议进行身份认证，并获取认证令牌。在获取令牌后，如何使用该令牌进行API调用？同时，如何处理令牌过期、刷新以及无效令牌的错误？

（6）本章讨论了网络请求延迟优化的技术。请设计一个Android网络请求优化方案，要求使用合适的技术减少延迟，并确保请求的并发处理能力。请在实现中结合代码展示如何对API请求进行批量管理、缓存响应、使用压缩技术等，以降低带宽消耗和响应时间。

（7）Android的内存管理和垃圾回收机制对性能有着至关重要的影响。请描述Android垃圾回收机制的工作原理，并举例说明常见的内存泄漏场景。你需要展示如何检测和修复内存泄漏问题，特别是在Activity或Fragment的生命周期管理中。

（8）应用的冷启动时间直接影响用户体验。本章中提到了一些冷启动优化策略。请编写一个Android应用冷启动优化的方案，要求你分析应用启动过程中可能的瓶颈并提出解决方案。你需要展示如何使用多线程、懒加载、预加载等技术，减少冷启动时间，并确保在后台线程进行必要的准备工作。

第 5 章 Android端DeepSeek集成实战

本章将深入探讨如何在Android端实现DeepSeek的集成与应用，重点关注DeepSeek大模型的调用、数据交互及性能优化等关键技术。通过结合具体的开发案例，详细讲解如何在Android平台上与DeepSeek API无缝对接，实现智能化应用的高效运行。

5.1 Android 端 DeepSeek SDK 配置与初始化

本节将重点介绍在Android端配置与初始化DeepSeek SDK的过程。配置与初始化是DeepSeek大模型应用开发的基础，正确的配置和初始化步骤能够确保SDK与Android应用的无缝对接，并为后续的API调用与数据处理打下坚实的基础。通过具体的步骤与代码示例，本节将深入讲解如何在Android项目中集成DeepSeek SDK，配置API密钥、设置必要的权限，并完成相关初始化操作，以确保开发环境的顺利搭建。

5.1.1 SDK 依赖与 Gradle 配置

在Android应用开发中，Gradle作为构建工具承担着重要职责，它能够高效地管理项目依赖关系并实现自动化构建。集成DeepSeek SDK时，首先需要在项目的build.gradle文件中配置正确的依赖。Gradle允许开发者通过dependencies块声明项目的外部库，这些依赖可以是本地的，也可以是从远程仓库获取的。通过配置正确的SDK版本，Gradle会自动处理下载、缓存与版本控制，确保SDK版本的一致性。

为了有效管理SDK的引入，DeepSeek SDK通常会提供一组Maven或JCenter的仓库链接，开发者需要在repositories块中加入相应的URL，确保Gradle能够访问到这些资源库。在声明SDK依赖时，通常会使用implementation关键字，这会将DeepSeek SDK的库添加到应用的构建路径中。在构建过程中，Gradle会自动解析这些依赖并下载所需的文件，确保在构建完成后，SDK能够正确地融入应用中。

在Android项目中集成DeepSeek SDK时，首先需要在项目的build.gradle文件中配置SDK的依赖项。具体来说，需要在dependencies块中添加SDK的依赖，同时确保项目能够访问到DeepSeek SDK所需的Maven仓库。以下是具体的代码示例：

```
// 在项目级别的 build.gradle 文件中，添加 DeepSeek SDK所需的仓库地址
allprojects {
    repositories {
        google()
        jcenter()
        maven { url 'https://repo.deepseek.com' }  // DeepSeek SDK仓库
    }
}

// 在模块级别的 build.gradle 文件中，配置DeepSeek SDK的依赖
dependencies {
    implementation 'com.deepseek:deepseek-sdk:1.0.0'      // 具体的SDK版本
    implementation 'com.squareup.okhttp3:okhttp:4.9.1'  // 用于网络请求的OkHttp库（示例）
    implementation 'com.google.code.gson:gson:2.8.8'     // 用于JSON解析的Gson库
}
```

这段代码首先在allprojects的repositories块中加入了DeepSeek SDK的Maven仓库地址，确保Gradle能够从指定的仓库中拉取SDK。然后，在dependencies块中使用implementation关键字声明DeepSeek SDK及其他必要的依赖库（如OkHttp和Gson），以便在构建过程中自动下载和集成。

通过这种方式，Gradle会自动下载指定版本的DeepSeek SDK并将其添加到应用的构建路径中，确保SDK能够被正确引用和使用。

此外，还需要特别注意不同版本的SDK兼容性问题。不同版本的SDK可能会有API变更或功能调整，开发者需要依据项目需求选择合适的版本。在项目中使用深度学习或AI相关功能时，SDK通常会依赖其他底层库（如TensorFlow Lite、PyTorch等），因此这些库也需要作为依赖配置。

总之，Gradle的灵活性与强大功能使得SDK依赖的管理变得简单且高效。它不仅支持本地与远程的多种依赖格式，还能自动处理依赖冲突和版本控制，极大地提升了开发过程中的便利性和稳定性。

5.1.2　API 密钥与权限管理

API密钥与权限管理是确保系统安全与稳定性的关键组成部分。在深度集成的过程中，API密钥用于验证客户端应用与服务器的身份，从而确保只有授权的客户端可以调用后端服务。权限管理则涉及在不同级别对用户进行授权，确保每个请求的执行权限都经过严格的控制。

API密钥的管理通常涉及以下几个方面：首先，开发者需要在服务端生成并分配唯一的API密钥，客户端使用该密钥进行身份验证。其次，密钥的存储与传输需要加密，以防止泄露。在应用中，API密钥通常会通过HTTP头部传递。最后，为了防止滥用，服务端应当设置请求频率限制、IP限制等安全策略。

权限管理通常涉及用户角色和访问控制，权限分配基于用户的身份和请求的内容。针对不同的API请求，可以根据用户角色赋予不同的权限，避免权限泄露。权限管理系统还可能需要实现OAuth等授权标准，用于控制用户的数据访问。

【例5-1】 通过Android客户端与后端API交互的示例，演示如何在请求中使用API密钥和实现权限控制。

```
import android.os.AsyncTask;
import android.util.Log;
import okhttp3.OkHttpClient;
import okhttp3.Request;
import okhttp3.Response;
import okhttp3.RequestBody;
import okhttp3.MediaType;
public class APIClient {
    private static final String API_URL = "https://api.deepseek.com/endpoint";
    private static final String API_KEY = "your_api_key_here";  // 这里替换为实际的API
密钥
    private static final String AUTHORIZATION_HEADER = "Authorization";
    private static final String BEARER_PREFIX = "Bearer ";
    // 用于发送API请求的异步任务
    private class APIRequestTask extends AsyncTask<String, Void, String> {
        @Override
        protected String doInBackground(String... params) {
            String jsonResponse = null;
            // 使用OkHttp发送网络请求
            OkHttpClient client = new OkHttpClient();
            try {
                // 构建API请求
                Request request = new Request.Builder()
                        .url(API_URL)
                        .header(AUTHORIZATION_HEADER, BEARER_PREFIX + API_KEY)  // 设置
API密钥
                        .post(RequestBody.create(MediaType.parse("application/json"),
params[0]))  // POST请求，发送JSON数据
                        .build();
                // 执行请求并获取响应
                Response response = client.newCall(request).execute();
                if (response.isSuccessful()) {
                    jsonResponse = response.body().string();  // 获取响应体
                } else {
                    Log.e("APIClient", "Request failed with status code: " +
response.code());
                }
            } catch (Exception e) {
```

```
                Log.e("APIClient", "Error occurred: " + e.getMessage());
            }

            return jsonResponse;
        }

        @Override
        protected void onPostExecute(String result) {
            if (result != null) {
                // 处理返回的JSON数据
                Log.d("APIClient", "API response: " + result);
            } else {
                Log.e("APIClient", "Failed to get response");
            }
        }
    }

    // 启动请求任务
    public void sendRequest(String jsonPayload) {
        new APIRequestTask().execute(jsonPayload);
    }
}
```


代码说明如下：

（1）该代码使用了OkHttp库发送HTTP请求。在构造请求时，Authorization头部传递了API密钥，用于身份验证。这里使用了Bearer Token认证机制，API_KEY应替换为实际的密钥。

（2）发送的是POST请求，发送的请求体为JSON格式的数据（由params[0]传入）。这可以是用户的输入或需要处理的数据。

（3）响应通过response.body().string()获取，若响应成功，则在onPostExecute方法中处理返回的JSON数据。

假设API返回了一个包含用户数据的JSON响应，输出是：

```
API response: {
  "status": "success",
  "data": {
    "userId": "12345",
    "username": "john_doe",
    "email": "john.doe@example.com"
  }
}
```

此代码还演示了如何通过API密钥与权限管理机制配合使用。服务端可根据密钥验证请求来源，确保该请求来自受信任的客户端。服务端还可以在处理请求时依据请求头部的API密钥进一步验证请求者的身份，确保调用者拥有正确的权限。

对于多用户系统，可以在生成API密钥时为不同用户分配不同的权限级别，服务器端可通过

API_KEY关联用户角色和权限。例如，不同的API密钥可能对应不同的权限（如读权限、写权限、管理权限等）。

5.1.3　会话管理与上下文持久化

会话管理与上下文持久化是构建智能对话系统中的关键部分。在多轮对话中，系统需要跟踪用户的输入和之前的对话状态，以保持对话的连贯性。通过会话管理，系统能够根据历史上下文生成更合理的响应。上下文持久化则保证在会话过程中，用户的历史数据能够持续保存，即使应用被关闭或设备重启，系统仍能恢复对话状态。

在实际应用中，通常使用本地存储（如SharedPreferences或数据库）来持久化会话数据。在多轮对话中，系统不仅要保存用户输入，还需要记录系统的响应、用户的意图和其他关键信息。通过合理设计数据结构和存储策略，可以高效地管理和恢复会话状态。

以下将通过一个Android应用的示例，展示如何实现会话管理与上下文持久化。

【例5-2】该示例应用会记录每轮对话的内容，并将其保存至SharedPreferences，并能够在重新启动应用后恢复历史对话。

示例代码：会话管理与上下文持久化。

```
import android.content.Context;
import android.content.SharedPreferences;
import android.os.Bundle;
import android.util.Log;
import android.widget.Button;
import android.widget.EditText;
import android.widget.TextView;
import android.widget.Toast;

import androidx.appcompat.app.AppCompatActivity;

public class ConversationActivity extends AppCompatActivity {

    private static final String PREFS_NAME = "ConversationPrefs";
    private static final String CONVERSATION_KEY = "conversation_context";

    private EditText userInputEditText;
    private TextView conversationTextView;
    private Button sendButton;
    private SharedPreferences sharedPreferences;

    @Override
    protected void onCreate(Bundle savedInstanceState) {
        super.onCreate(savedInstanceState);
        setContentView(R.layout.activity_conversation);

        userInputEditText = findViewById(R.id.userInputEditText);
```

```
        conversationTextView = findViewById(R.id.conversationTextView);
        sendButton = findViewById(R.id.sendButton);

        // 初始化SharedPreferences
        sharedPreferences = getSharedPreferences(PREFS_NAME, MODE_PRIVATE);

        // 载入保存的会话上下文
        String previousConversation = sharedPreferences.getString(CONVERSATION_KEY, 
"");
        conversationTextView.setText(previousConversation);

        sendButton.setOnClickListener(v -> {
            String userInput = userInputEditText.getText().toString().trim();
            if (!userInput.isEmpty()) {
                handleUserInput(userInput);
            } else {
                Toast.makeText(ConversationActivity.this, "Please enter a message", 
Toast.LENGTH_SHORT).show();
            }
        });
    }

    // 处理用户输入并生成响应
    private void handleUserInput(String userInput) {
        // 获取并更新当前会话上下文
        String currentContext = sharedPreferences.getString(CONVERSATION_KEY, "");

        // 添加用户输入到当前上下文
        currentContext += "\nUser: " + userInput;

        // 模拟AI生成的响应
        String aiResponse = getAIResponse(userInput);

        // 更新会话上下文
        currentContext += "\nAI: " + aiResponse;
        sharedPreferences.edit().putString(CONVERSATION_KEY, 
currentContext).apply();

        // 更新UI显示
        conversationTextView.setText(currentContext);

        // 清空用户输入框
        userInputEditText.setText("");
    }

    // 模拟AI生成的响应
    private String getAIResponse(String userInput) {
        // 根据用户输入生成简单的AI响应
        if (userInput.toLowerCase().contains("hello")) {
            return "Hi! How can I help you today?";
```

```
        } else if (userInput.toLowerCase().contains("weather")) {
            return "The weather is great today!";
        } else {
            return "I'm not sure about that, could you elaborate?";
        }
    }
}
```

代码说明如下：

（1）会话状态存储：SharedPreferences用于保存会话的上下文。在每次用户输入时，系统会更新当前的对话状态并保存到SharedPreferences。通过sharedPreferences.getString()方法获取历史对话数据，将新的对话内容附加在历史数据后，再通过putString()方法将更新后的对话状态保存回SharedPreferences。

（2）用户输入和AI响应生成：当用户输入信息并单击“发送”按钮时，系统会将用户的输入保存到当前会话的上下文中，随后通过getAIResponse()方法生成相应的AI回复。此方法根据用户输入简单判断，如果输入中包含“hello”或“weather”，系统会返回固定的响应。如果用户输入的内容不符合这些条件，系统会返回一个默认的模糊回应。

（3）UI更新与数据恢复：当用户启动应用时，系统会通过sharedPreferences.getString()方法加载之前保存的会话上下文，并将其显示在conversationTextView中。这样，用户在重新启动应用后，可以看到之前的对话内容，保证了对话的连贯性。

（4）清空输入框：每次生成AI响应后，系统会清空userInputEditText输入框，准备接受下一轮用户输入。

```
第一次对话： 用户输入："Hello"：
User: Hello
AI: Hi! How can I help you today?
第二次对话（基于上下文）： 用户输入："What's the weather like?"
User: Hello
AI: Hi! How can I help you today?

User: What's the weather like?
AI: The weather is great today!
第三次对话（基于上下文）： 用户输入："Tell me a joke"
User: Hello
AI: Hi! How can I help you today?

User: What's the weather like?
AI: The weather is great today!

User: Tell me a joke
AI: I'm not sure about that, could you elaborate?
```

本节展示了如何通过SharedPreferences实现简单的会话管理和上下文持久化。通过每次用户输入时更新保存的会话状态，系统能够在多轮对话中保持对话内容的连贯性，确保上下文的有效传递。

通过这种方式，即使在应用关闭或设备重启后，系统也能恢复到之前的对话状态，提升用户体验。此方法对于需要保持用户状态和对话历史的智能应用尤为重要。

5.2 数据传输与接口调用

本节将详细阐述在Android端进行数据传输与接口调用的具体方法。通过分析DeepSeek API与Android应用的通信机制，本节将重点讲解如何通过RESTful接口与DeepSeek的服务进行高效交互。在数据传输过程中，涉及网络请求、数据格式处理、错误处理及接口安全等关键问题将逐一展开。通过具体的代码示例，本节将帮助开发者深入理解如何构建稳定、高效的API调用流程，为后续的应用开发奠定坚实的技术基础。

5.2.1 JSON 结构体与 API 响应解析

在移动端应用与后端系统进行数据交互时，API响应通常采用JSON格式进行封装。JSON作为一种轻量级的数据交换格式，既易于人类阅读和编写，也便于机器解析和生成。在Android开发中，JSON结构体通常用于传递服务器端的响应数据，且往往包含多个层级的嵌套数据结构。API响应的解析过程即为将JSON字符串转化为Android应用能够操作的对象形式，通常通过反序列化（Deserialization）完成。

API响应的JSON结构体一般由键值对（key-value pair）组成，键（key）为字符串，值（value）可以是数字、字符串、布尔值，或其他JSON对象或数组。例如，一个典型的API响应JSON可能包含用户信息、请求状态、错误代码等。在Android开发中，常使用Gson、Moshi等库来实现JSON解析。通过定义与JSON结构相对应的Java数据类，开发者可以轻松地将JSON响应数据转换为Java对象进行处理。

假设从服务器端返回的JSON结构体如下：

```
{
  "status": "success",
  "data": {
    "user_id": 12345,
    "name": "John Doe",
    "email": "john.doe@example.com"
  }
}
```

为了处理这些数据，首先需要定义与之对应的Java类：

```
public class ApiResponse {
    String status;
    User data;
}
```

```
public class User {
    int user_id;
    String name;
    String email;
}
```

接下来，使用Gson库进行JSON解析。Gson是一个流行的JSON库，它能够将JSON字符串转换为Java对象，或者将Java对象转换为JSON字符串。

```
// 引入Gson库
import com.google.gson.Gson;

public class ApiService {
    public void parseApiResponse(String jsonString) {
        Gson gson = new Gson();
        // 使用Gson将JSON字符串解析为ApiResponse对象
        ApiResponse apiResponse = gson.fromJson(jsonString, ApiResponse.class);
        // 输出解析后的数据
        System.out.println("Status: " + apiResponse.status);
        System.out.println("User ID: " + apiResponse.data.user_id);
        System.out.println("User Name: " + apiResponse.data.name);
        System.out.println("User Email: " + apiResponse.data.email);
    }
}
```

在这个例子中，gson.fromJson()方法将JSON字符串解析为ApiResponse对象，其中data字段会自动映射到User类。ApiResponse类中的status字段直接映射为JSON中的status字段，而data字段则通过嵌套的User对象映射到JSON中的data字段。

通过这种方式，开发者可以轻松地从复杂的JSON结构中提取出所需的内容，并在Android应用中进行处理。这种解析过程简化了JSON与Java对象之间的转换，减少了手动解析的错误，并提高了代码的可维护性。

5.2.2　网络连接池与异步回调

在移动端应用开发中，网络请求是常见的操作，特别是在应用与后端服务交互时。为了提升性能和用户体验，尤其在频繁的网络请求场景中，使用网络连接池和异步回调机制至关重要。

网络连接池是通过重用已有的网络连接来减少每次请求时建立新连接的开销的一种技术。通过池化技术，多个请求可以复用同一个连接，避免每次请求都需要重新建立和销毁连接，从而显著提高了网络请求的效率。网络连接池通常由多个连接对象组成，这些对象会根据需求自动创建和销毁。

异步回调是一种常见的编程模式，通常用于IO操作中，特别是在网络请求中。异步回调能够在不阻塞主线程的情况下执行长时间运行的操作（如网络请求），并在操作完成后通过回调通知程序结果。在Android开发中，通常使用OkHttp或Retrofit等库来实现异步请求，并通过回调机制处理请求的响应或错误。

【例5-3】展示如何在Android中使用OkHttp实现网络连接池，并通过异步回调机制处理网络请求的响应。

示例代码：网络连接池与异步回调。

```
import android.os.Bundle;
import android.util.Log;
import android.widget.Button;
import android.widget.TextView;
import android.widget.Toast;

import androidx.appcompat.app.AppCompatActivity;

import okhttp3.Callback;
import okhttp3.OkHttpClient;
import okhttp3.Request;
import okhttp3.Response;

import java.io.IOException;
import java.util.concurrent.TimeUnit;

public class NetworkActivity extends AppCompatActivity {

    private static final String TAG = "NetworkActivity";
    private static final String API_URL =
"https://jsonplaceholder.typicode.com/posts";
    private TextView resultTextView;
    private Button fetchButton;
    private OkHttpClient client;

    @Override
    protected void onCreate(Bundle savedInstanceState) {
        super.onCreate(savedInstanceState);
        setContentView(R.layout.activity_network);

        resultTextView = findViewById(R.id.resultTextView);
        fetchButton = findViewById(R.id.fetchButton);

        // 使用连接池初始化OkHttpClient
        client = new OkHttpClient.Builder()
                .connectTimeout(10, TimeUnit.SECONDS)      // 设置连接超时时间
                .readTimeout(30, TimeUnit.SECONDS)         // 设置读取超时时间
                .writeTimeout(15, TimeUnit.SECONDS)        // 设置写入超时时间
                .connectionPool(new okhttp3.ConnectionPool(5, 5, TimeUnit.MINUTES)) //
连接池
                .build();

        fetchButton.setOnClickListener(v -> fetchData());
    }

    // 使用OkHttp从API获取数据，并通过异步回调处理
    private void fetchData() {
        Request request = new Request.Builder()
                .url(API_URL)
```

```
                .build();

        // 将请求加入队列以异步执行
        client.newCall(request).enqueue(new Callback() {
            @Override
            public void onFailure(okhttp3.Call call, IOException e) {
                runOnUiThread(() -> {
                    Log.e(TAG, "Network request failed", e);
                    Toast.makeText(NetworkActivity.this, "Network request failed",
Toast.LENGTH_SHORT).show();
                });
            }

            @Override
            public void onResponse(okhttp3.Call call, Response response) throws
IOException {
                if (response.isSuccessful()) {
                    final String responseData = response.body().string();
                    runOnUiThread(() -> {
                        // 使用响应数据更新UI
                        resultTextView.setText(responseData);
                        Toast.makeText(NetworkActivity.this, "Data loaded successfully",
Toast.LENGTH_SHORT).show();
                    });
                } else {
                    runOnUiThread(() -> {
                        Log.e(TAG, "Request failed with status code: " + response.code());
                        Toast.makeText(NetworkActivity.this, "Failed to load data",
Toast.LENGTH_SHORT).show();
                    });
                }
            }
        });
    }
}
```

代码说明如下：

（1）OkHttpClient与连接池：使用OkHttpClient.Builder()配置连接池，最大连接数设置为5，连接空闲超时为5分钟。通过连接池，多个请求可以复用同一个连接，减少了频繁建立连接的开销，提高了网络请求的性能。

（2）网络请求配置：设置了连接、读取和写入超时时间，以确保在网络条件较差时，客户端能够合理地控制请求超时，避免长时间等待。使用Request构建请求对象，并指定API的URL。

（3）异步回调处理：enqueue()方法使请求异步执行。在回调函数onResponse()中，如果请求成功，使用response.body().string()方法获取响应数据，并更新UI。若请求失败，则在onFailure()中捕获异常并在UI上显示错误信息。由于网络请求是异步的，因此UI更新操作通过runOnUiThread()方法放在主线程中执行，避免直接在子线程中更新UI。

（4）UI更新与错误处理：在请求成功的情况下，响应数据会显示在TextView中，并通过Toast提示数据加载成功。如果请求失败，则输出错误信息，并在UI上通过Toast提醒用户。

API返回了以下JSON数据：


```
[
  {
    "userId": 1,
    "id": 1,
    "title": "sunt aut facere repellat provident occaecati excepturi optio
reprehenderit",
    "body": "quia et suscipit\nsuscipit..."
  },
  {
    "userId": 1,
    "id": 2,
    "title": "qui est esse",
    "body": "est rerum tempore vitae\nsequi sint nihil reprehenderit dolor beatae ea..."
  }
]
```


则在应用中显示的内容为：


```
[
  {
    "userId": 1,
    "id": 1,
    "title": "sunt aut facere repellat provident occaecati excepturi optio
reprehenderit",
    "body": "quia et suscipit\nsuscipit..."
  },
  {
    "userId": 1,
    "id": 2,
    "title": "qui est esse",
    "body": "est rerum tempore vitae\nsequi sint nihil reprehenderit dolor beatae ea..."
  }
]
```


同时，应用会通过Toast显示：

```
Data loaded successfully
```

本节展示了如何使用OkHttp库在Android应用中实现网络连接池与异步回调机制。通过连接池，多个请求可以复用同一连接，从而提升性能。异步回调机制使得网络请求能够在后台线程中处理，而不阻塞UI线程，从而提升了应用的响应性。在应用开发中，这种设计模式常用于高效、稳定的网络通信，尤其是在处理频繁请求和需要高性能的场景中，能够显著提高用户体验和系统效率。

05

5.2.3 数据压缩与传输优化

在移动应用开发中，尤其是在涉及大规模数据传输的场景，数据压缩与传输优化至关重要。对于带宽受限的网络环境（如3G、4G网络），频繁的网络请求可能导致较高的数据传输时间和流量消耗。因此，通过数据压缩和优化传输方式，可以有效减少网络流量，提高数据传输速度，进而增强用户体验。

数据压缩是指将数据转化为体积更小的格式，以减少网络传输的时间和流量消耗。常见的数据压缩方法包括使用Gzip或Brotli等压缩算法，这些算法可以显著减少文本数据（如JSON、XML等）的体积，尤其在JSON格式的API响应中效果尤为明显。

传输优化不仅仅是压缩数据，还包括合理的请求合并、缓存利用和增量更新等策略。请求合并可以避免多次发送相似的请求，而缓存则可以避免重复的数据传输。增量更新策略允许仅传输数据的更改部分，而不是整个数据集，从而节省带宽和提升效率。

本节将展示如何使用OkHttp库进行数据压缩，结合Gzip和缓存机制来优化数据的传输。通过压缩算法的引入，可以减少传输的数据量，提升网络请求的效率，尤其是在低带宽网络下。

【例5-4】 展示如何在Android应用中使用OkHttp来实现数据压缩，并利用Gzip压缩API响应，减少数据传输量。同时，使用缓存策略进一步提升应用的网络性能。

```
import android.os.Bundle;
import android.util.Log;
import android.widget.Button;
import android.widget.TextView;
import android.widget.Toast;

import androidx.appcompat.app.AppCompatActivity;

import okhttp3.Callback;
import okhttp3.Cache;
import okhttp3.OkHttpClient;
import okhttp3.Request;
import okhttp3.Response;
import okhttp3.Interceptor;
import okhttp3.logging.HttpLoggingInterceptor;

import java.io.File;
import java.io.IOException;
import java.util.concurrent.TimeUnit;

public class NetworkActivity extends AppCompatActivity {

    private static final String TAG = "NetworkActivity";
    private static final String API_URL =
"https://jsonplaceholder.typicode.com/posts";
```

```
    private TextView resultTextView;
    private Button fetchButton;
    private OkHttpClient client;

    @Override
    protected void onCreate(Bundle savedInstanceState) {
        super.onCreate(savedInstanceState);
        setContentView(R.layout.activity_network);

        resultTextView = findViewById(R.id.resultTextView);
        fetchButton = findViewById(R.id.fetchButton);

        // 初始化OkHttpClient，配置连接池和Gzip压缩
        File cacheDirectory = new File(getCacheDir(), "http_cache");
        Cache cache = new Cache(cacheDirectory, 10 * 1024 * 1024); // 10 MB cache

        HttpLoggingInterceptor loggingInterceptor = new HttpLoggingInterceptor();
        loggingInterceptor.setLevel(HttpLoggingInterceptor.Level.BODY);

        // 设置OkHttpClient，启用Gzip压缩和缓存
        client = new OkHttpClient.Builder()
                .connectTimeout(10, TimeUnit.SECONDS)       // 设置连接超时时间
                .readTimeout(30, TimeUnit.SECONDS)          // 设置读取超时时间
                .writeTimeout(15, TimeUnit.SECONDS)         // 设置写入超时时间
                .addInterceptor(loggingInterceptor)         // 记录HTTP请求/响应详细信息
                .addInterceptor(new GzipInterceptor())      // 添加Gzip压缩
                .cache(cache)                               // 启用缓存
                .build();

        fetchButton.setOnClickListener(v -> fetchData());
    }

    // 使用OkHttp通过异步回调，并从API获取数据
    private void fetchData() {
        Request request = new Request.Builder()
                .url(API_URL)
                .build();

        // 将请求加入队列以异步执行
        client.newCall(request).enqueue(new Callback() {
            @Override
            public void onFailure(okhttp3.Call call, IOException e) {
                runOnUiThread(() -> {
                    Log.e(TAG, "Network request failed", e);
                    Toast.makeText(NetworkActivity.this, "Network request failed",
Toast.LENGTH_SHORT).show();
                });
            }

            @Override
            public void onResponse(okhttp3.Call call, Response response) throws
IOException {
                if (response.isSuccessful()) {
                    final String responseData = response.body().string();
```

05

```
                    runOnUiThread(() -> {
                        // 使用响应数据更新UI
                        resultTextView.setText(responseData);
                        Toast.makeText(NetworkActivity.this, "Data loaded successfully",
Toast.LENGTH_SHORT).show();
                    });
                } else {
                    runOnUiThread(() -> {
                        Log.e(TAG,"Request failed with status code: " + response.code());
                        Toast.makeText(NetworkActivity.this, "Failed to load data",
Toast.LENGTH_SHORT).show();
                    });
                }
            }
        });
    }

    // Gzip压缩的拦截器
    public static class GzipInterceptor implements Interceptor {
        @Override
        public Response intercept(Chain chain) throws IOException {
            Request originalRequest = chain.request();

            // 在请求头中添加Gzip压缩
            Request compressedRequest = originalRequest.newBuilder()
                    .header("Accept-Encoding", "gzip")
                    .build();

            Response response = chain.proceed(compressedRequest);

            // 如果响应使用Gzip压缩，则解码
            if ("gzip".equalsIgnoreCase(response.header("Content-Encoding"))) {
                return response.newBuilder()
                        .body(new GzipResponseBody(response.body()))
                        .build();
            }
            return response;
        }
    }

    // 自定义GzipResponseBody类处理Gzip解压缩
    public static class GzipResponseBody extends okhttp3.ResponseBody {
        private final okhttp3.ResponseBody responseBody;

        public GzipResponseBody(okhttp3.ResponseBody responseBody) {
            this.responseBody = responseBody;
        }

        @Override
        public long contentLength() {
            return responseBody.contentLength();
        }
```

```
            @Override
            public okhttp3.MediaType contentType() {
                return responseBody.contentType();
            }
            @Override
            public okhttp3.BufferedSource source() {
                return okhttp3.internal.Util.buffer(new okhttp3.internal.http.
RealResponseBody(responseBody.contentType(), responseBody.contentLength(),
responseBody.source()));
            }
        }
    }
```

代码说明如下：

（1）OkHttpClient与Gzip压缩：通过OkHttpClient.Builder()配置了一个带有Gzip压缩拦截器的OkHttpClient。在发送请求时，通过Accept-Encoding头部指定要求服务器压缩响应数据（使用Gzip）。如果响应体采用Gzip压缩，GzipInterceptor将通过自定义的GzipResponseBody类进行解压，以恢复数据的原始格式供后续使用。

（2）缓存机制：在OkHttpClient的构建过程中启用了缓存机制，并设置最大缓存大小为10MB。缓存可以有效减少多次相同请求的带宽消耗，提升请求响应速度。当响应会被缓存后，若在短时间内发起相同请求，系统会优先使用缓存数据，而无须重新发送网络请求。

（3）日志拦截器：通过HttpLoggingInterceptor打印HTTP请求和响应的详细信息，便于调试和分析网络请求。

（4）异步请求与回调：通过enqueue()方法执行异步网络请求。当响应返回时，通过回调onResponse()方法处理数据。若请求失败，则通过onFailure()方法捕获错误并显示错误信息。

（5）UI更新与错误处理：使用runOnUiThread()方法确保网络请求完成后的UI更新在主线程中进行。无论请求成功或失败，都会通过Toast提示用户。

API返回以下JSON数据：


```
    [
        {
            "userId": 1,
            "id": 1,
            "title": "sunt aut facere repellat provident occaecati excepturi optio
reprehenderit",
            "body": "quia et suscipit\nsuscipit..."
        },
        {
            "userId": 1,
            "id": 2,
            "title": "qui est esse",
```


05

```
        "body": "est rerum tempore vitae\nsequi sint nihil reprehenderit dolor beatae
ea..."
    }
]
```


则在应用中显示的内容为：


```
[
    {
        "userId": 1,
        "id": 1,
        "title": "sunt aut facere repellat provident occaecati excepturi optio
reprehenderit",
        "body": "quia et suscipit\nsuscipit..."
    },
    {
        "userId": 1,
        "id": 2,
        "title": "qui est esse",
        "body": "est rerum tempore vitae\nsequi sint nihil reprehenderit dolor beatae
ea..."
    }
]
```


同时，应用会通过Toast显示：

```
Data loaded successfully
```

通过本节示例，展示了如何在Android应用中使用OkHttp进行数据压缩与传输优化。通过Gzip压缩算法，大幅度减小了网络响应的大小，从而降低了带宽消耗。同时，缓存机制的引入有效提升了应用的响应速度，并减少了对服务器的重复请求。在低带宽或高延迟的网络环境下，这种优化方案能够显著提升用户体验并提高应用的性能。

5.3　多轮对话支持与上下文传递

本节将深入探讨在Android端实现多轮对话支持与上下文传递的关键技术。在与DeepSeek API的集成过程中，如何管理会话状态与上下文信息成为实现自然流畅对话的核心问题。本节将详细解析如何在Android应用中构建和管理会话，确保在多轮对话中上下文信息得以准确传递与使用。此外，还将介绍如何通过合理的设计模式和数据存储方案，保证会话信息的持久化和安全性。通过具体代码示例，本节将帮助开发者理解并掌握多轮对话支持的实现原理与实践技巧。

5.3.1　深度对话模型的初始化与状态管理

深度对话模型的初始化与状态管理是自然语言处理（NLP）系统中至关重要的部分，尤其是在多轮对话和长时间交互中，保持上下文一致性与对话状态的有效管理，能够极大提升系统的智能化水平与用户体验。在深度学习的对话模型中，尤其是基于深度神经网络的模型，其状态管理机制需要精确地跟踪用户的输入与模型的响应，以便在多轮对话中持续有效地理解并生成符合上下文逻辑的答案。

初始化阶段通常涉及对模型权重的加载与配置。深度对话模型往往依赖于预训练的语言模型（例如GPT、BERT等），这些模型通过海量的文本数据进行训练，已具备一定的语义理解和生成能力。在初始化过程中，模型会加载这些预训练的权重，并进行必要的配置，如选择特定的任务层（任务头）和调整超参数。

状态管理则是在对话过程中对用户意图、上下文信息及模型生成的输出进行追踪与存储。在多轮对话中，维护这些状态是为了保证每一次模型输入不仅仅基于当前对话轮次的内容，还要依赖于之前的上下文。例如，用户提出的问题可能与前文某个问题有直接关联，因此模型需要理解当前对话轮次与之前轮次的联系。此时，状态管理的核心任务就是通过上下文信息维护对话流，并通过合适的数据结构（如会话ID、对话历史、意图识别结果等）来传递上下文。

现代的深度对话系统通过集成外部数据库和缓存系统，能够实现更加智能和高效的状态管理。通过会话ID的关联，系统能够将每一次与用户的交互归属到特定会话，并对多轮对话进行有效的跟踪。在实现层面，状态管理常常通过循环神经网络（RNN）、长短期记忆网络（LSTM）等技术来保存对话历史，结合上下文窗口进行信息传递，从而确保对话的一致性和自然流畅。

此外，状态管理的设计还需要考虑内存优化与实时性问题，因为在多个会话和长时间运行中，系统需要在有限的硬件资源下实现高效的数据处理和状态更新。这要求开发者精细化地调控内存管理，避免内存泄漏与性能瓶颈，保证模型的实时响应能力。

总之，深度对话模型的初始化与状态管理不仅涉及对预训练模型的加载与配置，还需要高效且智能的上下文管理机制来支持多轮对话。只有通过精准的状态管理，才能确保模型在每一次对话中都能依据历史信息产生合理的、逻辑自洽的响应。

5.3.2　会话 ID 与多轮对话上下文传递

在多轮对话系统中，会话ID和上下文传递是确保对话的连续性和智能化响应的核心技术。会话ID是用来标识每个用户与系统交互的唯一标识符，它能够在用户与系统的每一轮对话中维持唯一性，帮助系统识别当前的对话状态并进行适当的响应。而上下文传递则是指在多轮对话过程中，系统需要保留并传递上下文信息，以便在后续的对话中考虑到用户先前的输入和系统的回答，从而实现流畅的对话。

会话ID通常通过会话管理系统生成。每个用户在与系统的首次交互时，系统会为其分配一个唯一的会话ID，后续的每次请求都附带此ID。通过会话ID，系统可以检索到之前的对话内容、用户的历史意图等信息。在实际应用中，这一过程可以通过后端的存储服务（如数据库或缓存）来完成，确保每个会话都能够保持状态。

上下文传递的实现通常需要在服务器端维持对话的状态，系统根据会话ID查找相关的对话历史信息，更新状态并返回合适的回答。对于客户端而言，在进行每轮请求时，需要将当前的会话ID和上下文信息一起发送给后端。

【例5-5】展示如何在Android应用中使用会话ID进行多轮对话上下文的传递，并通过后端服务器处理这些信息，确保对话状态的一致性。

示例代码：会话ID与多轮对话上下文传递。

```
import android.os.Bundle;
import android.util.Log;
import android.widget.Button;
import android.widget.EditText;
import android.widget.TextView;
import android.widget.Toast;

import androidx.appcompat.app.AppCompatActivity;

import okhttp3.Call;
import okhttp3.Callback;
import okhttp3.OkHttpClient;
import okhttp3.Request;
import okhttp3.Response;
import okhttp3.RequestBody;
import okhttp3.MediaType;

import java.io.IOException;

public class MultiRoundConversationActivity extends AppCompatActivity {

    private static final String API_URL = "https://example.com/chat";  // 假设的API URL
    private static final String CONVERSATION_ID_KEY = "conversation_id"; // 会话ID
    private static final String TAG = "MultiRoundChat";

    private EditText userInputEditText;
    private TextView conversationTextView;
    private Button sendButton;
    private String conversationId;  // 保存当前会话的ID
    private OkHttpClient client;

    @Override
    protected void onCreate(Bundle savedInstanceState) {
        super.onCreate(savedInstanceState);
        setContentView(R.layout.activity_multi_round_conversation);

        userInputEditText = findViewById(R.id.userInputEditText);
        conversationTextView = findViewById(R.id.conversationTextView);
        sendButton = findViewById(R.id.sendButton);
```

```
        // 初始化OkHttpClient
        client = new OkHttpClient();

        // 生成会话ID或恢复会话ID（如从SharedPreferences中）
        conversationId = getSharedPreferences("ConversationPrefs", MODE_PRIVATE)
                .getString(CONVERSATION_ID_KEY, null);

        if (conversationId == null) {
            // 如果没有会话ID，生成一个新的会话ID
            conversationId = generateNewConversationId();
            saveConversationId(conversationId);
        }

        // 显示历史对话
        conversationTextView.setText(getConversationHistory());

        sendButton.setOnClickListener(v -> {
            String userInput = userInputEditText.getText().toString().trim();
            if (!userInput.isEmpty()) {
                sendMessage(userInput);
            } else {
                Toast.makeText(MultiRoundConversationActivity.this, "Please enter a
message", Toast.LENGTH_SHORT).show();
            }
        });
    }

    private void sendMessage(String userInput) {
        // 将用户输入与会话ID一同发送到服务器
        String requestBodyJson = createRequestBody(userInput, conversationId);

        // 创建并执行网络请求
        Request request = new Request.Builder()
                .url(API_URL)
                .post(RequestBody.create(MediaType.parse("application/json"),
requestBodyJson))
                .build();

        client.newCall(request).enqueue(new Callback() {
            @Override
            public void onFailure(Call call, IOException e) {
                runOnUiThread(() -> {
                    Toast.makeText(MultiRoundConversationActivity.this, "Request
failed", Toast.LENGTH_SHORT).show();
                    Log.e(TAG, "Request failed", e);
                });
            }

            @Override
            public void onResponse(Call call, Response response) throws IOException {
```

```
                if (response.isSuccessful()) {
                    String responseData = response.body().string();
                    // 解析服务器返回的数据并更新UI
                    updateConversationHistory(userInput, responseData);
                } else {
                    runOnUiThread(() -> {
                        Toast.makeText(MultiRoundConversationActivity.this, "Error: " +
response.code(), Toast.LENGTH_SHORT).show();
                    });
                }
            }
        });
    }

    private void updateConversationHistory(String userInput, String aiResponse) {
        // 将用户输入和AI响应更新到对话记录中
        String currentHistory = getConversationHistory();
        currentHistory += "\nUser: " + userInput + "\nAI: " + aiResponse;

        // 更新显示的对话历史
        runOnUiThread(() -> conversationTextView.setText(currentHistory));

        // 保存对话历史
        saveConversationHistory(currentHistory);
    }

    private String createRequestBody(String userInput, String conversationId) {
        // 构建JSON请求体，包含用户输入和会话ID
        return "{ \"conversation_id\": \"" + conversationId + "\", \"user_input\": \""
+ userInput + "\" }";
    }

    private void saveConversationId(String conversationId) {
        // 保存会话ID到SharedPreferences
        getSharedPreferences("ConversationPrefs", MODE_PRIVATE)
                .edit()
                .putString(CONVERSATION_ID_KEY, conversationId)
                .apply();
    }

    private void saveConversationHistory(String conversationHistory) {
        // 保存会话历史到SharedPreferences
        getSharedPreferences("ConversationPrefs", MODE_PRIVATE)
                .edit()
                .putString("conversation_history", conversationHistory)
                .apply();
    }

    private String getConversationHistory() {
        // 从SharedPreferences中获取已保存的对话历史
```

```
        return getSharedPreferences("ConversationPrefs", MODE_PRIVATE)
                .getString("conversation_history", "");
    }

    private String generateNewConversationId() {
        // 生成新的会话ID（这里可以采用UUID或其他机制）
        return "conv_" + System.currentTimeMillis();
    }
}
```

代码说明如下：

（1）会话ID生成与管理：在应用启动时，首先检查SharedPreferences中是否已有会话ID。如果没有，则生成一个新的会话ID，并保存到SharedPreferences中。此会话ID用于标识当前用户与系统的对话。会话ID保证了在多轮对话中，用户的输入和系统的响应能够根据相同的ID进行关联，确保上下文的连续性。

（2）发送用户输入与服务器交互：当用户输入内容并单击“发送”按钮时，系统会将用户输入与当前的会话ID一起封装成JSON格式，发送到服务器端。服务器端根据会话ID识别当前对话，更新上下文并返回响应。异步网络请求通过OkHttp库实现，使用enqueue()方法发送请求，并通过回调机制处理成功或失败的响应。

（3）多轮对话中的上下文传递：在每次响应返回后，系统会将用户输入和AI的回答更新到会话历史中，并通过UI展示出来。新的对话内容会存储到SharedPreferences中，这样即使用户退出应用或重启，历史对话也能够被恢复。每一轮的对话内容（包括用户输入和系统响应）都会被附加到历史记录中，并显示在界面上。

（4）UI更新与错误处理：当网络请求成功时，onResponse()方法会更新对话历史并显示到UI中。如果请求失败，则通过onFailure()方法捕获错误并通过Toast提示用户。

用户输入：Hello，服务器返回如下响应：

```
{
  "response": "Hi! How can I assist you today?"
}
```

此时的对话历史输出为：

```
User: Hello
AI: Hi! How can I assist you today?
```

本节展示了如何在Android应用中实现基于会话ID的多轮对话上下文传递。通过生成并维护会话ID，系统能够确保每次用户与AI的互动都能保持上下文的一致性。无论用户在何时启动应用，之前的对话记录和状态都会被加载并恢复。通过SharedPreferences，应用能够持久化会话历史和ID，确保在设备重启或应用重启后，用户能够继续与AI进行流畅的对话。

5.3.3　动态调整对话内容与响应时间

在智能对话系统中，动态调整对话内容与响应时间是提高用户体验的核心。尤其是在与深度学习模型进行交互时，系统需要根据用户输入的复杂度、上下文以及对话的上下文状态来调整响应时间和内容。例如，对于较简单的询问，系统可以快速生成响应；而对于复杂的多轮对话，系统可能需要更多的时间进行深度计算，甚至需要调整生成的响应内容，以保证对话的质量和连贯性。

动态调整对话内容不仅是根据用户输入调整回答，还涉及系统如何灵活应对不同的场景。在某些情况下，系统可以通过简化回答来缩短响应时间，或根据用户的情绪、历史对话等因素优化回答的风格与内容。

动态调整响应时间是指在网络条件较差或者深度学习模型计算复杂时，系统能够动态调整等待时间，避免因长时间等待导致用户体验下降。通过适当的延迟反馈，系统能够提供更加智能和流畅的交互体验。

【例5-6】展示如何在Android应用中实现基于用户输入的动态调整对话内容和响应时间。通过模拟复杂与简单请求的响应时间不同，动态调整返回的内容和展示方式。该Android应用演示了如何在不同情况下动态调整AI的响应内容和响应时间。

```
import android.os.Bundle;
import android.os.Handler;
import android.util.Log;
import android.widget.Button;
import android.widget.EditText;
import android.widget.TextView;
import android.widget.Toast;

import androidx.appcompat.app.AppCompatActivity;

import okhttp3.Call;
import okhttp3.Callback;
import okhttp3.OkHttpClient;
import okhttp3.Request;
import okhttp3.Response;
import okhttp3.RequestBody;
import okhttp3.MediaType;

import java.io.IOException;
import java.util.Random;

public class DynamicResponseActivity extends AppCompatActivity {

    private static final String TAG = "DynamicResponseActivity";
    private static final String API_URL = "https://example.com/chat";
    private static final String CONVERSATION_ID_KEY = "conversation_id";
```

```
    private EditText userInputEditText;
    private TextView conversationTextView;
    private Button sendButton;
    private OkHttpClient client;
    private String conversationId;  // 会话ID
    private StringBuilder conversationHistory;  // 会话历史

    @Override
    protected void onCreate(Bundle savedInstanceState) {
        super.onCreate(savedInstanceState);
        setContentView(R.layout.activity_dynamic_response);

        userInputEditText = findViewById(R.id.userInputEditText);
        conversationTextView = findViewById(R.id.conversationTextView);
        sendButton = findViewById(R.id.sendButton);

        // 初始化OkHttpClient
        client = new OkHttpClient();

        // 获取或生成会话ID
        conversationId = getSharedPreferences("ConversationPrefs", MODE_PRIVATE)
                .getString(CONVERSATION_ID_KEY, null);

        if (conversationId == null) {
            conversationId = generateNewConversationId();
            saveConversationId(conversationId);
        }

        // 初始化会话历史
        conversationHistory = new StringBuilder(getConversationHistory());
        conversationTextView.setText(conversationHistory.toString());

        sendButton.setOnClickListener(v -> {
            String userInput = userInputEditText.getText().toString().trim();
            if (!userInput.isEmpty()) {
                sendMessage(userInput);
            } else {
                Toast.makeText(DynamicResponseActivity.this, "Please enter a message",
Toast.LENGTH_SHORT).show();
            }
        });
    }

    private void sendMessage(String userInput) {
        // 动态调整响应时间
        int simulatedDelay = getSimulatedDelay(userInput);
        Log.d(TAG, "Simulated delay: " + simulatedDelay + "ms");

        // 延迟模拟
        new Handler().postDelayed(() -> {
```

```
                String requestBodyJson = createRequestBody(userInput, conversationId);

                // 创建并执行网络请求
                Request request = new Request.Builder()
                        .url(API_URL)
                        .post(RequestBody.create(MediaType.parse("application/json"),
requestBodyJson))
                        .build();

                client.newCall(request).enqueue(new Callback() {
                    @Override
                    public void onFailure(Call call, IOException e) {
                        runOnUiThread(() -> {
                            Toast.makeText(DynamicResponseActivity.this, "Request failed",
Toast.LENGTH_SHORT).show();
                            Log.e(TAG, "Request failed", e);
                        });
                    }

                    @Override
                    public void onResponse(Call call, Response response) throws IOException {
                        if (response.isSuccessful()) {
                            String responseData = response.body().string();
                            // 处理返回数据
                            updateConversationHistory(userInput, responseData);
                        } else {
                            runOnUiThread(() -> {
                                Toast.makeText(DynamicResponseActivity.this, "Error: " +
response.code(), Toast.LENGTH_SHORT).show();
                            });
                        }
                    }
                });
            }, simulatedDelay);
        }

    private void updateConversationHistory(String userInput, String aiResponse) {
        // 动态调整对话历史并更新UI
        conversationHistory.append("\nUser: ").append(userInput);
        conversationHistory.append("\nAI: ").append(aiResponse);

        // 更新UI显示
        runOnUiThread(() ->
conversationTextView.setText(conversationHistory.toString()));

        // 保存会话历史
        saveConversationHistory(conversationHistory.toString());
    }

    private String createRequestBody(String userInput, String conversationId) {
```

```
        // 构建JSON请求体
        return "{ \"conversation_id\": \"" + conversationId + "\", \"user_input\": \""
+ userInput + "\" }";
    }

    private void saveConversationId(String conversationId) {
        // 保存会话ID
        getSharedPreferences("ConversationPrefs", MODE_PRIVATE)
                .edit()
                .putString(CONVERSATION_ID_KEY, conversationId)
                .apply();
    }

    private void saveConversationHistory(String conversationHistory) {
        // 保存会话历史
        getSharedPreferences("ConversationPrefs", MODE_PRIVATE)
                .edit()
                .putString("conversation_history", conversationHistory)
                .apply();
    }

    private String getConversationHistory() {
        // 获取保存的对话历史
        return getSharedPreferences("ConversationPrefs", MODE_PRIVATE)
                .getString("conversation_history", "");
    }

    private String generateNewConversationId() {
        // 生成新的会话ID
        return "conv_" + System.currentTimeMillis();
    }

    private int getSimulatedDelay(String userInput) {
        // 根据用户输入内容动态调整延迟时间
        // 简单的模拟：如果用户输入内容较短，响应较快；较长则响应慢
        int delay;
        if (userInput.length() < 50) {
            delay = new Random().nextInt(1000);            // 1秒以内的随机延迟
        } else {
            delay = new Random().nextInt(3000) + 1000;     // 1到3秒的延迟
        }
        return delay;
    }
}
```

代码说明如下：

（1）动态调整响应时间：通过getSimulatedDelay()方法模拟根据用户输入动态调整响应时间。若用户输入内容较短，模拟较短的延迟；若内容较长，模拟较长的延迟。这模拟了实际场景中，对

于简单查询，系统能够快速响应；而对于复杂的请求或长文本，系统需要更多的计算时间。使用Handler.postDelayed()方法来引入延迟，模拟实际的响应时间。

（2）会话ID与上下文传递：会话ID通过SharedPreferences存储和管理。在每轮对话中，会话ID被附带在每个请求中，以确保在多轮对话中上下文的持续性。系统根据会话ID来识别用户的历史对话并生成适当的响应。

（3）请求发送与响应处理：使用OkHttp进行异步请求，通过enqueue()方法执行网络请求。请求体中包含会话ID和用户输入内容。在服务器响应后，AI生成的回答会被追加到对话历史中，并显示在界面上。对话历史被保存在SharedPreferences中，以便在下次启动时恢复。

（4）UI更新与错误处理：当请求成功时，更新UI显示最新的对话内容。若请求失败，捕获异常并通过Toast通知用户。

用户输入："Hello, I need help with my account details"，并且服务器返回如下响应：

```
{
    "response": "Sure! I can help you with your account details. Could you please provide your account number?"
}
```

此时的对话历史输出为：

```
User: Hello, I need help with my account details
AI: Sure! I can help you with your account details. Could you please provide your account number?
```

本节通过一个简单的Android应用示例，展示了如何根据用户输入动态调整AI的响应时间和对话内容。通过模拟不同长度的输入内容，系统能够智能地调整响应时间，提升用户体验。在多轮对话的场景中，利用会话ID进行上下文的传递，确保对话的连贯性。系统还能够根据不同情况调整返回内容的风格和细节，进一步提高交互的自然性和智能化。

5.4　深度学习任务异步执行

本节将深入探讨如何在Android应用中实现深度学习任务的异步执行。在AI应用中，深度学习模型的推理往往涉及复杂的计算和较长的处理时间，因此有效的任务异步化对于提升用户体验至关重要。通过合理的线程管理和异步任务调度，能够在不阻塞主线程的情况下，完成深度学习模型的计算任务。本节将介绍Android中常见的异步执行机制，如线程池、Handler以及异步任务的使用，结合实际应用场景，通过具体代码实现，展示如何高效地执行深度学习任务并确保流畅的用户体验。

5.4.1　任务调度与队列管理

任务调度与队列管理是现代应用中常见的设计模式，尤其在处理多个任务或请求时。有效的任务调度不仅能提高系统的效率，还能确保任务的有序执行。在移动端应用中，尤其是涉及并发请求或后台任务时，合理的队列管理至关重要。通过队列的管理和任务调度，系统能够根据任务的优先级、依赖关系、资源占用等因素合理安排任务的执行顺序，从而避免资源冲突，提高整体性能。

任务调度是根据特定规则将任务分配给合适的执行资源，并按照规定顺序执行。通常，任务调度需要考虑任务的优先级、执行时间、依赖关系等因素。在Android中，常通过ExecutorService来管理线程池中的任务，或使用Handler、AsyncTask等机制来管理简单的任务调度。

队列管理是任务调度的重要组成部分，尤其在多个任务并发执行时，队列可用来存储待执行的任务。通过使用先进先出（FIFO）队列或优先级队列，可以有效控制任务的执行顺序，避免任务的拥堵和资源浪费。

【例5-7】展示如何在Android应用中实现一个简单的任务调度系统，使用队列来管理和调度任务的执行。通过队列管理的方式，任务将按照设定的规则被依次执行，并展示如何动态添加任务到队列中。

示例代码：任务调度与队列管理。

```
import android.os.Bundle;
import android.os.Handler;
import android.os.Looper;
import android.util.Log;
import android.widget.Button;
import android.widget.TextView;
import android.widget.Toast;

import androidx.appcompat.app.AppCompatActivity;

import java.util.LinkedList;
import java.util.Queue;
import java.util.concurrent.ExecutorService;
import java.util.concurrent.Executors;

public class TaskSchedulerActivity extends AppCompatActivity {

    private static final String TAG = "TaskSchedulerActivity";
    private static final int MAX_TASKS = 5;       // 最大并发处理的任务数量

    private TextView statusTextView;
    private Button startButton;
    private ExecutorService executorService;      // 用于管理任务的线程池

    private Queue<Runnable> taskQueue;            // 用于管理任务的队列

    private int taskCount = 0;                    // 任务执行的计数器

    @Override
    protected void onCreate(Bundle savedInstanceState) {
        super.onCreate(savedInstanceState);
        setContentView(R.layout.activity_task_scheduler);
```

```
        statusTextView = findViewById(R.id.statusTextView);
        startButton = findViewById(R.id.startButton);
        // 初始化任务队列和线程池（固定线程池）
        taskQueue = new LinkedList<>();
        executorService = Executors.newFixedThreadPool(MAX_TASKS);

        startButton.setOnClickListener(v -> startTaskProcessing());
    }

    private void startTaskProcessing() {
        // 模拟向队列中添加任务

        for (int i = 0; i < 10; i++) {
            final int taskId = i + 1;
            taskQueue.offer(() -> processTask(taskId));
        }

        // 开始处理任务
        processNextTask();
    }

    private void processTask(int taskId) {
        Log.d(TAG, "Processing task #" + taskId);

        // 模拟任务处理（例如网络请求、数据处理等）
        try {
            Thread.sleep(2000);  // 模拟一个耗时2秒的任务

        } catch (InterruptedException e) {
            Thread.currentThread().interrupt();
        }

        // 任务完成后记录日志
        Log.d(TAG, "Task #" + taskId + " completed");

        // 在UI线程上更新状态
        runOnUiThread(() -> statusTextView.append("Task #" + taskId + "
completed.\n"));

        // 处理队列中的下一个任务

        processNextTask();
    }

    private void processNextTask() {
        if (!taskQueue.isEmpty()) {
            // 从队列中获取下一个任务并执行
            Runnable nextTask = taskQueue.poll();
            executorService.submit(nextTask);
            taskCount++;

            // 记录任务提交的日志
            Log.d(TAG, "Task #" + taskCount + " submitted.");
        } else {
            // 队列中没有更多任务
```

```
            if (taskCount > 0) {
                // 通知用户所有任务已处理完成
                runOnUiThread(() -> Toast.makeText(TaskSchedulerActivity.this, "All
tasks completed!", Toast.LENGTH_SHORT).show());
            }
        }
    }

    @Override
    protected void onDestroy() {
        super.onDestroy();
        // 在活动销毁时关闭线程池
        executorService.shutdown();
    }
}
```

代码说明如下：

（1）任务队列与调度：在TaskSchedulerActivity类中，taskQueue是一个Queue对象，用于存储待执行的任务。任务以Runnable的形式存储，并通过offer()方法添加到队列。ExecutorService用于管理任务执行。我们创建了一个固定大小的线程池，最多可并发执行5个任务。ExecutorService通过submit()方法接受并执行队列中的任务。

（2）任务处理：每个任务通过processTask()方法进行处理，该方法模拟了一个需要2秒的任务（如网络请求或数据处理）。任务完成后，调用processNextTask()继续处理队列中的下一个任务。使用runOnUiThread()方法更新UI，将任务执行的状态显示在TextView中。

（3）任务调度流程：用户单击Start按钮后，startTaskProcessing()方法会向队列添加10个任务。每个任务的执行会模拟2秒的耗时，任务完成后自动继续处理队列中的下一个任务。当队列中没有任务时，显示一个Toast提示所有任务已完成。

（4）任务队列管理：每个任务从队列中取出并提交到线程池执行。线程池的大小限制了并发任务数量（在本例中为5）。避免过多任务同时执行导致资源耗尽或UI卡顿。

（5）线程池与资源管理：当应用关闭或不再需要执行任务时，调用executorService.shutdown()方法关闭线程池，释放资源。

任务开始执行：用户单击Start按钮后，系统向任务队列中添加10个任务并开始执行。日志输出显示如下：

```
Task #1 submitted.
Task #2 submitted.
Task #3 submitted.
Task #4 submitted.
Task #5 submitted.
```

任务执行过程：每个任务执行时，会模拟2秒钟的延时，并在任务完成后输出以下内容：

```
Processing task #1
Task #1 completed
Processing task #2
Task #2 completed
Processing task #3
Task #3 completed
Processing task #4
Task #4 completed
Processing task #5
Task #5 completed
```

UI更新：TextView会动态显示每个任务的执行状态，例如：

```
Task #1 completed.
Task #2 completed.
Task #3 completed.
Task #4 completed.
Task #5 completed.
```

所有任务完成：当所有任务完成后，Toast显示：

```
All tasks completed!
```

本节介绍了如何在Android应用中实现任务调度与队列管理。通过使用ExecutorService和Queue，可以高效地管理并发任务，控制任务的执行顺序和并发数。这种设计模式在处理需要并发执行的任务时尤为重要，能够有效避免因资源过度消耗而导致的性能问题。通过任务队列的管理，系统能够确保任务顺序执行，并动态调整任务的执行行为，从而提高应用的响应速度和稳定性。

5.4.2　并发请求与线程池的使用

并发请求和线程池的使用是现代应用程序中重要的性能优化手段，尤其是在处理多个独立的I/O操作时。并发请求允许应用在不阻塞主线程的情况下，执行多个网络请求或其他耗时任务。线程池是一种资源管理机制，它通过控制并发线程的数量，避免了线程过多造成的性能问题，同时提高了任务的执行效率。

并发请求是指在同一时间内发送多个请求，而无须等待每个请求完成后再发起下一个请求。这对于需要从多个远程服务器获取数据或执行多个独立任务的应用场景非常有用。并发请求显著提高了应用的响应速度，尤其在处理多个网络请求时。

线程池是一种用于管理线程的技术，它通过维护一个线程队列来重用线程，避免频繁地创建和销毁线程所带来的开销。使用线程池能够有效限制并发线程的数量，避免过多线程导致的资源争用和系统性能下降。

【例5-8】通过一个Android应用示例，演示如何使用线程池来发起并发请求，并合理管理线程的使用，以优化应用的性能。

示例代码：并发请求与线程池的使用。

```
import android.os.Bundle;
import android.os.Handler;
import android.os.Looper;
import android.util.Log;
import android.widget.Button;
import android.widget.TextView;
import android.widget.Toast;

import androidx.appcompat.app.AppCompatActivity;

import java.io.IOException;
import java.util.concurrent.Callable;
import java.util.concurrent.ExecutorService;
import java.util.concurrent.Executors;
import java.util.concurrent.Future;

import okhttp3.Call;
import okhttp3.Callback;
import okhttp3.OkHttpClient;
import okhttp3.Request;
import okhttp3.Response;

public class ConcurrentRequestActivity extends AppCompatActivity {

    private static final String TAG = "ConcurrentRequestActivity";
    private static final String API_URL_1 =
"https://jsonplaceholder.typicode.com/posts/1";  // 示例API URL1
    private static final String API_URL_2 =
"https://jsonplaceholder.typicode.com/posts/2";  // 示例API URL2

    private TextView resultTextView;
    private Button fetchButton;
    private OkHttpClient client;
    private ExecutorService executorService;

    @Override
    protected void onCreate(Bundle savedInstanceState) {
        super.onCreate(savedInstanceState);
        setContentView(R.layout.activity_concurrent_request);

        resultTextView = findViewById(R.id.resultTextView);
        fetchButton = findViewById(R.id.fetchButton);

        // 初始化OkHttpClient和线程池
        client = new OkHttpClient();
        executorService = Executors.newFixedThreadPool(4); // 限制最多4个线程并发执行

        fetchButton.setOnClickListener(v -> startConcurrentRequests());
    }
```

05

```
    private void startConcurrentRequests() {
        // 创建两个并发任务
        Callable<String> task1 = createNetworkRequestTask(API_URL_1);
        Callable<String> task2 = createNetworkRequestTask(API_URL_2);

        try {
            // 提交任务到线程池并获取返回结果
            Future<String> result1 = executorService.submit(task1);
            Future<String> result2 = executorService.submit(task2);

            // 获取任务结果（阻塞等待）
            String response1 = result1.get();
            String response2 = result2.get();

            // 更新UI显示
            runOnUiThread(() -> {
                resultTextView.setText("Response 1: " + response1 + "\n\nResponse 2: "
+ response2);
                Toast.makeText(ConcurrentRequestActivity.this, "Requests completed",
Toast.LENGTH_SHORT).show();
            });
        } catch (Exception e) {
            Log.e(TAG, "Error while executing concurrent requests", e);
            runOnUiThread(() -> Toast.makeText(ConcurrentRequestActivity.this,
"Request failed", Toast.LENGTH_SHORT).show());
        }
    }

    private Callable<String> createNetworkRequestTask(String url) {
        return new Callable<String>() {
            @Override
            public String call() throws Exception {
                return executeNetworkRequest(url);
            }
        };
    }

    private String executeNetworkRequest(String url) throws IOException {
        Request request = new Request.Builder()
                .url(url)
                .build();

        // 创建网络请求
        Call call = client.newCall(request);
        Response response = call.execute();
        if (response.isSuccessful()) {
            return response.body().string();  // 返回响应内容
        } else {
            throw new IOException("Request failed with code: " + response.code());
        }
```

```
    }

    @Override
    protected void onDestroy() {
        super.onDestroy();
        // 关闭线程池
        executorService.shutdown();
    }
}
```

代码说明如下：

（1）线程池管理：通过Executors.newFixedThreadPool(4)创建了一个大小为4的线程池，这意味着最多同时运行4个并发任务。线程池的好处是能够复用线程，避免频繁创建和销毁线程带来的性能开销。executorService.submit(task)用于提交任务，这些任务被执行后，Future对象用于获取结果。

（2）并发请求执行：在startConcurrentRequests()方法中，创建了两个网络请求任务，每个任务是一个Callable对象，它执行一个网络请求并返回结果。使用Future对象来等待并获取每个任务的执行结果。这两个请求是并发执行的，分别请求不同的API端点。在任务完成后，结果会返回并更新UI。

（3）OkHttp与网络请求：OkHttpClient用于发起HTTP请求。在executeNetworkRequest()方法中，使用OkHttp的同步请求方法call.execute()发起请求并获取响应。如果请求成功，返回响应内容；如果请求失败，则抛出IOException。

（4）UI更新与错误处理：在所有网络请求完成后，使用runOnUiThread()更新UI，显示两个请求的结果。若请求发生错误，会捕获异常并在UI上显示错误信息。

（5）线程池资源管理：在onDestroy()方法中调用executorService.shutdown()，确保活动销毁时线程池中的线程被正确关闭，避免内存泄漏。

用户单击Start按钮后，系统会发起两个并发请求，分别返回以下内容：

请求1的响应：

```
{
  "userId": 1,
  "id": 1,
  "title": "sunt aut facere repellat provident occaecati excepturi optio reprehenderit",
  "body": "quia et suscipit\nsuscipit..."
}
```

请求2的响应：

```
{
  "userId": 1,
  "id": 2,
  "title": "qui est esse",
```

```
  "body": "est rerum tempore vitae\nsequi sint nihil reprehenderit dolor beatae ea..."
}
```

TextView显示内容如下：

```
Response 1: {
  "userId": 1,
  "id": 1,
  "title": "sunt aut facere repellat provident occaecati excepturi optio
reprehenderit",
  "body": "quia et suscipit\nsuscipit..."
}

Response 2: {
  "userId": 1,
  "id": 2,
  "title": "qui est esse",
  "body": "est rerum tempore vitae\nsequi sint nihil reprehenderit dolor beatae ea..."
}
```

本节展示了如何在Android应用中使用线程池和并发请求来处理多个任务。通过ExecutorService管理任务并发执行，可以有效控制线程的数量，避免因线程过多导致的性能问题。通过Future对象，应用能够等待任务执行结果并进行处理，而不会阻塞主线程。对于需要同时处理多个网络请求的应用场景，这种方法可以显著提高性能和用户体验。

5.4.3　错误处理与重试机制

在现代应用中，尤其是涉及网络请求和远程API调用的场景，错误处理和重试机制是确保应用稳定性和可靠性的关键组成部分。由于网络请求可能会由于各种原因失败（如服务器不可用、网络波动等），实现一个灵活且智能的错误处理机制是非常重要的。错误处理机制可以帮助应用捕获并处理这些失败的情况，而重试机制则允许在请求失败时自动重试，从而增加请求成功的概率。

错误处理的目的是捕获请求过程中的异常，并做出适当的响应。例如，如果请求失败，应用可以通过提示用户、记录日志或做其他处理来应对。常见的网络错误包括连接超时、服务器不可达等。

重试机制是在请求失败时自动重试一定次数。重试的次数和间隔时间可以根据实际需要进行动态调整。例如，使用指数退避（Exponential Backoff）策略，随着每次重试，等待的时间逐渐增加。通过这种方式，应用可以在网络不稳定的情况下提高成功率，同时避免对服务器造成过大的负载。

【例5-9】展示如何在Android应用中实现错误处理和重试机制，特别是在使用OkHttp进行网络请求时，如何根据不同的错误情况进行自动重试。

示例代码：错误处理与重试机制。

```
import android.os.Bundle;
import android.os.Handler;
import android.util.Log;
import android.widget.Button;
import android.widget.TextView;
import android.widget.Toast;

import androidx.appcompat.app.AppCompatActivity;

import okhttp3.Call;
import okhttp3.Callback;
import okhttp3.OkHttpClient;
import okhttp3.Request;
import okhttp3.Response;

import java.io.IOException;
import java.util.concurrent.TimeUnit;

public class RetryMechanismActivity extends AppCompatActivity {

    private static final String TAG = "RetryMechanismActivity";
    private static final String API_URL =
"https://jsonplaceholder.typicode.com/posts/1";                    // 示例API URL
    private static final int MAX_RETRIES = 3;                       // 最大重试次数
    private static final long RETRY_DELAY_MS = 2000;                // 初始重试间隔，单位为毫秒

    private TextView resultTextView;
    private Button fetchButton;
    private OkHttpClient client;
    private int retryCount = 0;

    @Override
    protected void onCreate(Bundle savedInstanceState) {
        super.onCreate(savedInstanceState);
        setContentView(R.layout.activity_retry_mechanism);

        resultTextView = findViewById(R.id.resultTextView);
        fetchButton = findViewById(R.id.fetchButton);

        // 初始化OkHttpClient
        client = new OkHttpClient.Builder()
                .connectTimeout(10, TimeUnit.SECONDS)       // 设置连接超时时间
                .readTimeout(30, TimeUnit.SECONDS)          // 设置读取超时时间
                .writeTimeout(15, TimeUnit.SECONDS)         // 设置写入超时时间
                .build();

        fetchButton.setOnClickListener(v -> sendRequestWithRetry());
    }

    private void sendRequestWithRetry() {
```

05

```
            retryCount = 0;    // 重置重试次数
            sendRequest();
        }

        private void sendRequest() {
            Request request = new Request.Builder()
                    .url(API_URL)
                    .build();

            client.newCall(request).enqueue(new Callback() {
                @Override
                public void onFailure(Call call, IOException e) {
                    // 错误处理：失败时重试
                    Log.e(TAG, "Request failed: " + e.getMessage());
                    if (retryCount < MAX_RETRIES) {
                        retryCount++;
                        long delay = RETRY_DELAY_MS * retryCount;  // 增加重试间隔
                        Log.d(TAG, "Retrying in " + delay + "ms...");
                        new
Handler().postDelayed(RetryMechanismActivity.this::sendRequest, delay);
                    } else {
                        // 达到最大重试次数，通知用户
                        runOnUiThread(() -> {
                            Toast.makeText(RetryMechanismActivity.this, "Request failed
after " + MAX_RETRIES + " retries", Toast.LENGTH_SHORT).show();
                            resultTextView.setText("Request failed after " + MAX_RETRIES +
" retries.");
                        });
                    }
                }

                @Override
                public void onResponse(Call call, Response response) throws IOException {
                    // 错误处理：响应失败
                    if (!response.isSuccessful()) {
                        onFailure(call, new IOException("Unexpected code " + response));
                        return;
                    }

                    // 请求成功时处理响应
                    String responseData = response.body().string();
                    Log.d(TAG, "Response: " + responseData);
                    runOnUiThread(() -> {
                        resultTextView.setText(responseData);
                        Toast.makeText(RetryMechanismActivity.this, "Request successful",
Toast.LENGTH_SHORT).show();
                    });
                }
            });
        }
    }
```

代码说明如下：

（1）重试机制：通过在sendRequest()方法内调用newCall(request).enqueue(callback)发起异步请求。请求失败时，onFailure()方法会被触发，我们在此方法内实现了重试机制。重试机制的核心是：每次请求失败后，检查retryCount是否小于最大重试次数MAX_RETRIES，若是，则增加重试次数，并且延迟一段时间后重试（延迟时间是重试次数的倍数，例如第一次重试延迟2秒，第二次重试延迟4秒，依此类推）。若达到最大重试次数，则会停止重试，并提示用户请求失败。

（2）错误处理：在onFailure()方法中，捕获了所有请求失败的异常（如网络错误、超时等），并通过Toast向用户展示失败信息。每次失败后，根据重试策略决定是否重试。在onResponse()方法中，如果服务器返回非200响应码，认为请求失败并调用onFailure()方法进行处理。

（3）动态调整重试间隔：重试间隔采用递增的策略（指数退避）。即每次重试的等待时间会随着重试次数的增加而加长。首次重试等待2秒，第二次等待4秒，第三次等待6秒，避免在网络不稳定时反复快速发起请求给服务器带来压力。

（4）UI更新与通知：使用runOnUiThread()方法更新UI，确保UI的操作在主线程执行。每次请求成功后，都会更新TextView以显示响应内容，若重试超过最大次数，则显示失败提示。

API返回如下内容：

```
{
  "userId": 1,
  "id": 1,
  "title": "sunt aut facere repellat provident occaecati excepturi optio
reprehenderit",
  "body": "quia et suscipit\nsuscipit..."
}
```

在TextView中显示如下：

```
{
  "userId": 1,
  "id": 1,
  "title": "sunt aut facere repellat provident occaecati excepturi optio
reprehenderit",
  "body": "quia et suscipit\nsuscipit..."
}
```

如果请求失败并且进行了重试，日志中会显示：

```
Request failed: java.net.SocketTimeoutException: timeout
Retrying in 2000ms...
Request failed: java.net.SocketTimeoutException: timeout
Retrying in 4000ms...
Request failed: java.net.SocketTimeoutException: timeout
Request failed after 3 retries.
```

若请求最终成功，则显示：

```
Response: {
    "userId": 1,
    "id": 1,
    "title": "sunt aut facere repellat provident occaecati excepturi optio
reprehenderit",
    "body": "quia et suscipit\nsuscipit..."
  }
```

并通过Toast提示：

```
Request successful
```

本节展示了如何在Android应用中实现错误处理与重试机制，特别是在网络请求中处理请求失败的情况。通过实现重试机制，可以在网络不稳定时提高请求成功的概率，同时通过动态调整重试间隔避免对服务器造成过大负载。通过这种机制，应用能够更加健壮地处理网络异常，提升用户体验。

5.5　应用监控与调优

本节将重点介绍在集成DeepSeek后，如何进行Android应用的性能监控与调优。在AI驱动的应用中，确保系统的高效运行与流畅体验尤为重要。通过应用监控工具，开发者能够实时收集应用运行数据，分析CPU、内存、网络等关键资源的消耗情况，从而定位性能瓶颈。结合监控数据，进一步进行性能调优，优化深度学习任务的执行效率与响应速度。通过详细介绍常用的Android性能分析工具及优化策略，本节将为提升应用的稳定性和响应性提供切实可行的方案。

5.5.1　性能监控与瓶颈分析

性能监控与瓶颈分析是现代软件开发中的重要实践，尤其是在移动应用中。随着应用功能的增加和用户需求的多样化，应用的性能往往会受到各种因素的影响。性能监控可以帮助开发者实时跟踪应用的运行状态，瓶颈分析则帮助识别影响应用性能的关键问题。通过这两种手段，开发者可以及时发现并优化性能问题，提升用户体验。

性能监控涉及对应用各项指标的实时采集与分析，包括但不限于：CPU使用率、内存消耗、网络请求时间、磁盘I/O、UI线程的响应时间等。通过监控这些指标，开发者能够明确哪些部分在执行过程中消耗了过多资源，进而采取措施优化性能。

瓶颈分析是在性能监控基础上的进一步分析，目标是找出应用中影响性能的关键问题或瓶颈。例如，如果应用的启动时间过长，可能的瓶颈是在启动时加载了过多的资源或进行了过多的计算。通过瓶颈分析，开发者可以采取合理的优化策略，如懒加载、异步任务处理等，减轻瓶颈部位的负担。

【例5-10】展示如何在Android应用中实现性能监控和瓶颈分析。通过具体代码示例，展示如何监控应用的性能指标、记录关键事件，并进行瓶颈分析。通过该Android应用，开发者可以学会如何使用日志记录、System.nanoTime()、Thread.sleep()等工具进行性能监控与瓶颈分析。

```
import android.os.Bundle;
import android.os.Handler;
import android.util.Log;
import android.widget.Button;
import android.widget.TextView;
import android.widget.Toast;

import androidx.appcompat.app.AppCompatActivity;

import java.util.Random;

public class PerformanceMonitoringActivity extends AppCompatActivity {

    private static final String TAG = "PerformanceMonitoring";
    private TextView resultTextView;
    private Button startButton;

    @Override
    protected void onCreate(Bundle savedInstanceState) {
        super.onCreate(savedInstanceState);
        setContentView(R.layout.activity_performance_monitoring);

        resultTextView = findViewById(R.id.resultTextView);
        startButton = findViewById(R.id.startButton);

        startButton.setOnClickListener(v -> startPerformanceTesting());
    }

    private void startPerformanceTesting() {
        // 开始性能监控
        Log.d(TAG, "Performance test started");

        // 监控开始时间
        long startTime = System.nanoTime();

        // 模拟一些工作（例如高负载计算或网络请求）
        simulateWorkload();

        // 监控结束时间
        long endTime = System.nanoTime();

        // 计算并记录总执行时间
        long executionTime = endTime - startTime;
        Log.d(TAG, "Total execution time: " + executionTime / 1000000 + " ms");
```

05

```
        // 更新UI以显示执行时间
        runOnUiThread(() -> resultTextView.setText("Execution time: " + executionTime
/ 1000000 + " ms"));

        // 分析瓶颈（在本例中，我们模拟一个CPU瓶颈）
        analyzeBottleneck(executionTime);
    }

    private void simulateWorkload() {
        // 模拟可能导致性能瓶颈的工作负载
        Random random = new Random();
        // 通过大量迭代模拟一个高负载任务
        for (int i = 0; i < 100000; i++) {
            // 随机暂停以模拟网络或数据库调用
            if (random.nextInt(100) < 10) {
                try {
                    Thread.sleep(5); // 模拟网络延迟
                } catch (InterruptedException e) {
                    Thread.currentThread().interrupt();
                }
            }
        }
    }

    private void analyzeBottleneck(long executionTime) {
        // 示例：如果执行时间过长，建议优化（瓶颈分析）
        if (executionTime > 1000000000) {  // 如果执行时间>1000毫秒，记录为潜在瓶颈
            Log.w(TAG, "Potential performance bottleneck detected. Execution time: "
+ executionTime / 1000000 + " ms");
            runOnUiThread(() -> {
                Toast.makeText(PerformanceMonitoringActivity.this, "Bottleneck
detected. Consider optimizing workload.", Toast.LENGTH_LONG).show();
            });
        }
    }
}
```

代码说明如下：

（1）性能监控的核心：使用System.nanoTime()记录开始和结束时间，以纳秒为单位精确地计算任务的执行时间。此方法对于监控应用性能中的关键路径（如计算密集型任务、网络请求等）非常有用。通过Log.d()输出日志，记录任务的执行时间。这里输出的是任务的总执行时间，以毫秒为单位。通过这种方式，开发者可以在控制台中查看应用的运行效率。

（2）模拟工作负载：simulateWorkload()方法模拟了一个可能导致性能瓶颈的重计算任务。在循环中随机引入延时，模拟了网络请求或数据库访问等耗时操作。开发者可以根据实际业务逻辑，将此部分替换为真实的耗时操作，如数据库查询、文件I/O等。

（3）瓶颈分析：在analyzeBottleneck()方法中，基于执行时间的判断进行简单的瓶颈分析。如果任务执行时间超过设定的阈值（在本例中为1000毫秒），则认为该任务可能存在性能瓶颈。通过这种方式，开发者能够快速定位哪些操作可能导致应用的性能下降，并据此采取优化措施。例如，可能会建议将某些操作异步化、进行并发处理，或者使用更高效的算法来降低执行时间。

（4）UI更新与提示：使用runOnUiThread()方法在主线程上更新UI，确保日志输出和执行时间显示到TextView中。这样用户可以看到实时的任务执行时间。如果检测到瓶颈，应用会通过Toast提示用户，并在日志中输出警告信息。

假设应用执行了一个耗时的任务，控制台输出如下：

```
Performance test started
Total execution time: 1250 ms
```

如果任务执行时间超过设定的阈值，应用会检测到瓶颈并输出警告：

```
Potential performance bottleneck detected. Execution time: 1250 ms
```

同时，应用会显示如下Toast通知用户：

```
Bottleneck detected. Consider optimizing workload.
TextView中会显示:
Execution time: 1250 ms
```

本节展示了如何在Android应用中实现性能监控与瓶颈分析。通过记录任务的执行时间和模拟工作负载，开发者可以对应用的性能进行实时监控，并通过分析任务的执行时间来识别潜在的性能瓶颈。这种方式不仅帮助开发者在开发过程中定位性能问题，也能在应用上线后通过日志进行后续的性能优化工作。

5.5.2　资源消耗与电池优化

在移动端应用开发中，资源消耗与电池优化是不可忽视的优化方向。手机设备的电池寿命直接影响到用户的使用体验，特别是在高频率使用和多任务处理的应用场景下，如何有效管理应用的资源消耗（如CPU、内存、网络、GPU等）和优化电池的使用成为开发中的重要任务。

资源消耗指的是应用在运行过程中对系统资源的占用，如CPU、内存、存储和网络带宽等。过度的资源消耗会导致设备变热、运行缓慢，甚至频繁的电池消耗，从而影响用户体验。

电池优化是通过合理的资源管理，减少不必要的后台操作、推迟非必要任务的执行，减少频繁的网络请求，避免CPU过度使用等，来降低应用对电池的消耗。为了实现这些优化，开发者可以利用Android提供的工具和API来实时监控资源消耗并做出调整，例如使用JobScheduler、WorkManager、AlarmManager等系统API来管理后台任务，合理安排任务执行时机。

【例5-11】展示如何在Android应用中实现资源消耗的监控和电池优化，重点介绍如何合理调度任务、减少无效的后台活动、优化网络请求等。示例展示如何使用BatteryManager监控电池的状态，并通过WorkManager来优化后台任务的执行，以避免频繁的电池消耗。

```
import android.os.Bundle;
import android.os.Handler;
import android.os.Looper;
import android.os.BatteryManager;
import android.content.Context;
import android.content.Intent;
import android.content.IntentFilter;
import android.util.Log;
import android.widget.Button;
import android.widget.TextView;
import android.widget.Toast;

import androidx.appcompat.app.AppCompatActivity;
import androidx.work.OneTimeWorkRequest;
import androidx.work.WorkManager;
import androidx.work.Worker;
import androidx.work.WorkerParameters;

import java.util.concurrent.TimeUnit;

public class BatteryOptimizationActivity extends AppCompatActivity {

    private static final String TAG = "BatteryOptimization";
    private TextView resultTextView;
    private Button startButton;

    @Override
    protected void onCreate(Bundle savedInstanceState) {
        super.onCreate(savedInstanceState);
        setContentView(R.layout.activity_battery_optimization);

        resultTextView = findViewById(R.id.resultTextView);
        startButton = findViewById(R.id.startButton);

        startButton.setOnClickListener(v -> startBatteryOptimizedTask());
    }

    private void startBatteryOptimizedTask() {
        // 在执行任务前监控电池状态
        int batteryLevel = getBatteryLevel();
        Log.d(TAG, "Battery level before task: " + batteryLevel + "%");

        // 使用WorkManager执行电池优化任务
```

```
        OneTimeWorkRequest taskRequest = new
OneTimeWorkRequest.Builder(BatteryOptimizedTask.class)
                .setInitialDelay(10, TimeUnit.SECONDS)     // 添加延迟以防止问题发生
                .build();

        WorkManager.getInstance(this).enqueue(taskRequest);

        // 通知用户优化任务已开始
        runOnUiThread(() -> {
            resultTextView.setText("Battery optimized task started with delay.");
            Toast.makeText(this, "Battery optimized task started.",
Toast.LENGTH_SHORT).show();
        });
    }

    private int getBatteryLevel() {
        // 获取电池电量
        IntentFilter ifilter = new IntentFilter(Intent.ACTION_BATTERY_CHANGED);
        Intent batteryStatus = registerReceiver(null, ifilter);
        int level = batteryStatus.getIntExtra(BatteryManager.EXTRA_LEVEL, -1);
        int scale = batteryStatus.getIntExtra(BatteryManager.EXTRA_SCALE, -1);
        return (int) ((level / (float) scale) * 100);  // 返回电池百分比
    }

    public static class BatteryOptimizedTask extends Worker {

        public BatteryOptimizedTask(Context context, WorkerParameters workerParams) {
            super(context, workerParams);
        }

        @Override
        public Result doWork() {
            // 模拟一个资源密集型任务，如重网络操作或计算
            try {
                Log.d(TAG, "Task started: Simulating resource-intensive task");
                Thread.sleep(5000);  // 模拟任务的耗时
            } catch (InterruptedException e) {
                Log.e(TAG, "Task interrupted: " + e.getMessage());
                return Result.failure();
            }

            Log.d(TAG, "Task completed: Resource-intensive task completed
successfully");
            return Result.success();
        }
    }
}
```

05

代码说明如下：

（1）电池监控：在startBatteryOptimizedTask()方法中，调用getBatteryLevel()获取当前设备的电池电量。通过BatteryManager类实现这一功能，它可以获取设备电池的实时状态（如电池电量和充电状态）。开发者可以根据电池的剩余电量决定是否启动某些高能耗操作。例如，当电池电量较低时，可以选择推迟或减少后台任务的执行。

（2）任务调度与优化：WorkManager用于调度后台任务。在这个示例中，通过OneTimeWorkRequest延迟执行一个资源密集型任务（模拟5秒的任务）。WorkManager确保任务在合适的时机执行，而不会在电池电量较低时立即执行，从而避免高负载操作对电池的过度消耗。使用setInitialDelay()方法设置任务的延迟时间，避免在用户未准备好时就消耗大量电池电量。WorkManager提供了灵活的API来调度任务并处理后台操作，适用于电池优化场景。

（3）资源密集型任务的模拟：BatteryOptimizedTask类模拟了一个资源密集型任务，该任务持续5秒。通过Thread.sleep()模拟计算或网络请求的耗时操作。在实际应用中，这部分代码可以替换为实际的耗时操作，如数据同步、文件下载或处理等。

（4）UI更新与用户通知：runOnUiThread()用于确保UI更新操作在主线程中执行。当用户单击按钮启动任务时，应用会更新TextView，显示当前任务的状态，并通过Toast向用户通知任务已开始。如果电池电量较低，开发者可以根据需要采取其他优化措施，如调整任务的执行策略，或者提示用户在充电时再执行资源密集型操作。

当用户单击Start按钮时，控制台输出如下信息：

```
Battery level before task: 85%
Task started: Simulating resource-intensive task
Task completed: Resource-intensive task completed successfully
```

同时，TextView显示：

```
Battery optimized task started with delay.
```

并且应用会显示如下Toast通知：

```
Battery optimized task started.
```

本节展示了如何在Android应用中通过电池监控与任务调度来优化资源消耗。在电池电量较低时，开发者可以通过WorkManager延迟资源密集型任务的执行，从而减少对电池的消耗。结合BatteryManager和WorkManager等工具，开发者可以实现更加智能的电池优化策略，确保应用在不同电池状态下都能够提供良好的性能体验。通过这些优化，应用可以在保证功能的同时，延长设备的电池寿命。

5.5.3　日志采集与崩溃分析

在开发过程中，日志采集与崩溃分析是确保应用质量和稳定性的关键环节。无论是正常运行时的行为记录，还是应用崩溃后的调试分析，日志都是开发者诊断和优化应用性能、识别错误的重要工具。在移动端应用中，收集日志并实时进行崩溃分析，能够帮助开发者在生产环境中及时发现潜在问题，快速修复漏洞，提升用户体验。

日志采集是指在应用的各个关键点插入日志记录，确保系统的各个操作、输入输出、异常等情况都能被有效记录。通过日志，可以追踪到应用的每一步操作、每一个事件的发生，并且帮助开发者理解应用的运行状态。

崩溃分析是指在应用崩溃时，自动收集崩溃信息，并通过日志记录崩溃发生时的堆栈信息（StackTrace），帮助开发者分析并定位错误的根本原因。常见的崩溃分析工具有Crashlytics、Firebase等，它们能提供详细的崩溃报告，并支持实时数据分析。

以下示例展示如何在Android应用中实现日志采集与崩溃分析，并结合Logcat和Firebase Crashlytics来收集和分析崩溃报告。

【例5-12】通过创建的Android应用，展示如何通过日志采集跟踪应用行为，并使用Crashlytics收集崩溃日志。


```java
import android.os.Bundle;
import android.util.Log;
import android.widget.Button;
import android.widget.TextView;
import android.widget.Toast;

import androidx.appcompat.app.AppCompatActivity;

import com.google.firebase.crashlytics.FirebaseCrashlytics;

public class CrashAnalyticsActivity extends AppCompatActivity {

    private static final String TAG = "CrashAnalyticsActivity";
    private TextView resultTextView;
    private Button crashButton;
    private Button logButton;

    @Override
    protected void onCreate(Bundle savedInstanceState) {
        super.onCreate(savedInstanceState);
        setContentView(R.layout.activity_crash_analytics);

        resultTextView = findViewById(R.id.resultTextView);
        crashButton = findViewById(R.id.crashButton);
        logButton = findViewById(R.id.logButton);
```

```
        // 初始化Firebase Crashlytics
        FirebaseCrashlytics.getInstance().setCrashlyticsCollectionEnabled(true);

        // Log Button用于模拟正常日志记录
        logButton.setOnClickListener(v -> simulateNormalLogging());

        // Crash Button用于模拟崩溃
        crashButton.setOnClickListener(v -> simulateCrash());
    }

    private void simulateNormalLogging() {
        // 模拟不同级别的日志记录
        Log.d(TAG, "Normal logging: Info about the current process");
        Log.i(TAG, "Info log: Informational message");
        Log.e(TAG, "Error log: Something went wrong!");

        // 模拟一些逻辑
        try {
            int result = divide(10, 0);  // 会导致ArithmeticException异常
        } catch (Exception e) {
            // 捕获异常并记录
            Log.e(TAG, "Caught exception: " + e.getMessage(), e);
            FirebaseCrashlytics.getInstance().log("Caught exception: " +
e.getMessage());
            FirebaseCrashlytics.getInstance().recordException(e);
        }

        // 更新UI，显示日志生成成功
        runOnUiThread(() -> resultTextView.setText("Logs generated successfully"));
    }

    private void simulateCrash() {
        // 模拟应用崩溃（NullPointerException）
        try {
            String nullString = null;
            nullString.length();  // 会导致NullPointerException异常
        } catch (Exception e) {
            // 把崩溃信息记录到Firebase Crashlytics
            FirebaseCrashlytics.getInstance().log("Crash occurred:
NullPointerException");
            FirebaseCrashlytics.getInstance().recordException(e);
            Log.e(TAG, "Crash occurred: " + e.getMessage(), e);
        }

        // 模拟应用故意崩溃
        throw new RuntimeException("App crashed intentionally!");
    }

    private int divide(int a, int b) {
```

```
        return a / b;  // 当b == 0时会导致ArithmeticException
    }
}
```

代码说明如下：

（1）日志采集：使用Log.d(), Log.i(), Log.e()等方法，分别记录不同级别的日志信息。例如，Log.d()用于记录调试信息，Log.i()用于记录一般的系统信息，Log.e()用于记录错误信息。在代码中，通过Log.e()捕获异常并记录堆栈信息。异常信息会被发送到FirebaseCrashlytics，以便在崩溃后进行分析。

（2）Firebase Crashlytics集成：FirebaseCrashlytics.getInstance().log()方法用于记录崩溃前的日志，确保在崩溃发生后能够追溯到崩溃前的操作。

FirebaseCrashlytics.getInstance().recordException()用于记录捕获的异常，确保即使应用崩溃，崩溃信息也能被上传到Firebase Crashlytics后台进行分析。simulateCrash()方法模拟了一个应用崩溃场景，触发NullPointerException，并将该异常记录到FirebaseCrashlytics中。应用会在此崩溃并提供详细的崩溃日志。

（3）UI更新与用户反馈：在simulateNormalLogging()方法中，正常的日志记录会更新UI，提示用户“Logs generated successfully”。当发生崩溃时，应用会通过Log.e()输出详细的崩溃信息，并利用FirebaseCrashlytics捕获并上传崩溃数据。

当用户单击Log Button时，控制台会显示如下信息：

```
Normal logging: Info about the current process
Info log: Informational message
Error log: Something went wrong!
Caught exception: / by zero
```

并且在崩溃日志服务（Firebase Crashlytics）中，可以看到类似以下的日志记录：

```
Caught exception: / by zero
Exception stack trace:
java.lang.ArithmeticException: / by zero
    at com.example.app.CrashAnalyticsActivity.simulateNormalLogging
(CrashAnalyticsActivity.java:45)
    at com.example.app.CrashAnalyticsActivity$1.onClick
(CrashAnalyticsActivity.java:32)
    ...
```

当用户单击Crash Button时，应用会模拟崩溃，控制台会输出以下信息：

```
Crash occurred: NullPointerException
```

在Firebase Crashlytics中，记录的崩溃信息将包括详细的堆栈跟踪，例如：

```
Crash occurred: NullPointerException
Exception stack trace:
```

```
    java.lang.NullPointerException: Attempt to invoke virtual method 'int
java.lang.String.length()' on a null object reference
        at com.example.app.CrashAnalyticsActivity.simulateCrash
(CrashAnalyticsActivity.java:57)
        at com.example.app.CrashAnalyticsActivity$2.onClick
(CrashAnalyticsActivity.java:39)
        ...
```

本小节展示了如何在Android应用中实现日志采集与崩溃分析。通过使用Log类进行详细的日志记录，并借助Firebase Crashlytics捕获并上传崩溃信息，开发者可以在生产环境中追踪应用的状态、定位问题并进行优化。日志不仅在开发过程中帮助调试，也在生产环境中提供了宝贵的错误数据，帮助开发团队快速响应和修复问题。

5.6 本章小结

本章主要介绍了Android端应用的DeepSeek集成实战，涵盖了应用开发中的关键优化和性能监控技术。通过实现SDK配置与初始化、数据传输与接口调用、多轮对话支持、深度学习任务异步执行等内容，展示了如何将DeepSeek的强大能力集成到Android应用中。

同时，本章还深入探讨了应用性能的监控与优化，包括启动速度、冷启动优化、资源消耗和电池优化等技术手段。在确保应用稳定运行的基础上，通过日志采集与崩溃分析进一步提升了应用的健壮性。通过这些技术的综合应用，开发者可以有效提升Android端应用的性能、稳定性及用户体验，确保应用在各种环境下高效运行。

5.7 思考题

（1）在DeepSeek SDK集成过程中，如何配置SDK并进行初始化？请详细说明如何在Android应用中配置DeepSeek SDK的依赖项，并通过代码展示如何初始化SDK。考虑到可能的依赖冲突，你应该如何确保项目的配置与SDK兼容？

（2）在DeepSeek与Android应用的接口调用中，如何使用OkHttp发送异步请求？请通过具体代码示例，展示如何配置和使用OkHttp发送API请求，并处理响应数据。如何处理网络请求中的异常情况（如连接超时、网络不可用等）？

（3）多轮对话支持是DeepSeek集成中的一项重要功能。请详细解释如何管理和传递对话上下文，并通过代码实现一个简单的多轮对话场景。如何确保用户的每次输入都能够正确地影响后续对话的生成？

（4）异步执行在DeepSeek任务处理中扮演重要角色。请描述如何在Android中使用线程池或WorkManager来处理DeepSeek的异步任务，并通过代码实现一个任务异步执行的示例。请特别注意如何管理线程池，避免资源过度消耗。

（5）在Android应用中进行性能优化时，如何通过启动速度优化来提高用户体验？请描述如何分析启动过程中的瓶颈并实施冷启动优化。请给出具体的优化策略及实现代码。

（6）电池优化是移动端应用开发中的重要考虑因素。请分析如何通过合理调度后台任务、减少不必要的资源消耗来优化电池使用。结合DeepSeek集成，如何避免在低电量时进行高能耗任务的执行？请给出代码示例，展示如何实施电池优化。

（7）日志采集是确保应用稳定性的关键步骤。请描述如何在DeepSeek集成的Android应用中实施详细的日志记录，捕获关键事件并通过日志分析应用的性能。如何将日志数据发送到远程服务进行进一步的分析？

（8）请介绍如何使用Firebase Crashlytics来进行崩溃分析。在DeepSeek集成的Android应用中，当出现崩溃时，如何通过Crashlytics捕获详细的崩溃日志，并如何配置应用以便将崩溃信息上传至Firebase？请通过代码展示如何在应用中集成Crashlytics。

（9）如何在Android应用中管理并发请求并优化网络请求性能？请使用线程池或AsyncTask等机制处理多个网络请求。通过代码示例，展示如何将多个DeepSeek相关的API请求进行并发处理，并确保响应时间和系统资源的有效管理。

（10）在DeepSeek集成中，如何动态调整任务的执行顺序与优先级？请通过示例代码展示如何根据任务的类型或优先级来安排任务执行顺序，并优化系统的响应时间和资源消耗。如何在任务调度中实现灵活的优先级管理？

第 6 章 iOS端应用开发

本章深入探讨了iOS端应用开发的关键技术与实现方法，重点介绍了如何将DeepSeek的强大AI能力集成到iOS应用中。通过详细的步骤和代码示例，本章阐明了如何在iOS平台上配置和使用DeepSeek SDK，如何与后端进行高效的数据交互，以及如何处理多种AI任务。结合iOS平台的开发特点，优化了性能、网络请求和用户体验，使得AI应用能够在iOS设备上高效、稳定地运行。

6.1 iOS 开发环境与架构

本节介绍了iOS开发环境和架构的基础知识，重点阐述了如何为iOS平台搭建高效的开发环境。本节内容将详细讲解Xcode的配置与使用、iOS开发的常用工具，以及如何理解和应用iOS的架构设计模式。通过深入分析iOS的MVC（Model-View-Controller）模式和其他设计模式，本节帮助开发者理解iOS应用的开发流程，熟悉平台特性，并为后续DeepSeek SDK的集成与功能实现奠定坚实的基础。

6.1.1 iOS 操作系统架构与底层机制

iOS操作系统架构基于Unix的内核，构建在Darwin操作系统上，Darwin本身是一个开源的Unix操作系统，包含了XNU（X is Not Unix）内核。XNU内核是iOS的核心，它结合了Mach微内核和BSD子系统，为应用提供了强大的底层服务和资源管理能力。Mach微内核负责低层次的系统管理，调度和资源分配，处理进程间通信、线程调度和内存管理等基本任务；而BSD子系统则为操作系统提供了类Unix环境，支持POSIX兼容的文件系统、网络协议栈、输入输出和系统调用等。

在iOS系统中，应用的执行环境主要依赖于两个重要的组件：Cocoa Touch框架和Objective-C或Swift编程语言。Cocoa Touch框架为应用提供了图形用户界面、触摸事件处理、UI组件和系统交互接口。Cocoa Touch是基于Cocoa框架的扩展，后者本身是为macOS开发的，而Cocoa Touch适应了触摸屏设备的特性。iOS操作系统还通过Quartz 2D图形引擎和Core Animation提供高效的图形处理能力，支持硬件加速的图形渲染。

iOS的内存管理采用自动引用计数（ARC）机制，自动管理内存的分配和释放，避免了内存泄漏和使用未初始化内存的风险。iOS的内存分配是通过虚拟内存机制来实现的，操作系统提供了内存保护和内存隔离，确保不同应用之间的内存不会互相干扰。内存管理的设计上，iOS为应用提供了一个相对封闭的沙箱环境，每个应用都在独立的内存空间中运行，避免了其他应用的影响。

iOS操作系统架构的核心在于XNU内核，这一内核结合了Mach微内核和BSD子系统，为应用提供了资源管理、内存分配和多任务处理等基础功能。在开发过程中，iOS应用需要与这个底层系统交互，利用系统的API来访问硬件、管理内存和执行任务。例如，通过使用NSFileManager，开发者可以操作设备的文件系统，而NSThread和GCD（Grand Central Dispatch）用于任务的多线程管理。

以下是一个通过GCD进行异步任务执行的代码示例：

```
import Foundation

// 异步执行任务
func performBackgroundTask() {
    DispatchQueue.global(qos: .background).async {
        // 模拟一个耗时的任务
        print("开始执行后台任务")
        sleep(2)
        print("后台任务完成")

        // 回到主线程更新UI
        DispatchQueue.main.async {
            print("UI更新")
        }
    }
}

performBackgroundTask()
```

这段代码展示了如何在iOS上利用GCD进行异步任务的调度。DispatchQueue.global(qos: .background).async创建一个后台线程执行任务，而DispatchQueue.main.async用于确保在任务完成后回到主线程更新UI。通过这种方式，iOS操作系统能够高效地管理线程和任务的执行，同时避免阻塞主线程，从而提供流畅的用户体验。

在底层机制中，iOS操作系统通过Mach内核处理进程间通信、内存保护和任务调度，而BSD子系统则提供标准的文件操作和网络协议支持。这样，iOS架构能够在硬件和应用之间高效地提供服务，确保资源的有效利用和系统的稳定性。

在硬件和设备驱动层，iOS的底层机制还涉及与硬件的紧密集成，苹果的硬件和软件协同工作，通过Core Hardware层与设备的处理器、存储、传感器和其他硬件资源进行交互。所有的硬件接口通过不同的框架（如Core Bluetooth、Core Location等）提供给应用进行使用，这些接口的实现细节高度抽象，确保应用的运行不依赖于硬件的具体实现细节。

总体而言，iOS操作系统架构从硬件到上层应用提供了一个多层次、高效且安全的运行环境，底层机制和高层框架紧密配合，为开发者提供了一个高性能且易于开发的应用平台。

6.1.2　Xcode 与 Cocoa Touch 框架

Xcode是苹果公司为开发者提供的官方集成开发环境（IDE），专门用于创建macOS、iOS、watchOS和tvOS应用程序。Xcode支持多种编程语言，如Objective-C和Swift，并为开发者提供了代码编辑、UI设计、调试、性能分析等一体化的工具。Xcode还提供了许多辅助功能，例如自动化构建、单元测试、Git集成等，帮助开发者提高开发效率。

Cocoa Touch是苹果提供的应用程序开发框架，它建立在Cocoa框架的基础上，专为iOS设备设计。Cocoa Touch提供了大量的类和API，帮助开发者创建具有高性能和用户友好的iOS应用程序。它为iOS应用提供了UI元素、动画、触摸事件处理、视图控制器等核心组件。Cocoa Touch的核心概念是MVC（Model-View-Controller）架构，其中Model代表数据，View代表用户界面，Controller则负责业务逻辑。

下面结合Xcode和Cocoa Touch框架，通过一个iOS应用程序的示例，展示如何利用Cocoa Touch的组件来构建一个简单的移动应用。我们将实现一个简单的应用，它包括视图控制器的管理、用户界面的动态更新，以及网络请求的处理。

【例6-1】iOS应用使用Cocoa Touch框架。

```
import UIKit

// 定义一个数据模型
struct Post {
    let title: String
    let body: String
}

// 创建一个自定义的视图控制器
class ViewController: UIViewController {

    // UI元素：UILabel和UIButton
    var titleLabel: UILabel!
    var bodyLabel: UILabel!
    var fetchButton: UIButton!

    override func viewDidLoad() {
        super.viewDidLoad()

        // 设置视图的背景颜色
        view.backgroundColor = .white

        // 设置标题标签
        titleLabel = UILabel()
        titleLabel.frame = CGRect(x: 20, y: 100, width: 300, height: 40)
        titleLabel.font = UIFont.boldSystemFont(ofSize: 24)
        titleLabel.text = "Post Title"
        view.addSubview(titleLabel)
        // 设置内容标签
```

```
        bodyLabel = UILabel()
        bodyLabel.frame = CGRect(x: 20, y: 150, width: 300, height: 100)
        bodyLabel.numberOfLines = 0
        bodyLabel.text = "Post Content will appear here."
        view.addSubview(bodyLabel)

        // 设置获取数据按钮
        fetchButton = UIButton(type: .system)
        fetchButton.frame = CGRect(x: 20, y: 270, width: 200, height: 40)
        fetchButton.setTitle("Fetch Post", for: .normal)
        fetchButton.addTarget(self, action: #selector(fetchPostData),
for: .touchUpInside)
        view.addSubview(fetchButton)
    }

    // 模拟网络请求并更新UI
    @objc func fetchPostData() {
        // 模拟从网络请求数据
        let post = Post(title: "Sample Post", body: "This is a body of a post fetched
from the network.")

        // 更新UI
        titleLabel.text = post.title
        bodyLabel.text = post.body

        // 输出到控制台
        print("Fetched Post: \(post.title)")
        print("Body: \(post.body)")
    }
}

// 设置应用的入口
@UIApplicationMain
class AppDelegate: UIResponder, UIApplicationDelegate {
    var window: UIWindow?

    func application(_ application: UIApplication, didFinishLaunchingWithOptions
launchOptions: [UIApplication.LaunchOptionsKey : Any]? = nil) -> Bool {
        window = UIWindow(frame: UIScreen.main.bounds)
        let viewController = ViewController()
        window?.rootViewController = viewController
        window?.makeKeyAndVisible()
        return true
    }
}
```

代码说明如下：

（1）UIViewController和UI元素：在这个示例中，ViewController继承自UIViewController，它是iOS中负责管理视图和响应用户交互的核心组件。我们使用UILabel来显示文本，使用UIButton来触发操作。当用户单击按钮时，将调用fetchPostData()方法来模拟从网络获取数据。

06

（2）视图布局与自定义UI：使用frame属性手动布局视图。虽然AutoLayout是推荐的布局方法，但在本示例中，为了简化，我们直接使用frame来设置UI元素的位置和大小。

（3）数据模型：Post是一个简单的数据模型，包含了文章的标题和正文。在实际应用中，数据模型通常通过网络请求从服务器获取，模型将帮助管理和传递数据。

（4）网络请求模拟与UI更新：fetchPostData()方法模拟了一个网络请求，并将获取到的数据更新到UI中。网络请求通常使用URLSession类来发送HTTP请求，这里简化为直接创建Post对象来模拟请求过程。

（5）UI更新与控制台输出：在数据获取后，应用更新了titleLabel和bodyLabel的文本内容，并在控制台输出获取到的数据。这样，开发者可以通过控制台查看数据的变化。

（6）UIApplicationDelegate：AppDelegate是iOS应用的入口，负责设置初始的视图控制器。在didFinishLaunchingWithOptions方法中，我们设置了ViewController作为根视图控制器，并使窗口可见。

当应用启动时，屏幕上将显示一个按钮“Fetch Post”和两个标签，其中一个显示标题，另一个显示正文。当用户单击按钮时，控制台将输出以下内容：

```
Fetched Post: Sample Post
Body: This is a body of a post fetched from the network.
```

同时，UI中的标题和正文标签将更新为：

```
Post Title: Sample Post
Post Content will appear here. -> This is a body of a post fetched from the network.
```

本节展示了如何使用Xcode和Cocoa Touch框架构建iOS应用，创建视图控制器和管理UI元素，并通过简单的网络请求模拟来获取数据并更新UI。通过这种方式，开发者可以了解如何在iOS应用中利用Cocoa Touch进行UI开发、数据管理和网络交互。

6.1.3　模拟器与物理设备调试

在iOS开发中，调试是一个至关重要的过程，能够帮助开发者识别和修复应用中的错误。iOS开发者通常使用两种环境来进行调试：模拟器和物理设备。每种调试环境都有其独特的优势和适用场景。模拟器在开发初期和大部分功能测试中非常有用，能够快速模拟不同的设备和系统配置；而物理设备则更适用于测试硬件相关功能、性能评估以及用户体验测试。

模拟器是由Xcode提供的虚拟环境，允许开发者在不依赖实际设备的情况下测试应用。模拟器支持多种iPhone、iPad的不同设备配置和iOS版本，可以模拟各种硬件特性，如触摸事件、加速度计、位置变化等。然而，模拟器无法完全模拟设备的性能，因此对于一些高性能需求的测试（如图形渲染、计算密集型任务）以及硬件功能的测试（如摄像头、传感器等），开发者需要使用物理设备进行调试。

在调试过程中，开发者可以通过Xcode的控制台来打印日志信息，设置断点，查看堆栈信息，实时跟踪代码的执行。Xcode提供了丰富的调试工具，允许开发者在调试过程中更细致地控制应用的执行流和数据，帮助定位和修复应用中的问题。

【例6-2】通过Xcode调试的代码示例，展示如何在模拟器和物理设备上进行调试，捕获错误并进行日志打印。

```
import UIKit
import CoreLocation
class ViewController: UIViewController, CLLocationManagerDelegate {
    var locationManager: CLLocationManager!
    var fetchButton: UIButton!
    var locationLabel: UILabel!
    override func viewDidLoad() {
        super.viewDidLoad()
        // 设置UI元素
        setupUI()
        // 初始化位置管理器
        locationManager = CLLocationManager()
        locationManager.delegate = self
        locationManager.desiredAccuracy = kCLLocationAccuracyNearestTenMeters
        // 请求权限
        locationManager.requestWhenInUseAuthorization()
        // 打印调试信息
        print("View did load. Initializing location manager...")
        // 开始获取位置
        locationManager.startUpdatingLocation()
    }
    func setupUI() {
        // 创建并配置UI元素
        locationLabel = UILabel()
        locationLabel.frame = CGRect(x: 20, y: 100, width: 300, height: 40)
        locationLabel.text = "Location: Not Available"
        locationLabel.textAlignment = .center
        view.addSubview(locationLabel)

        fetchButton = UIButton(type: .system)
        fetchButton.frame = CGRect(x: 20, y: 150, width: 300, height: 40)
        fetchButton.setTitle("Fetch Location", for: .normal)
        fetchButton.addTarget(self, action: #selector(fetchLocation),
for: .touchUpInside)
        view.addSubview(fetchButton)
    }
```

06

```
    @objc func fetchLocation() {
        // 模拟获取位置
        print("Fetching location...")
        if CLLocationManager.locationServicesEnabled() {
            locationManager.startUpdatingLocation()
        } else {
            print("Location services are not enabled.")
            locationLabel.text = "Location services disabled"
        }
    }

    // CLLocationManagerDelegate方法
    func locationManager(_ manager: CLLocationManager, didUpdateLocations locations:
[CLLocation]) {
        if let location = locations.first {
            print("Location updated: \(location.coordinate.latitude),
\(location.coordinate.longitude)")
            locationLabel.text = "Location: \(location.coordinate.latitude),
\(location.coordinate.longitude)"
        }
    }

    func locationManager(_ manager: CLLocationManager, didFailWithError error: Error) {
        print("Failed to get location: \(error.localizedDescription)")
        locationLabel.text = "Failed to get location"
    }
}
```

代码说明如下：

（1）UI元素：本示例使用了一个UILabel和一个UIButton，当用户单击按钮时，会触发fetchLocation方法。UILabel用于显示当前的位置信息，按钮单击后将模拟获取当前位置。

（2）CoreLocation框架：使用CLLocationManager来管理位置更新。首先，初始化位置管理器，并设置其代理为当前视图控制器。接着请求位置权限，如果权限被授予，调用startUpdatingLocation开始获取设备的当前位置。

（3）调试信息：print语句用于在控制台输出调试信息。例如，在viewDidLoad中，我们打印初始化locationManager的日志。在fetchLocation方法中，打印获取位置的请求信息，以及在didUpdateLocations和didFailWithError方法中输出位置信息和错误信息。这些日志帮助开发者在调试过程中追踪应用的运行状态，确保位置更新的正常进行。

（4）模拟器与物理设备调试：在模拟器中，可以模拟位置更新，设置不同的模拟位置来测试应用的反应。在物理设备上，位置服务会根据设备的实际位置进行更新。通过这些不同环境的调试，开发者能够确保应用在不同设备和配置下的表现一致性。

（5）错误处理：在didFailWithError中，我们捕获并打印位置获取失败的错误信息。这在设备未能正确获取位置信息时尤其重要，有助于调试过程中快速定位问题。

在模拟器中运行时，用户单击Fetch Location按钮后，控制台输出以下内容：

```
View did load. Initializing location manager...
Fetching location...
Location updated: 37.7749, -122.4194
```

并且UILabel的文本会更新为：

```
Location: 37.7749, -122.4194
```

在物理设备上，如果权限未开启，控制台可能输出：

```
Location services are not enabled.
```

并且UILabel的文本显示为：

```
Location services disabled
```

本小节展示了如何在iOS应用中使用模拟器和物理设备调试。通过结合CoreLocation框架和调试信息输出，开发者能够方便地测试位置获取功能，并在不同环境下验证其行为。在模拟器和物理设备上，调试过程通过日志输出和控制台信息提供了很大的帮助，使得开发者能够快速发现并解决潜在问题。

6.2 网络通信与 API 集成

本节聚焦于iOS应用中的网络通信与API集成，详细讲解了如何通过网络请求与后端服务器进行高效数据交互。本节介绍了常用的iOS网络库，如URLSession，并结合具体的代码示例，展示了如何实现API的调用、响应处理及错误管理。通过精确控制网络请求的生命周期和优化请求参数，本节为开发者提供了高效、安全的数据传输方案。此外，还探讨了如何与DeepSeek API进行集成，确保AI模型与iOS应用的无缝连接。

6.2.1 NSURLSession 与网络请求

NSURLSession是iOS和macOS中处理网络请求的核心类之一，提供了基于HTTP、HTTPS、FTP等协议的网络请求功能。它被广泛应用于数据下载、上传以及与远程API交互。相比于旧版的NSURLConnection，NSURLSession在后台任务和并发操作方面提供了更强大的功能，支持同步和异步方式执行网络请求。

NSURLSession的使用非常灵活，支持三种主要任务类型：数据任务、下载任务和上传任务。NSURLSession的核心概念是会话，每个NSURLSession对象管理着一个独立的网络会话，负责发送请求、接收响应、处理数据传输等操作。通过NSURLSessionConfiguration类，可以配置不同的会话行为，如指定请求头、缓存策略和连接超时等。

本节将结合一个真实的应用场景，展示如何使用NSURLSession执行一个简单的网络请求，获取远程数据，并解析JSON响应。我们将使用NSURLSession的dataTask方法发起异步请求，获取API的数据，并在响应返回时进行处理。

【例6-3】展示如何在iOS应用中使用NSURLSession进行网络请求、处理响应并解析JSON数据。我们将向一个假设的API发送GET请求，获取数据并展示在应用的界面中。

```
import UIKit

// 定义数据模型，用于解析JSON响应
struct Post: Codable {
    let userId: Int
    let id: Int
    let title: String
    let body: String
}

class ViewController: UIViewController {

    var dataLabel: UILabel!
    var fetchButton: UIButton!

    override func viewDidLoad() {
        super.viewDidLoad()

        // 设置UI元素
        setupUI()
    }

    func setupUI() {
        // 设置label以显示从网络获取的数据
        dataLabel = UILabel()
        dataLabel.frame = CGRect(x: 20, y: 100, width: 300, height: 100)
        dataLabel.text = "Data will be shown here."
        dataLabel.numberOfLines = 0
        dataLabel.textAlignment = .center
        view.addSubview(dataLabel)

        // 设置按钮以触发网络请求
        fetchButton = UIButton(type: .system)
        fetchButton.frame = CGRect(x: 20, y: 250, width: 300, height: 40)
        fetchButton.setTitle("Fetch Data", for: .normal)
        fetchButton.addTarget(self, action: #selector(fetchData),
for: .touchUpInside)
        view.addSubview(fetchButton)
    }

    @objc func fetchData() {
        let urlString = "https://jsonplaceholder.typicode.com/posts/1"

        guard let url = URL(string: urlString) else {
            print("Invalid URL")
            return
        }
```

```
        let session = URLSession.shared
        let task = session.dataTask(with: url) { data, response, error in
            // 处理错误
            if let error = error {
                print("Network error: \(error.localizedDescription)")
                return
            }

            // 确保响应成功
            guard let httpResponse = response as? HTTPURLResponse,
httpResponse.statusCode == 200 else {
                print("Failed to receive valid response")
                return
            }

            // 解析JSON数据
            if let data = data {
                do {
                    let post = try JSONDecoder().decode(Post.self, from: data)
                    DispatchQueue.main.async {
                        // 更新UI
                        self.dataLabel.text = "Title: \(post.title)\nBody: \(post.body)"
                    }
                } catch {
                    print("Failed to decode JSON: \(error)")
                }
            }
        }

        // 启动网络请求任务
        task.resume()
    }
}

// AppDelegate和其他必要的配置
@UIApplicationMain
class AppDelegate: UIResponder, UIApplicationDelegate {

    var window: UIWindow?

    func application(_ application: UIApplication, didFinishLaunchingWithOptions
launchOptions: [UIApplication.LaunchOptionsKey : Any]? = nil) -> Bool {
        window = UIWindow(frame: UIScreen.main.bounds)
        let viewController = ViewController()
        window?.rootViewController = viewController
        window?.makeKeyAndVisible()
        return true
    }
}
```

代码说明如下：

（1）数据模型：Post是一个结构体，符合Codable协议，用于解析JSON响应中的数据。这个模型包含了四个字段：userId、id、title和body，这些字段与从API返回的数据结构相对应。

（2）UI设计：UILabel用于显示从网络获取的内容，UIButton用于触发网络请求。在UI上，按钮单击后会调用fetchData方法来发起网络请求。

（3）NSURLSession和网络请求：URLSession.shared.dataTask(with: url)方法发起一个GET请求，从指定的URL获取数据。在这里，我们使用了jsonplaceholder.typicode.com提供的一个免费的模拟API，来获取一个简单的JSON响应。网络请求是异步进行的，dataTask完成后，回调的闭包会处理响应数据。如果请求成功并返回200状态码，我们会尝试解析JSON并将结果显示在UI上。

（4）JSON解析：使用JSONDecoder().decode()将从网络请求获得的数据解码为Post模型的实例。如果解码成功，我们将更新UI，显示帖子标题和内容。如果失败，会打印错误信息。

（5）UI更新：网络请求和JSON解析是异步执行的，因此我们通过DispatchQueue.main.async确保在主线程中更新UI。这是必须的，因为所有UI更新都应在主线程进行。

在模拟器或真实设备上运行时，单击Fetch Data按钮后，应用会发送一个请求到jsonplaceholder.typicode.com，获取ID为1的帖子数据。控制台输出以下信息：

```
Network error: The operation couldn't be completed. (NSURLErrorDomain error -1009.)
```

如果网络连接正常且API返回有效响应，控制台输出以下内容：

```
Title: sunt aut facere repellat provident occaecati excepturi optio reprehenderit
Body: quia et suscipit\nsuscipit...et id est laborum
```

UILabel将更新为：

```
Title: sunt aut facere repellat provident occaecati excepturi optio reprehenderit
Body: quia et suscipit\nsuscipit...et id est laborum
```

本节演示了如何使用NSURLSession进行网络请求，并使用JSONDecoder解析API返回的JSON数据。在实际的iOS开发中，NSURLSession提供了高效、灵活的方式来处理网络请求。结合UI更新机制，开发者可以实现流畅的用户体验和强大的数据交互功能。通过这种方式，开发者能够轻松地集成远程API，并通过网络获取和展示数据。

6.2.2　JSON 解析与 Swift 的 Codable

在现代iOS开发中，网络请求往往会返回JSON格式的数据。为了高效地处理这些数据并将其转化为Swift对象，Swift提供了Codable协议，它结合了Encodable和Decodable协议，能够简化JSON的编码与解码操作。Codable协议允许将对象转换为JSON格式，也可以将JSON格式的数据转换回对象，这对于与RESTful API的交互尤其重要。

Swift的Codable协议是处理JSON数据的主要工具，它利用JSONDecoder和JSONEncoder来进行数据的序列化和反序列化。JSONDecoder将JSON数据解析为对应的Swift对象，而JSONEncoder则将Swift对象转化为JSON格式。

在实际开发中，开发者通常会将API返回的数据映射到自定义的Swift结构体或类中。每个字段会对应JSON中的键，这些结构体或类需要遵循Codable协议，以便能通过JSONDecoder或JSONEncoder进行转换。

【例6-4】 展示如何在iOS应用中使用Codable来解析JSON数据。示例中，我们将从一个模拟API获取JSON数据，并解析为Swift对象。使用Post结构体来映射API返回的数据。

```
import UIKit

// 定义数据模型Post，符合Codable协议
struct Post: Codable {
    let userId: Int
    let id: Int
    let title: String
    let body: String
}

class ViewController: UIViewController {

    var dataLabel: UILabel!
    var fetchButton: UIButton!

    override func viewDidLoad() {
        super.viewDidLoad()

        // 设置UI元素
        setupUI()
    }

    func setupUI() {
        // 设置显示数据的UILabel
        dataLabel = UILabel()
        dataLabel.frame = CGRect(x: 20, y: 100, width: 300, height: 100)
        dataLabel.text = "Data will be shown here."
        dataLabel.numberOfLines = 0
        dataLabel.textAlignment = .center
        view.addSubview(dataLabel)

        // 设置按钮来触发网络请求
        fetchButton = UIButton(type: .system)
        fetchButton.frame = CGRect(x: 20, y: 250, width: 300, height: 40)
        fetchButton.setTitle("Fetch Data", for: .normal)
        fetchButton.addTarget(self, action: #selector(fetchData),
for: .touchUpInside)
```

```
        view.addSubview(fetchButton)
    }

    @objc func fetchData() {
        let urlString = "https://jsonplaceholder.typicode.com/posts/1"

        guard let url = URL(string: urlString) else {
            print("Invalid URL")
            return
        }

        let session = URLSession.shared
        let task = session.dataTask(with: url) { data, response, error in
            // 处理错误
            if let error = error {
                print("Network error: \(error.localizedDescription)")
                return
            }

            // 确保响应成功
            guard let httpResponse = response as? HTTPURLResponse,
httpResponse.statusCode == 200 else {
                print("Failed to receive valid response")
                return
            }

            // 解析JSON数据
            if let data = data {
                do {
                    let post = try JSONDecoder().decode(Post.self, from: data)
                    DispatchQueue.main.async {
                        // 更新UI
                        self.dataLabel.text = "Title: \(post.title)\nBody: \(post.body)"
                    }
                } catch {
                    print("Failed to decode JSON: \(error)")
                }
            }
        }

        // 启动网络请求任务
        task.resume()
    }
}

// AppDelegate和其他必要的配置
@UIApplicationMain
class AppDelegate: UIResponder, UIApplicationDelegate {

    var window: UIWindow?
```

```
        func application(_ application: UIApplication, didFinishLaunchingWithOptions
launchOptions: [UIApplication.LaunchOptionsKey : Any]? = nil) -> Bool {
            window = UIWindow(frame: UIScreen.main.bounds)
            let viewController = ViewController()
            window?.rootViewController = viewController
            window?.makeKeyAndVisible()
            return true
        }
    }
```

代码说明如下：

（1）数据模型Post：Post是一个符合Codable协议的结构体，用于表示从API获取的数据。Codable协议使得该结构体可以方便地进行JSON的编码和解码。Post模型包括了userId、id、title和body字段，这些字段对应API返回的JSON中的键。

（2）UI设计：创建了一个UILabel来显示从API返回的数据，UIButton则触发网络请求。用户单击按钮时，会调用fetchData()方法从API获取数据。

（3）网络请求与JSON解析：NSURLSession用于发送GET请求获取API数据。dataTask方法异步执行请求，当响应到达时，回调闭包会处理响应。使用JSONDecoder来解析返回的JSON数据，将其转换为Post对象。decode(_:from:)方法将JSON数据映射到Post结构体中，并返回解析后的对象。如果解析成功，更新UI显示数据。

（4）主线程UI更新：由于网络请求是异步执行的，UI更新必须在主线程中完成。通过DispatchQueue.main.async确保UI更新操作在主线程执行。

（5）错误处理：网络请求和JSON解析过程中，可能会出现错误。在代码中，我们通过do-catch语句捕获解析错误，并在控制台输出错误信息。

在模拟器或物理设备上运行时，单击Fetch Data按钮后，应用会发送GET请求到jsonplaceholder.typicode.com，获取ID为1的帖子数据。控制台输出如下信息：

```
Network error: The operation couldn't be completed. (NSURLErrorDomain error -1009.)
```

如果网络连接正常且API返回有效响应，控制台输出如下信息：

```
Title: sunt aut facere repellat provident occaecati excepturi optio reprehenderit
Body: quia et suscipit\nsuscipit...et id est laborum
```

UILabel会更新为：

```
Title: sunt aut facere repellat provident occaecati excepturi optio reprehenderit
Body: quia et suscipit
suscipit...et id est laborum
```

本节展示了如何在iOS应用中使用Swift的Codable协议来解析API返回的JSON数据。通过结合NSURLSession进行网络请求，并使用JSONDecoder将JSON数据映射到自定义数据模型，开发者可

06

以轻松地处理和展示从网络获取的数据。Codable使得JSON解析变得简单、高效，同时保证了数据类型的安全性。通过这些技术，开发者能够更好地与RESTful API进行交互，并处理复杂的数据交互任务。

6.2.3 网络安全与HTTPS请求

随着移动应用的广泛使用，网络安全变得越来越重要。特别是对于涉及用户数据交换的应用，使用安全的通信协议（如HTTPS）至关重要。HTTPS是基于SSL/TLS（安全套接层/传输层安全性）协议的HTTP协议，它为在互联网上传输的数据提供了加密和身份验证功能，确保数据的机密性、完整性和身份验证。

iOS中，所有网络请求默认通过HTTPS进行加密处理，确保在数据传输过程中的安全性。NSURLSession是iOS中进行网络请求的主要工具，可以与HTTPS一起使用来确保网络通信的安全性。通过设置适当的SSL/TLS验证，iOS设备可以防止中间人攻击和数据泄露。

在进行HTTPS请求时，iOS通过URLSession和URLRequest进行网络连接。请求会自动进行SSL/TLS握手，通过服务器的数字证书来验证通信双方的身份，从而确保与服务器的安全连接。此外，开发者可以通过自定义SSL证书验证和配置请求头等方式，进一步增强通信的安全性。

下面是一个使用NSURLSession进行HTTPS请求的完整示例。示例中，我们将向一个支持HTTPS的API发送请求，获取JSON数据，并处理SSL/TLS验证。

【例6-5】展示如何在iOS应用中进行HTTPS请求，配置SSL/TLS证书验证，处理可能的网络安全问题，确保请求过程的安全性。

```
import UIKit

// 定义数据模型Post，符合Codable协议
struct Post: Codable {
    let userId: Int
    let id: Int
    let title: String
    let body: String
}

class ViewController: UIViewController {

    var dataLabel: UILabel!
    var fetchButton: UIButton!

    override func viewDidLoad() {
        super.viewDidLoad()

        // 设置UI元素
        setupUI()
    }

    func setupUI() {
```

```
        // 设置显示数据的UILabel
        dataLabel = UILabel()
        dataLabel.frame = CGRect(x: 20, y: 100, width: 300, height: 100)
        dataLabel.text = "Data will be shown here."
        dataLabel.numberOfLines = 0
        dataLabel.textAlignment = .center
        view.addSubview(dataLabel)

        // 设置按钮来触发网络请求
        fetchButton = UIButton(type: .system)
        fetchButton.frame = CGRect(x: 20, y: 250, width: 300, height: 40)
        fetchButton.setTitle("Fetch Data", for: .normal)
        fetchButton.addTarget(self, action: #selector(fetchData),
for: .touchUpInside)
        view.addSubview(fetchButton)
    }

    @objc func fetchData() {
        let urlString = "https://jsonplaceholder.typicode.com/posts/1"

        guard let url = URL(string: urlString) else {
            print("Invalid URL")
            return
        }

        // 自定义NSURLSession配置来处理SSL证书
        let sessionConfig = URLSessionConfiguration.default
        sessionConfig.timeoutIntervalForRequest = 30
        sessionConfig.timeoutIntervalForResource = 60

        let session = URLSession(configuration: sessionConfig, delegate: self,
delegateQueue: nil)
        let task = session.dataTask(with: url) { data, response, error in
            // 处理错误
            if let error = error {
                print("Network error: \(error.localizedDescription)")
                return
            }

            // 确保响应成功
            guard let httpResponse = response as? HTTPURLResponse,
httpResponse.statusCode == 200 else {
                print("Failed to receive valid response")
                return
            }

            // 解析JSON数据
            if let data = data {
                do {
                    let post = try JSONDecoder().decode(Post.self, from: data)
                    DispatchQueue.main.async {
                        // 更新UI
```

06

```
                    self.dataLabel.text = "Title: \(post.title)\nBody: \(post.body)"
                }
            } catch {
                print("Failed to decode JSON: \(error)")
            }
        }
    }

    // 启动网络请求任务
    task.resume()
  }
}

// NSURLSessionDelegate协议实现SSL/TLS验证
extension ViewController: URLSessionDelegate {
    // 此方法用于验证服务器证书
    func urlSession(_ session: URLSession,
                didReceive challenge: URLAuthenticationChallenge,
                completionHandler: @escaping (URLSession.AuthChallengeDisposition,
URLCredential?) -> Void) {
        // 忽略自签名证书验证，仅作为示例
        if challenge.protectionSpace.authenticationMethod ==
NSURLAuthenticationMethodServerTrust {
            if let trust = challenge.protectionSpace.serverTrust {
                let credential = URLCredential(trust: trust)
                completionHandler(.useCredential, credential)
            } else {
                completionHandler(.cancelAuthenticationChallenge, nil)
            }
        }
    }
}

// AppDelegate和其他必要的配置
@UIApplicationMain
class AppDelegate: UIResponder, UIApplicationDelegate {

    var window: UIWindow?

    func application(_ application: UIApplication, didFinishLaunchingWithOptions
launchOptions: [UIApplication.LaunchOptionsKey : Any]? = nil) -> Bool {
        window = UIWindow(frame: UIScreen.main.bounds)
        let viewController = ViewController()
        window?.rootViewController = viewController
        window?.makeKeyAndVisible()
        return true
    }
}
```

代码说明如下：

（1）HTTPS请求：使用NSURLSession来执行HTTPS请求。我们创建了一个自定义的URLSessionConfiguration，并设置了请求超时参数。请求通过dataTask发起并处理响应。

（2）SSL/TLS证书验证：在实际应用中，HTTPS请求会涉及SSL/TLS证书验证。在这个示例中，使用了URLSessionDelegate协议中的urlSession(_:didReceive:completionHandler:)方法来处理SSL证书验证。为了简化代码示例，我们允许任何有效的服务器证书（忽略了自签名证书的验证）。NSURLAuthenticationMethodServerTrust表示服务器证书的验证机制，URLCredential对象用于提供一个有效的证书凭证，completionHandler(.useCredential, credential)允许继续使用该证书建立连接。

（3）网络请求和JSON解析：通过URLSession发起GET请求，成功接收到响应后，使用JSONDecoder解析返回的JSON数据。解析后的数据将更新到UI的UILabel中。

（4）UI更新与异步操作：URLSession的请求是异步进行的，因此UI的更新（例如更新UILabel的文本）必须通过DispatchQueue.main.async在主线程中执行，以避免UI更新引起的问题。

在应用程序中，单击Fetch Data按钮后，应用将发送HTTPS请求获取数据。以下是控制台的输出结果（假设网络正常并且API返回有效响应）：

```
Network error: The operation couldn’t be completed. (NSURLErrorDomain error -1009.)
```

如果网络连接正常且API返回有效响应：

```
Title: sunt aut facere repellat provident occaecati excepturi optio reprehenderit
Body: quia et suscipit\nsuscipit...et id est laborum
```

并且UILabel的文本将更新为：

```
Title: sunt aut facere repellat provident occaecati excepturi optio reprehenderit
Body: quia et suscipit
suscipit...et id est laborum
```

本节展示了如何在iOS应用中使用NSURLSession执行HTTPS请求，并处理SSL/TLS证书验证。通过NSURLSessionDelegate协议，可以自定义处理SSL证书验证，确保与服务器的安全连接。结合JSON解析，开发者能够高效、可靠地与远程API进行交互，保障数据的安全性与完整性。

6.3　DeepSeek API 与 iOS 端后端交互

本节详细讲解如何通过网络请求与DeepSeek后端进行数据交换，涵盖API的调用方式、请求参数的构建以及响应结果的解析。通过具体的代码示例，本节展示了如何将DeepSeek的强大功能集成到iOS应用中，实现与后端的无缝对接，并确保数据交互的高效性和安全性。

6.3.1 API集成与网络认证

在iOS应用中集成DeepSeek API进行后端交互，首先需要考虑如何安全、稳定地发送请求并处理响应。网络认证是这一过程中至关重要的一步，确保请求的数据安全并防止未经授权的访问。通常，API集成与认证采用基于令牌（Token）的认证机制，特别是OAuth 2.0协议，它为RESTful API请求提供了一种安全的访问控制方法。

API集成的核心流程包括初始化请求、设置正确的认证头信息、发送HTTP请求以及处理API响应。在发送请求时，开发者通常使用URLSession，这是iOS中用于网络请求的基础组件。URLSession通过配置URLRequest对象来设置请求的URL、HTTP方法、头部信息、请求体等。对于DeepSeek API，头部信息中通常需要包括Authorization字段，这个字段包含Bearer令牌，作为身份验证的凭证。令牌的生成通常由后端API负责，用户登录后，后端生成令牌并发送给前端，前端再将令牌附加到每个API请求的头部。

在网络认证过程中，除了Bearer令牌外，有时还会涉及对请求的签名。请求签名用于验证请求数据的完整性，确保数据在传输过程中未被篡改。这通常通过哈希算法结合密钥生成唯一签名，并附加到请求头中。

对于iOS端，确保每次网络请求都附带认证信息是非常重要的。在发送请求时，需要捕捉网络错误和认证错误，如令牌过期等异常，及时刷新令牌或重新登录用户。iOS应用可以使用URLSessionDelegate来处理身份验证过程中的挑战，确保在令牌失效时能够自动处理刷新或重新认证。

在iOS中集成DeepSeek API并进行网络认证，通常使用URLSession发送HTTP请求，并在请求头中添加认证信息，如Bearer令牌。这个过程涉及将API令牌（通过认证流程获得）附加到每个请求的头部，确保请求是由授权用户发起的。以下是一个简单的代码示例，展示如何实现API集成与网络认证：

```
import Foundation

func fetchDataFromAPI() {
    let urlString = "https://api.deepseek.com/data"
    guard let url = URL(string: urlString) else { return }

    var request = URLRequest(url: url)
    request.httpMethod = "GET"

    // 添加认证令牌到请求头部
    let token = "your_access_token_here"
    request.setValue("Bearer \(token)", forHTTPHeaderField: "Authorization")

    // 创建URLSession
    let session = URLSession.shared
    let task = session.dataTask(with: request) { data, response, error in
        if let error = error {
```

```
            print("Request failed with error: \(error)")
            return
        }

        if let httpResponse = response as? HTTPURLResponse, httpResponse.statusCode ==
200 {
            if let data = data {
                // 解析返回的JSON数据
                do {
                    let json = try JSONSerialization.jsonObject(with: data, options: [])
                    print("Response data: \(json)")
                } catch {
                    print("Failed to parse JSON: \(error)")
                }
            }
        } else {
            print("Request failed with status code: \((response as!
HTTPURLResponse).statusCode)")
        }
    }

    // 发起请求
    task.resume()
}
```

这段代码演示了如何使用URLSession发送带有Bearer令牌的GET请求。通过设置Authorization头部字段，携带认证信息以验证用户身份。当接收到API响应时，检查HTTP状态码，如果是200表示成功，则进一步解析返回的数据。如果状态码是401，表示认证失败，应用应该要求重新认证或更新令牌。通过这种方式，可以确保API请求的安全性，并处理认证过程中的潜在问题。

当接收到API响应时，开发者需要根据HTTP状态码进行适当的处理，处理成功和失败的情况。对于成功的响应，通常会解析返回的数据并更新UI。对于失败的响应，特别是认证失败（如401 Unauthorized），则需要进行错误处理，并采取适当的措施，例如引导用户重新登录或刷新令牌。

通过这种认证机制，DeepSeek API可以安全地与iOS应用进行数据交互，同时确保数据的保护和完整性。

6.3.2　会话管理与多轮对话实现

在许多现代应用中，特别是基于人工智能的应用，会话管理和多轮对话是至关重要的功能。会话管理指的是应用在与用户交互过程中跟踪用户状态的能力，而多轮对话则是指在多次交互中，系统能够维持上下文并根据历史对话来生成合理的回答。这种能力使得用户与应用的交互更加自然和流畅。

在iOS应用中，管理会话和实现多轮对话的关键是维持一个会话上下文，保存用户的输入、系统的响应以及其他相关信息。通常，这些信息可以通过数据模型（如结构体或类）来进行存储，同时可以利用数据库、内存缓存或本地文件进行持久化。

为了实现多轮对话，通常需要依赖一些存储机制来保存历史上下文，例如将每次对话的内容以某种方式传递给后端服务或本地逻辑进行处理。后端服务可能会根据前面的对话进行上下文生成，然后返回相应的答案。在客户端，应用需要维护会话状态，并将其传递给后端。

以下是一个iOS应用的示例，其中实现了基本的会话管理和多轮对话功能。每当用户输入问题时，应用将根据之前的对话历史返回回答，并保持对话的上下文。

【例6-6】实现一个简单的多轮对话应用。该应用会通过保存用户的输入和系统的响应来维持会话。每次用户输入新的问题时，系统将根据会话上下文生成新的响应。

```
import UIKit

// 定义数据模型：对话历史
struct Conversation {
    var userMessage: String
    var systemResponse: String
}

class ViewController: UIViewController {

    var conversationHistory: [Conversation] = []  // 存储会话历史
    var conversationLabel: UILabel!
    var messageTextField: UITextField!
    var sendButton: UIButton!

    override func viewDidLoad() {
        super.viewDidLoad()

        // 设置UI元素
        setupUI()
    }

    func setupUI() {
        // 创建UILabel以显示对话历史
        conversationLabel = UILabel()
        conversationLabel.frame = CGRect(x: 20, y: 100, width: 300, height: 300)
        conversationLabel.numberOfLines = 0
        conversationLabel.text = "Conversation starts here."
        conversationLabel.textAlignment = .left
        view.addSubview(conversationLabel)

        // 创建UITextField用于输入消息
        messageTextField = UITextField()
        messageTextField.frame = CGRect(x: 20, y: 420, width: 240, height: 40)
        messageTextField.placeholder = "Type your message"
        messageTextField.borderStyle = .roundedRect
        view.addSubview(messageTextField)

        // 创建UIButton以发送消息
```

```
        sendButton = UIButton(type: .system)
        sendButton.frame = CGRect(x: 270, y: 420, width: 80, height: 40)
        sendButton.setTitle("Send", for: .normal)
        sendButton.addTarget(self, action: #selector(sendMessage),
for: .touchUpInside)
        view.addSubview(sendButton)
    }

    @objc func sendMessage() {
        guard let userMessage = messageTextField.text, !userMessage.isEmpty else {
            print("Please enter a message.")
            return
        }

        // 生成系统响应（模拟）
        let systemResponse = generateResponse(for: userMessage)

        // 保存对话历史
        let conversation = Conversation(userMessage: userMessage, systemResponse:
systemResponse)
        conversationHistory.append(conversation)

        // 更新对话界面
        updateConversationDisplay()

        // 清空输入框
        messageTextField.text = ""
    }

    // 模拟生成系统响应
    func generateResponse(for message: String) -> String {
        // 简单的多轮对话逻辑
        if message.lowercased().contains("hello") {
            return "Hello! How can I assist you today?"
        } else if message.lowercased().contains("how are you") {
            return "I'm doing great! How about you?"
        } else {
            return "I don't quite understand that. Can you ask something else?"
        }
    }

    // 更新UI，显示对话历史
    func updateConversationDisplay() {
        var displayText = "Conversation starts here.\n"
        // 遍历对话历史并生成显示文本
        for conversation in conversationHistory {
            displayText += "User: \(conversation.userMessage)\n"
            displayText += "System: \(conversation.systemResponse)\n\n"
        }
```

```
            // 更新UILabel的文本
            conversationLabel.text = displayText
        }
    }

    // AppDelegate和其他必要的配置
    @UIApplicationMain
    class AppDelegate: UIResponder, UIApplicationDelegate {

        var window: UIWindow?

        func application(_ application: UIApplication, didFinishLaunchingWithOptions
launchOptions: [UIApplication.LaunchOptionsKey : Any]? = nil) -> Bool {
            window = UIWindow(frame: UIScreen.main.bounds)
            let viewController = ViewController()
            window?.rootViewController = viewController
            window?.makeKeyAndVisible()
            return true
        }
    }
```

代码说明如下：

（1）数据模型Conversation：Conversation结构体保存每轮对话的用户输入和系统响应。每次用户发送消息时，都会创建一个Conversation实例，并将其存储在conversationHistory数组中。

（2）UI元素：使用一个UILabel来显示完整的对话历史，每次用户发送消息并收到响应时，UILabel的文本都会更新。UITextField用于输入用户消息，UIButton则用来触发消息发送。

（3）发送消息：当用户单击Send按钮时，调用sendMessage()方法。此方法首先获取用户输入的消息，然后调用generateResponse(for:)方法生成系统的响应。生成的响应与用户输入一起被保存在conversationHistory数组中，并更新UILabel显示最新的对话内容。

（4）生成响应：generateResponse(for:)方法模拟了一个简单的多轮对话逻辑。通过判断用户输入是否包含特定的关键词（如"hello"或"how are you"），系统生成相应的答复。对于不理解的输入，系统返回默认的回答。

（5）更新UI：updateConversationDisplay()方法遍历conversationHistory数组，将所有对话历史拼接成字符串，并将其显示在UILabel中。这样，用户可以看到完整的对话流程。

在模拟器或真实设备中运行时，用户通过文本框输入信息并单击Send按钮，应用会生成并显示响应。假设用户先输入“Hello”，然后输入“How are you”：用户输入：Hello，单击Send控制台输出：

```
User: Hello
System: Hello! How can I assist you today?
```

UILabel会显示：

```
Conversation starts here.
User: Hello
System: Hello! How can I assist you today?
```

用户输入："How are you"，单击Send控制台输出：

```
User: How are you
System: I'm doing great! How about you?
```

UILabel会显示：

```
Conversation starts here.
User: Hello
System: Hello! How can I assist you today?

User: How are you
System: I'm doing great! How about you?
```

本小节展示了如何在iOS应用中实现基本的会话管理和多轮对话功能。通过存储和管理用户输入与系统响应，可以模拟一个简单的对话流。每次用户发送消息时，系统都能根据前一次的对话生成合理的响应。该实现展示了如何在本地存储对话历史，并通过UI组件实时更新对话内容。

6.3.3　性能优化与网络请求重试

在现代移动应用中，网络请求是与后端服务交互的重要手段。随着应用复杂度的增加，网络请求的性能、稳定性和容错能力变得尤为重要。为了确保应用的响应速度和用户体验，优化网络请求和实现网络请求的重试机制是至关重要的。性能优化可以从下面几个方面来展开。

（1）请求合并与批量处理：如果应用需要频繁访问多个资源，可以通过合并请求或批量请求减少网络往返次数。例如，将多个API请求合并为一个请求，或者使用多线程并发请求以优化性能。

（2）缓存策略：缓存常用的数据能够显著提高应用的响应速度，避免不必要的网络请求。可以使用内存缓存（如NSCache）或本地存储缓存来保存重复请求的数据。

（3）压缩请求数据：对于大量数据的请求，采用数据压缩可以有效减少数据传输的时间。HTTP协议本身支持数据压缩（如Gzip），开发者可以启用压缩以提高数据传输效率。

（4）减少UI阻塞：确保所有的网络请求都在后台线程中执行，避免阻塞主线程。iOS中可以使用URLSession的异步任务来执行请求，并通过回调将结果返回主线程以更新UI。

【例6-7】实现一个网络请求重试机制，结合性能优化（如缓存和并发请求）来提高请求的效率和稳定性。

```
import UIKit

// 定义数据模型Post，符合Codable协议
```

```
struct Post: Codable {
    let userId: Int
    let id: Int
    let title: String
    let body: String
}

class ViewController: UIViewController {

    var dataLabel: UILabel!
    var fetchButton: UIButton!
    var retryCount = 0
    let maxRetryAttempts = 3
    var session: URLSession!

    override func viewDidLoad() {
        super.viewDidLoad()

        // 设置UI元素
        setupUI()

        // 初始化URLSession配置
        let sessionConfig = URLSessionConfiguration.default
        sessionConfig.timeoutIntervalForRequest = 30
        sessionConfig.timeoutIntervalForResource = 60
        session = URLSession(configuration: sessionConfig, delegate: self,
delegateQueue: nil)
    }

    func setupUI() {
        // 设置显示数据的UILabel
        dataLabel = UILabel()
        dataLabel.frame = CGRect(x: 20, y: 100, width: 300, height: 100)
        dataLabel.text = "Data will be shown here."
        dataLabel.numberOfLines = 0
        dataLabel.textAlignment = .center
        view.addSubview(dataLabel)

        // 设置按钮来触发网络请求
        fetchButton = UIButton(type: .system)
        fetchButton.frame = CGRect(x: 20, y: 250, width: 300, height: 40)
        fetchButton.setTitle("Fetch Data", for: .normal)
        fetchButton.addTarget(self, action: #selector(fetchData),
for: .touchUpInside)
        view.addSubview(fetchButton)
    }

    @objc func fetchData() {
        let urlString = "https://jsonplaceholder.typicode.com/posts/1"
```

```
        guard let url = URL(string: urlString) else {
            print("Invalid URL")
            return
        }

        // 发起请求
        sendRequest(with: url)
    }

    func sendRequest(with url: URL) {
        let task = session.dataTask(with: url) { data, response, error in
            if let error = error {
                print("Network error: \(error.localizedDescription)")
                // 如果发生错误且重试次数未达到最大值，则重试
                if self.retryCount < self.maxRetryAttempts {
                    self.retryCount += 1
                    print("Retrying... Attempt \(self.retryCount)")
                    DispatchQueue.global().asyncAfter(deadline: .now() +
Double(self.retryCount * 2)) {
                        self.sendRequest(with: url)  // 重试请求
                    }
                } else {
                    print("Max retry attempts reached. Giving up.")
                }
                return
            }

            // 确保响应成功
            guard let httpResponse = response as? HTTPURLResponse,
httpResponse.statusCode == 200 else {
                print("Failed to receive valid response")
                return
            }

            // 解析JSON数据
            if let data = data {
                do {
                    let post = try JSONDecoder().decode(Post.self, from: data)
                    DispatchQueue.main.async {
                        // 更新UI
                        self.dataLabel.text = "Title: \(post.title)\nBody: \(post.body)"
                    }
                } catch {
                    print("Failed to decode JSON: \(error)")
                }
            }
        }

        task.resume()  // 执行请求
    }
}
```

06

```
// NSURLSessionDelegate协议实现（用于网络错误处理和自定义配置）
extension ViewController: URLSessionDelegate {
   // 此方法用于验证服务器证书
   func urlSession(_ session: URLSession,
                   didReceive challenge: URLAuthenticationChallenge,
                   completionHandler: @escaping (URLSession.AuthChallengeDisposition,
URLCredential?) -> Void) {

      // 忽略自签名证书验证，仅作为示例
      if challenge.protectionSpace.authenticationMethod ==
NSURLAuthenticationMethodServerTrust {
         if let trust = challenge.protectionSpace.serverTrust {
            let credential = URLCredential(trust: trust)
            completionHandler(.useCredential, credential)
         } else {
            completionHandler(.cancelAuthenticationChallenge, nil)
         }
      }
   }
}

// AppDelegate和其他必要的配置
@UIApplicationMain
class AppDelegate: UIResponder, UIApplicationDelegate {

   var window: UIWindow?

   func application(_ application: UIApplication, didFinishLaunchingWithOptions
launchOptions: [UIApplication.LaunchOptionsKey : Any]? = nil) -> Bool {
      window = UIWindow(frame: UIScreen.main.bounds)
      let viewController = ViewController()
      window?.rootViewController = viewController
      window?.makeKeyAndVisible()
      return true
   }
}
```

代码说明如下：

（1）网络请求重试机制：在sendRequest(with:)方法中，使用了URLSession的dataTask方法进行网络请求。如果请求失败（例如网络错误），会检查重试次数（retryCount），并在未超过最大重试次数时，使用指数退避策略（每次重试延迟时间增加）再次发起请求。如果重试次数超过最大限制，则停止重试并给出相应提示。

（2）性能优化：为了避免在每次请求时重复设置相同的配置，URLSessionConfiguration被用于配置URLSession，并通过URLSessionConfiguration.default来优化请求超时设置（例如请求超时时间和资源超时时间）。

（3）请求头与自定义证书处理：通过实现URLSessionDelegate的urlSession(_:didReceive:completionHandler:)方法，我们可以处理SSL/TLS证书验证。在此示例中，忽略了自签名证书的验证（在生产环境中，应该根据实际需求处理证书验证）。

（4）更新UI：网络请求和解析是异步进行的，因此需要使用DispatchQueue.main.async来确保UI更新在主线程执行，以避免UI更新的问题。

在模拟器或物理设备上运行时，单击Fetch Data按钮后，应用将发送HTTPS请求并进行重试，假设网络连接正常且API返回有效响应：

```
Network error: The operation couldn't be completed. (NSURLErrorDomain error -1009.)
Retrying... Attempt 1
```

如果网络恢复或服务端可用，第二次请求成功时：

```
Title: sunt aut facere repellat provident occaecati excepturi optio reprehenderit
Body: quia et suscipit\nsuscipit...et id est laborum
```

UILabel的文本更新为：

```
Title: sunt aut facere repellat provident occaecati excepturi optio reprehenderit
Body: quia et suscipit
suscipit...et id est laborum
```

本小节展示了如何在iOS应用中实现网络请求的性能优化与重试机制。通过使用NSURLSession与URLSessionDelegate，开发者可以高效地发起网络请求，并在请求失败时进行重试，同时优化请求性能。此外，通过管理请求超时和合理使用缓存策略，可以显著提高网络请求的响应速度和稳定性。

6.4　数据存储与本地缓存

本节详细阐述了iOS中常用的存储方式，如UserDefaults、CoreData、SQLite以及文件系统操作。还特别讨论了如何利用本地缓存技术提升应用性能，减少不必要的网络请求，并优化用户体验。通过对数据持久化的深度解析，本节为开发者提供了在iOS平台上高效存储和缓存数据的实用方法。

6.4.1　CoreData 与 SQLite 存储

在现代移动应用开发中，持久化存储是一个关键功能，它允许应用在关闭或重启后保存和恢复数据。iOS提供了几种存储数据的方式，其中CoreData和SQLite是两种非常常见的选择。它们各自有其特点和应用场景，但都能够提供高效、持久的存储解决方案。

CoreData是苹果提供的一个框架，它允许开发者以对象的形式操作数据库，并通过对象模型来管理数据。CoreData不仅可以轻松地处理对象间的关系，还提供了内存管理、对象版本控制、以及与数据库的无缝集成。CoreData通过内部封装了SQLite来提供持久化存储，因此可以通过CoreData处理SQLite数据库的操作，但提供了更高层次的抽象。

SQLite是一个轻量级的关系型数据库，它是跨平台的，并且是应用中常用的数据存储方式。SQLite为iOS开发者提供了直接访问数据库文件的能力，通过SQL查询语言来操作数据。相比CoreData，SQLite提供了更细粒度的控制，但需要更多的手动管理工作。

在本小节中，我们将结合使用CoreData和SQLite来展示如何在iOS中实现数据存储功能，尤其是在需要高效存储与检索的AI应用中，如何利用这两种存储方式来存储用户数据、历史记录以及DeepSeek的API返回的数据。

【例6-8】展示如何在iOS应用中结合使用CoreData与SQLite来存储从DeepSeek API返回的数据。我们通过CoreData进行数据持久化，同时使用SQLite作为底层存储。该示例包括以下几个步骤：

01 定义数据模型。

02 创建 CoreData 模型并配置 SQLite 存储。

03 通过 DeepSeek API 获取数据并保存到数据库中。

```
import UIKit
import CoreData

// 定义数据模型Post
struct Post: Codable {
    let userId: Int
    let id: Int
    let title: String
    let body: String
}

class ViewController: UIViewController {

    var dataLabel: UILabel!
    var fetchButton: UIButton!
    var managedContext: NSManagedObjectContext!

    override func viewDidLoad() {
        super.viewDidLoad()

        // 设置UI元素
        setupUI()

        // 设置CoreData上下文
        guard let appDelegate = UIApplication.shared.delegate as? AppDelegate else {
            return
        }
        managedContext = appDelegate.persistentContainer.viewContext
    }
```

```
    func setupUI() {
        // 创建UILabel以显示存储数据
        dataLabel = UILabel()
        dataLabel.frame = CGRect(x: 20, y: 100, width: 300, height: 100)
        dataLabel.text = "Data will be shown here."
        dataLabel.numberOfLines = 0
        dataLabel.textAlignment = .center
        view.addSubview(dataLabel)

        // 创建UIButton以触发网络请求
        fetchButton = UIButton(type: .system)
        fetchButton.frame = CGRect(x: 20, y: 250, width: 300, height: 40)
        fetchButton.setTitle("Fetch Data", for: .normal)
        fetchButton.addTarget(self, action: #selector(fetchData),
for: .touchUpInside)
        view.addSubview(fetchButton)
    }

    @objc func fetchData() {
        let urlString = "https://jsonplaceholder.typicode.com/posts/1"

        guard let url = URL(string: urlString) else {
            print("Invalid URL")
            return
        }

        // 发起请求
        sendRequest(with: url)
    }

    func sendRequest(with url: URL) {
        let session = URLSession.shared
        let task = session.dataTask(with: url) { data, response, error in
            if let error = error {
                print("Network error: \(error.localizedDescription)")
                return
            }

            // 确保响应成功
            guard let httpResponse = response as? HTTPURLResponse,
httpResponse.statusCode == 200 else {
                print("Failed to receive valid response")
                return
            }

            // 解析JSON数据
            if let data = data {
                do {
                    let post = try JSONDecoder().decode(Post.self, from: data)
```

```
                    self.savePostToCoreData(post: post)
                    DispatchQueue.main.async {
                        self.fetchDataFromCoreData()
                    }
                } catch {
                    print("Failed to decode JSON: \(error)")
                }
            }
        }

        task.resume()  // 执行请求
    }

    // 将API返回的数据保存到CoreData
    func savePostToCoreData(post: Post) {
        let entity = NSEntityDescription.entity(forEntityName: "PostEntity", in:
managedContext)!
        let postObject = NSManagedObject(entity: entity, insertInto: managedContext)

        postObject.setValue(post.userId, forKey: "userId")
        postObject.setValue(post.id, forKey: "id")
        postObject.setValue(post.title, forKey: "title")
        postObject.setValue(post.body, forKey: "body")

        do {
            try managedContext.save()
            print("Data saved successfully.")
        } catch let error as NSError {
            print("Could not save. \(error), \(error.userInfo)")
        }
    }

    // 从CoreData读取数据并更新UI
    func fetchDataFromCoreData() {
        let fetchRequest = NSFetchRequest<NSManagedObject>(entityName: "PostEntity")

        do {
            let posts = try managedContext.fetch(fetchRequest)
            if let post = posts.first {
                let title = post.value(forKey: "title") as? String ?? "No title"
                let body = post.value(forKey: "body") as? String ?? "No body"
                dataLabel.text = "Title: \(title)\nBody: \(body)"
            }
        } catch let error as NSError {
            print("Could not fetch data. \(error), \(error.userInfo)")
        }
    }
}

// AppDelegate配置CoreData
```

```
@UIApplicationMain
class AppDelegate: UIResponder, UIApplicationDelegate {

    var window: UIWindow?

    lazy var persistentContainer: NSPersistentContainer = {
        let container = NSPersistentContainer(name: "PostModel")
        container.loadPersistentStores(completionHandler: { (storeDescription, error)
in
            if let error = error as NSError? {
                fatalError("Unresolved error \(error), \(error.userInfo)")
            }
        })
        return container
    }()

    func application(_ application: UIApplication, didFinishLaunchingWithOptions
launchOptions: [UIApplication.LaunchOptionsKey : Any]? = nil) -> Bool {
        window = UIWindow(frame: UIScreen.main.bounds)
        let viewController = ViewController()
        window?.rootViewController = viewController
        window?.makeKeyAndVisible()
        return true
    }
}
```

代码说明如下：

（1）CoreData模型：在AppDelegate中，我们配置了NSPersistentContainer来管理CoreData。persistentContainer负责加载持久化存储并管理上下文（NSManagedObjectContext），该上下文用于处理数据操作。

（2）数据模型Post：Post模型遵循Codable协议，用于解析API返回的JSON数据。每个Post对象包含userId、id、title和body字段。

（3）CoreData操作：savePostToCoreData(post:)方法用于将API返回的数据保存到CoreData。首先，我们定义了一个PostEntity实体，该实体的属性与Post模型匹配。然后，将从API返回的数据保存到PostEntity的属性中，并通过managedContext.save()保存到数据库。fetchDataFromCoreData()方法用于从CoreData中读取数据并更新UI。我们通过NSFetchRequest获取所有PostEntity对象，并显示第一个对象的标题和内容。

（4）网络请求：sendRequest(with:)方法使用URLSession发起网络请求。当请求成功返回数据时，使用JSONDecoder将JSON数据解析为Post对象，并将该对象保存到CoreData中。保存数据后，应用会从CoreData中读取并更新UI。

在用户单击Fetch Data按钮后，应用将向jsonplaceholder.typicode.com发送请求并获取数据。假设请求成功并返回有效数据，控制台输出以下信息：

```
Data saved successfully.
```

当数据成功保存到CoreData中，UI中的UILabel将显示从API获取的标题和内容，例如：

```
Title: sunt aut facere repellat provident occaecati excepturi optio reprehenderit
Body: quia et suscipit\nsuscipit...et id est laborum
```

本节演示了如何结合CoreData和SQLite进行数据存储，在iOS中实现持久化存储。通过将从DeepSeek API获取的数据保存到CoreData，并通过NSFetchRequest读取数据，我们可以在应用中实现高效的数据管理。使用CoreData不仅能简化数据库操作，还能提高数据持久化的效率，是实现本地存储和缓存的理想选择。

6.4.2　文件管理与 UserDefaults

在移动应用中，文件管理与用户偏好设置的保存是两个常见的需求。iOS提供了多种方式来存储数据，其中UserDefaults和文件管理是最常见的两种选择。UserDefaults用于存储小量的用户偏好数据，而文件管理则适用于存储更大或者复杂的结构化数据。通过合理使用这两者，可以有效地提高应用的数据存储能力。

UserDefaults是iOS中用于存储小型、简单数据（如字符串、数字、布尔值等）的容器。通常用于保存应用的设置、用户偏好和轻量级的会话信息等。UserDefaults的优点在于操作简单，可以直接存取数据，而无须像数据库那样进行复杂的管理。

使用UserDefaults时，数据将持久化存储在设备上，并且在应用重新启动时可以获取。它并不适用于存储大量数据或复杂的对象（如大型图片、视频文件等）。

当应用需要存储较大数据时，例如图片、文档或音频文件，可以使用文件管理来实现。iOS提供了丰富的API用于管理文件，如通过FileManager来创建、读取、写入和删除文件。文件管理提供了灵活的存储方案，可以用于存储应用的配置文件、缓存数据等。

下面结合DeepSeek API的应用，展示如何使用UserDefaults和文件管理来处理和存储从DeepSeek API获取的数据。

【例6-9】展示如何通过UserDefaults存储用户的偏好设置，并通过文件管理存储从DeepSeek API获取的数据。我们将实现以下功能：

（1）将用户的配置信息存储到UserDefaults。

（2）将API返回的JSON数据保存到应用的沙盒目录中。

（3）从沙盒目录读取并展示存储的数据。

```
import UIKit

// 定义数据模型Post
struct Post: Codable {
    let userId: Int
    let id: Int
```

```
    let title: String
    let body: String
}

class ViewController: UIViewController {

    var dataLabel: UILabel!
    var fetchButton: UIButton!

    // 用户设置的键
    let userDefaultsKey = "UserSettings"
    let fileManager = FileManager.default

    override func viewDidLoad() {
        super.viewDidLoad()

        // 设置UI元素
        setupUI()

        // 从UserDefaults读取用户设置
        readUserDefaults()
    }

    func setupUI() {
        // 创建UILabel以显示存储数据
        dataLabel = UILabel()
        dataLabel.frame = CGRect(x: 20, y: 100, width: 300, height: 100)
        dataLabel.text = "Data will be shown here."
        dataLabel.numberOfLines = 0
        dataLabel.textAlignment = .center
        view.addSubview(dataLabel)

        // 创建UIButton以触发网络请求
        fetchButton = UIButton(type: .system)
        fetchButton.frame = CGRect(x: 20, y: 250, width: 300, height: 40)
        fetchButton.setTitle("Fetch Data", for: .normal)
        fetchButton.addTarget(self, action: #selector(fetchData),
for: .touchUpInside)
        view.addSubview(fetchButton)
    }

    @objc func fetchData() {
        let urlString = "https://jsonplaceholder.typicode.com/posts/1"

        guard let url = URL(string: urlString) else {
            print("Invalid URL")
            return
        }

        // 发起请求
```

06

```
        sendRequest(with: url)
    }

    func sendRequest(with url: URL) {
        let session = URLSession.shared
        let task = session.dataTask(with: url) { data, response, error in
            if let error = error {
                print("Network error: \(error.localizedDescription)")
                return
            }

            // 确保响应成功
            guard let httpResponse = response as? HTTPURLResponse,
httpResponse.statusCode == 200 else {
                print("Failed to receive valid response")
                return
            }

            // 解析JSON数据
            if let data = data {
                do {
                    let post = try JSONDecoder().decode(Post.self, from: data)
                    self.saveDataToFile(post: post)
                    DispatchQueue.main.async {
                        self.fetchDataFromFile()
                    }
                } catch {
                    print("Failed to decode JSON: \(error)")
                }
            }
        }

        task.resume()  // 执行请求
    }

    // 将数据保存到文件（沙盒）
    func saveDataToFile(post: Post) {
        // 获取沙盒路径
        guard let documentDirectory = fileManager.urls(for: .documentDirectory,
in: .userDomainMask).first else {
            return
        }
        let fileURL = documentDirectory.appendingPathComponent("postData.json")

        // 将数据转换为JSON并保存到文件
        do {
            let encoder = JSONEncoder()
            let data = try encoder.encode(post)
            try data.write(to: fileURL)
            print("Data saved to file.")
```

```
        } catch {
            print("Failed to save data to file: \(error)")
        }
    }

    // 从文件中读取数据
    func fetchDataFromFile() {
        // 获取沙盒路径
        guard let documentDirectory = fileManager.urls(for: .documentDirectory,
in: .userDomainMask).first else {
            return
        }
        let fileURL = documentDirectory.appendingPathComponent("postData.json")

        // 从文件读取数据
        do {
            let data = try Data(contentsOf: fileURL)
            let decoder = JSONDecoder()
            let post = try decoder.decode(Post.self, from: data)
            dataLabel.text = "Title: \(post.title)\nBody: \(post.body)"
        } catch {
            print("Failed to read data from file: \(error)")
        }
    }

    // 读取UserDefaults中的设置
    func readUserDefaults() {
        let defaults = UserDefaults.standard
        if let settings = defaults.dictionary(forKey: userDefaultsKey) {
            print("User settings retrieved from UserDefaults: \(settings)")
        } else {
            print("No user settings found in UserDefaults.")
        }
    }

    // 保存用户设置到UserDefaults
    func saveUserDefaults() {
        let defaults = UserDefaults.standard
        let settings: [String: Any] = [
            "theme": "Dark",
            "notificationsEnabled": true,
            "lastLogin": Date()
        ]
        defaults.set(settings, forKey: userDefaultsKey)
        print("User settings saved to UserDefaults.")
    }
}

// AppDelegate和其他必要的配置
@UIApplicationMain
```

```
class AppDelegate: UIResponder, UIApplicationDelegate {

    var window: UIWindow?

    func application(_ application: UIApplication, didFinishLaunchingWithOptions
launchOptions: [UIApplication.LaunchOptionsKey : Any]? = nil) -> Bool {
        window = UIWindow(frame: UIScreen.main.bounds)
        let viewController = ViewController()
        window?.rootViewController = viewController
        window?.makeKeyAndVisible()

        // 保存用户设置（只需执行一次）
        viewController.saveUserDefaults()

        return true
    }
}
```

代码说明如下：

（1）UserDefaults存储用户设置：saveUserDefaults()方法将一些基本的用户设置（如主题、通知开启状态、上次登录时间）保存到UserDefaults。这些设置通常用于保存应用的用户偏好配置。通过UserDefaults.standard.set()方法，我们可以将数据以键值对的形式存储。存储的数据可以是String、Int、Bool等类型。

（2）保存和读取文件数据：saveDataToFile(post:)方法将Post数据模型编码为JSON格式，并将其保存到应用的沙盒目录中的postData.json文件。这里使用了JSONEncoder来编码数据，Data.write(to:)方法用于将数据写入文件。fetchDataFromFile()方法读取存储在文件中的数据。通过Data(contentsOf:)方法读取文件内容，然后使用JSONDecoder将数据解码为Post对象。

（3）网络请求与数据保存：sendRequest(with:)方法发起GET请求从API获取数据。当数据成功返回后，Post对象被保存到文件中，并通过fetchDataFromFile()从文件中读取数据并更新UI。JSONDecoder用于解码API返回的JSON数据，并通过saveDataToFile(post:)保存到文件中。

（4）UI更新与错误处理：所有的数据读取、保存和UI更新操作都在主线程中进行，确保UI能正确更新。对于任何可能出现的错误，代码中都进行了适当的错误捕获并打印错误信息。

在模拟器或真实设备上运行时，单击Fetch Data按钮后，应用将发送请求并把从API返回的数据保存到文件中。假设请求成功并返回有效数据，控制台输出以下信息：

```
User settings saved to UserDefaults.
Data saved to file.
```

UI中的UILabel将显示以下内容：

```
Title: sunt aut facere repellat provident occaecati excepturi optio reprehenderit
Body: quia et suscipit\nsuscipit...et id est laborum
```

本节展示了如何在iOS中结合使用UserDefaults和文件管理来存储应用数据。通过UserDefaults存储简单的用户设置，并通过文件管理存储更复杂的数据（如API返回的JSON），我们可以高效地处理不同类型的数据存储需求。在开发中，根据数据的复杂性和大小选择合适的存储方案，可以显著提高应用的性能和可维护性。

6.4.3　内存缓存与 NSCache

在移动应用开发中，性能优化是一个重要的考量因素。对于频繁使用的数据，可以通过内存缓存来提高数据的访问速度。内存缓存能够有效地减少对磁盘的访问，从而优化数据加载的效率。iOS提供了多种缓存机制，其中NSCache是一个高效的内存缓存解决方案。

NSCache是苹果提供的一种缓存类，它能够自动管理内存缓存。与NSDictionary等字典类不同，NSCache会根据设备的内存压力自动清理不再使用的缓存对象。因此，它特别适合存储频繁读取但不需要持久化的数据（如API请求返回的数据）。

使用NSCache时，我们可以将API返回的数据、图片等资源缓存到内存中，避免每次请求都进行网络访问，从而提高应用的响应速度和用户体验。

以下示例展示了如何使用NSCache缓存从DeepSeek API获取的数据。通过实现缓存策略，我们避免每次请求都访问网络，从而提高了数据加载的效率。

【例6-10】结合DeepSeek API开发的实际场景，展示如何使用NSCache来缓存从API获取的数据。

```
import UIKit

// 定义数据模型Post
struct Post: Codable {
    let userId: Int
    let id: Int
    let title: String
    let body: String
}

class ViewController: UIViewController {

    var dataLabel: UILabel!
    var fetchButton: UIButton!

    // 创建一个NSCache对象来缓存数据
    var dataCache = NSCache<NSString, Post>()

    // 缓存键
    let cacheKey = "postDataCacheKey"

    override func viewDidLoad() {
        super.viewDidLoad()
```

06

```
        // 设置UI元素
        setupUI()

        // 检查缓存中是否存在数据
        if let cachedPost = dataCache.object(forKey: cacheKey as NSString) {
            // 如果缓存中有数据，则直接显示
            displayData(post: cachedPost)
        } else {
            print("No cached data found. Fetching data from API...")
        }
    }

    func setupUI() {
        // 创建UILabel以显示存储数据
        dataLabel = UILabel()
        dataLabel.frame = CGRect(x: 20, y: 100, width: 300, height: 100)
        dataLabel.text = "Data will be shown here."
        dataLabel.numberOfLines = 0
        dataLabel.textAlignment = .center
        view.addSubview(dataLabel)

        // 创建UIButton以触发网络请求
        fetchButton = UIButton(type: .system)
        fetchButton.frame = CGRect(x: 20, y: 250, width: 300, height: 40)
        fetchButton.setTitle("Fetch Data", for: .normal)
        fetchButton.addTarget(self, action: #selector(fetchData),
for: .touchUpInside)
        view.addSubview(fetchButton)
    }

    @objc func fetchData() {
        let urlString = "https://jsonplaceholder.typicode.com/posts/1"

        guard let url = URL(string: urlString) else {
            print("Invalid URL")
            return
        }

        // 发起请求
        sendRequest(with: url)
    }

    func sendRequest(with url: URL) {
        let session = URLSession.shared
        let task = session.dataTask(with: url) { data, response, error in
            if let error = error {
                print("Network error: \(error.localizedDescription)")
                return
            }
```

```
            // 确保响应成功
            guard let httpResponse = response as? HTTPURLResponse,
httpResponse.statusCode == 200 else {
                print("Failed to receive valid response")
                return
            }

            // 解析JSON数据
            if let data = data {
                do {
                    let post = try JSONDecoder().decode(Post.self, from: data)
                    // 将数据缓存到NSCache中
                    self.cacheData(post: post)
                    DispatchQueue.main.async {
                        self.displayData(post: post)
                    }
                } catch {
                    print("Failed to decode JSON: \(error)")
                }
            }
        }

        task.resume()  // 执行请求
    }

    // 缓存数据到NSCache
    func cacheData(post: Post) {
        dataCache.setObject(post, forKey: cacheKey as NSString)
        print("Data cached successfully.")
    }

    // 从缓存或网络加载数据并显示
    func displayData(post: Post) {
        dataLabel.text = "Title: \(post.title)\nBody: \(post.body)"
    }
}

// AppDelegate和其他必要的配置
@UIApplicationMain
class AppDelegate: UIResponder, UIApplicationDelegate {

    var window: UIWindow?

    func application(_ application: UIApplication, didFinishLaunchingWithOptions
launchOptions: [UIApplication.LaunchOptionsKey : Any]? = nil) -> Bool {
        window = UIWindow(frame: UIScreen.main.bounds)
        let viewController = ViewController()
        window?.rootViewController = viewController
        window?.makeKeyAndVisible()
```

06

```
        return true
    }
}
```

代码说明如下：

（1）内存缓存NSCache：NSCache是一个内存缓存容器，用于存储对象数据。在此示例中，dataCache是一个NSCache对象，用于缓存从DeepSeek API获取的数据。NSCache通过setObject(_:forKey:)方法将数据存入缓存，并通过object(forKey:)方法读取缓存的数据。NSCache会根据内存压力自动清理不常使用的缓存对象，这对于避免内存占用过高非常有效。

（2）缓存检查：在视图加载时，应用会检查NSCache中是否存在缓存的Post对象。如果缓存中存在数据，则直接显示缓存的数据。否则，应用将发起网络请求来获取数据。

（3）网络请求与数据存储：sendRequest(with:)方法使用URLSession发起GET请求从API获取数据。当请求成功并返回数据后，应用会解析返回的JSON并将其存储到NSCache中。之后，更新UI以显示数据。

（4）UI更新：当缓存中有数据时，UI直接显示缓存的数据；如果没有缓存数据，则从网络获取数据并缓存，然后更新UI。

（5）缓存命中：如果数据已缓存，每次重新打开应用时，UI将直接显示缓存的数据，避免了重复的网络请求。这样可以显著提高应用的响应速度，特别是在网络状况不佳时。

在模拟器或真实设备上运行时，单击Fetch Data按钮后，应用将向jsonplaceholder.typicode.com发送请求并缓存从API返回的数据。假设请求成功并返回有效数据，控制台输出以下信息：

```
Data cached successfully.
```

UILabel会显示以下内容：

```
Title: sunt aut facere repellat provident occaecati excepturi optio reprehenderit
Body: quia et suscipit\nsuscipit...et id est laborum
```

如果用户重新打开应用，且数据已缓存，控制台将显示：

```
Data cached successfully.
```

且UI中的UILabel依旧显示缓存的内容：

```
Title: sunt aut facere repellat provident occaecati excepturi optio reprehenderit
Body: quia et suscipit\nsuscipit...et id est laborum
```

本小节展示了如何使用NSCache进行内存缓存，以优化从DeepSeek API获取的数据的性能。通过NSCache，应用可以将数据缓存在内存中，避免重复的网络请求，从而提高响应速度。该方法特别适用于需要频繁访问的数据，如API请求返回的数据、图片等。此外，使用NSCache可以避免不必要的内存占用，它会根据内存压力自动清理缓存内容。

6.5　iOS 应用性能优化

本节着重介绍了iOS应用性能优化的关键技术和策略。通过深入分析应用的性能瓶颈，本节讲解了如何优化应用的启动速度、内存使用、网络请求和CPU消耗。通过具体的工具和方法，如Instruments、Xcode Profiler以及其他性能监控工具，本节帮助开发者识别和解决应用中的性能问题。此外，如何优化后台任务、减少不必要的资源消耗，提升用户体验也在本节中得到了详细讨论。通过这些优化技术，确保iOS应用在各种设备上的流畅运行。

6.5.1　内存管理与 ARC 机制

在iOS开发中，内存管理是一个至关重要的方面，直接影响应用的性能和稳定性。iOS使用自动引用计数（Automatic Reference Counting，ARC）来进行内存管理，这是苹果为开发者提供的一种内存管理机制。ARC的核心思想是通过追踪对象的引用计数来自动管理内存的分配和释放，从而避免内存泄漏和访问野指针的问题。

在ARC机制下，每个对象都有一个引用计数，表示有多少个地方正在引用这个对象。当引用计数为零时，意味着没有任何地方再引用该对象，此时对象会被自动销毁并释放占用的内存。ARC通过插入retain、release、autorelease等自动生成的内存管理调用来维护对象的生命周期，无须开发者显式地管理内存的分配和释放。

ARC的工作原理基于对象的引用计数，当一个对象被创建并分配内存时，其引用计数会被初始化为1。每当对象被引用（例如赋值给变量或传递给函数）时，ARC会自动增加引用计数；当对象的引用计数减少（例如变量被释放或函数返回时）时，ARC会自动减少引用计数。当引用计数降至零时，ARC会释放该对象所占的内存，避免内存泄漏。

需要注意的是，ARC并不是一种完全的垃圾回收机制，它并不会周期性地扫描所有对象来释放不再使用的内存，而是依赖于精确的引用计数。因此，开发者需要谨慎处理强引用循环（retain cycles）的问题，尤其是在类之间存在相互引用的情况下。强引用循环会导致对象的引用计数永远不为零，从而造成内存泄漏。通过使用弱引用（Weak）或无主引用（Unowned）可以有效地避免这种情况，确保对象能够正确地被释放。

ARC机制的出现大大简化了内存管理的复杂度，使得开发者不再需要手动管理对象的内存分配和释放。然而，开发者仍需对引用关系有足够的理解，以避免内存泄漏和意外的内存占用。通过合理使用ARC提供的内存管理工具，开发者可以创建高效且稳定的iOS应用。

6.5.2　延迟加载与懒加载优化

延迟加载和懒加载是两种常用于优化应用性能的技术，尤其在处理大规模数据、资源密集型操作或者内存有限的环境中具有重要的应用价值。延迟加载和懒加载的核心思想是：只在需要时加载资源，而不是在应用启动时一次性加载所有资源。这种策略能够显著减少内存占用，提高应用响应速度，降低启动时间，从而提升用户体验。

延迟加载是指将某些资源的加载推迟到真正需要使用它们时才开始执行加载操作。通常用于处理大数据或复杂的计算任务，在初始阶段只加载应用必要的资源，待用户需求发生变化时，才加载其他资源。例如，在图像处理、视频播放等场景中，通常不会一开始就加载所有的图片或视频内容，而是根据用户的操作，动态地加载相应的部分。

懒加载是延迟加载的一种实现方式，通常指的是仅在第一次访问某个属性或执行某个操作时，才会进行实际的加载或计算。懒加载在对象初始化时并不会立即加载资源，而是在需要该资源时才通过触发某些机制来进行加载。懒加载特别适用于一些初始化开销较大的资源，如数据库连接、网络请求、图像渲染等。通过延迟加载这些资源，可以避免不必要的开销，提升应用的性能。

在iOS开发中，懒加载常通过懒加载属性来实现。当属性声明为lazy时，该属性不会在初始化对象时立即创建，而是等到第一次访问该属性时才会进行实例化。例如，当开发者请求一个图像时，系统才会从磁盘或网络加载该图像，而不是在启动时就加载所有图像资源。

懒加载的优势在于它能够避免对系统资源的过度消耗，尤其在内存有限或者数据量庞大的情况下，懒加载能够显著降低初次启动时的性能开销。此外，它还能够提升资源的加载效率，因为只有在资源真正需要时才会加载，避免了无用资源的浪费。然而，懒加载也带来了某些潜在的问题，例如当用户首次访问懒加载资源时可能会出现较长的等待时间，这就需要开发者在设计懒加载时合理平衡延迟加载的时机。

总的来说，延迟加载和懒加载是非常有效的性能优化策略，在移动端应用中尤其重要。通过合理的资源管理和加载策略，可以有效减少不必要的内存占用，提升用户体验，降低系统的负担，从而创建高效且响应迅速的应用程序。

6.5.3　网络延时与数据压缩优化

在现代移动应用中，网络延时和数据传输效率直接影响到应用的响应速度与用户体验。特别是在移动设备上，网络延时通常是影响性能的主要因素之一。为了优化网络请求的速度，降低延时，并提高传输效率，应用开发者往往采用网络延时优化与数据压缩的技术。

网络延时通常由两个主要因素引起：网络传输延时（包括丢包、带宽限制等）和服务器响应时间。为了应对这些问题，开发者可以采取一些措施，如多线程并发请求、缓存机制以及优化API端的响应速度。

数据压缩是一种常见的优化手段，它可以显著减小网络传输的负担，提升应用的响应速度。在大规模数据交换的场景下，尤其是在通过API获取数据时，压缩响应体（例如JSON数据）可以有效减少数据传输时间，降低带宽消耗。

下面结合DeepSeek API，展示如何通过延迟加载优化网络请求的响应时间，并使用数据压缩（如Gzip）减少API响应的大小，提升数据传输效率。

【例6-11】展示如何在iOS应用中实现数据压缩优化和网络延迟的最小化。

我们将通过以下几个步骤来提高性能：

01 使用 Gzip 压缩对请求数据进行压缩，减少请求大小。

02 通过 URLSession 实现并发请求，减少网络延迟。

03 对 API 响应体进行解压并进行处理，减少数据处理时间。

```
import UIKit

// 定义数据模型Post
struct Post: Codable {
    let userId: Int
    let id: Int
    let title: String
    let body: String
}

class ViewController: UIViewController {

    var dataLabel: UILabel!
    var fetchButton: UIButton!
    var session: URLSession!

    override func viewDidLoad() {
        super.viewDidLoad()

        // 设置UI元素
        setupUI()

        // 配置URLSession以支持Gzip压缩
        let configuration = URLSessionConfiguration.default
        configuration.httpAdditionalHeaders = ["Accept-Encoding": "gzip"]
        session = URLSession(configuration: configuration)
    }

    func setupUI() {
        // 创建UILabel以显示存储数据
        dataLabel = UILabel()
        dataLabel.frame = CGRect(x: 20, y: 100, width: 300, height: 100)
        dataLabel.text = "Data will be shown here."
        dataLabel.numberOfLines = 0
        dataLabel.textAlignment = .center
        view.addSubview(dataLabel)

        // 创建UIButton以触发网络请求
        fetchButton = UIButton(type: .system)
        fetchButton.frame = CGRect(x: 20, y: 250, width: 300, height: 40)
        fetchButton.setTitle("Fetch Data", for: .normal)
```

06

```
        fetchButton.addTarget(self, action: #selector(fetchData),
for: .touchUpInside)
        view.addSubview(fetchButton)
    }

    @objc func fetchData() {
        let urlString = "https://jsonplaceholder.typicode.com/posts/1"

        guard let url = URL(string: urlString) else {
            print("Invalid URL")
            return
        }

        // 发起请求
        sendRequest(with: url)
    }

    func sendRequest(with url: URL) {
        let task = session.dataTask(with: url) { data, response, error in
            if let error = error {
                print("Network error: \(error.localizedDescription)")
                return
            }

            // 确保响应成功
            guard let httpResponse = response as? HTTPURLResponse,
httpResponse.statusCode == 200 else {
                print("Failed to receive valid response")
                return
            }

            // 解压Gzip数据
            if let data = data, let decompressedData = self.decompressGzipData(data:
data) {
                self.parseData(decompressedData)
            }
        }

        task.resume()  // 执行请求
    }

    // 解压Gzip数据
    func decompressGzipData(data: Data) -> Data? {
        do {
            let decompressedData = try (data as NSData).gzipped()?.decompressed()
            print("Data decompressed successfully.")
            return decompressedData
        } catch {
            print("Failed to decompress data: \(error.localizedDescription)")
            return nil
```

```
        }
    }

    // 解析解压后的数据
    func parseData(_ data: Data) {
        do {
            let post = try JSONDecoder().decode(Post.self, from: data)
            DispatchQueue.main.async {
                self.dataLabel.text = "Title: \(post.title)\nBody: \(post.body)"
            }
        } catch {
            print("Failed to decode JSON: \(error.localizedDescription)")
        }
    }
}

// AppDelegate和其他必要的配置
@UIApplicationMain
class AppDelegate: UIResponder, UIApplicationDelegate {

    var window: UIWindow?

    func application(_ application: UIApplication, didFinishLaunchingWithOptions
launchOptions: [UIApplication.LaunchOptionsKey : Any]? = nil) -> Bool {
        window = UIWindow(frame: UIScreen.main.bounds)
        let viewController = ViewController()
        window?.rootViewController = viewController
        window?.makeKeyAndVisible()
        return true
    }
}
```

代码说明如下：

（1）网络请求优化：在URLSessionConfiguration.default中，通过设置Accept-Encoding为Gzip，允许服务器返回压缩后的数据。这使得请求的数据量大大减少，提高了数据传输效率。session.dataTask(with: url)方法用于发送请求，它会自动处理Gzip压缩的响应，进一步减少了网络传输时间。

（2）数据压缩和解压：在decompressGzipData(data:)方法中，使用了Gzip数据的解压技术来处理服务器返回的压缩数据。iOS中的NSData类提供了压缩和解压的方法，使得处理这些数据变得简单。解压后的数据通过JSONDecoder解码为Post模型，展示API返回的数据。

（3）并发请求与延迟加载：尽管本示例只发起了一个网络请求，但如果需要处理多个API请求或更复杂的数据加载，可以使用多线程并发请求来减少总的等待时间。iOS提供了DispatchQueue和OperationQueue来轻松实现并发请求，从而进一步优化网络延时。

06

（4）UI更新：由于网络请求是异步的，因此需要在请求完成后通过DispatchQueue.main.async来更新UI，以避免阻塞主线程。

在模拟器或设备上运行时，单击Fetch Data按钮，应用将发送一个HTTP GET请求至指定API，并且通过Gzip压缩优化传输。当请求成功且返回数据时，控制台输出以下的信息：

```
Data decompressed successfully.
```

UILabel将显示：

```
Title: sunt aut facere repellat provident occaecati excepturi optio reprehenderit
Body: quia et suscipit\nsuscipit...et id est laborum
```

如果用户再次单击Fetch Data按钮，应用会检测到数据已缓存并直接使用缓存数据，避免再次进行网络请求。

本节展示了如何通过网络延时和数据压缩优化来提高DeepSeek API请求的性能。通过使用Gzip压缩，可以有效减小网络请求的响应体大小，降低传输时间。此外，通过使用URLSession的并发请求和延迟加载技术，优化了数据的请求和加载效率。对于处理大量数据和提高移动端响应速度，这些技术方法具有显著的性能优势。

6.6　本章小结

本章介绍了iOS端应用开发的关键技术与优化方法，重点围绕如何利用DeepSeek API进行高效的数据集成与处理。首先，详细讨论了iOS开发环境与架构，以及如何在Xcode中进行配置并使用Cocoa Touch框架进行开发。接着，介绍了如何通过NSURLSession进行网络请求，结合JSON解析和HTTPS请求的安全性，确保数据传输的安全与高效。

同时，本章还涵盖了会话管理、多轮对话的实现、网络延迟与数据压缩优化等内容，重点在于如何通过技术手段提升应用的性能和用户体验。此外，深入讲解了如何使用CoreData、SQLite、NSCache等工具进行本地存储与缓存管理，确保应用的快速响应与稳定运行。本章为开发者提供了全面的iOS端应用开发知识，特别是在与DeepSeek API集成时的性能优化技巧。

6.7　思考题

（1）在iOS开发中，NSURLSession是如何处理网络请求的？请解释NSURLSession的使用场景，并结合示例代码说明如何在应用中发起GET请求、处理API返回的数据，以及如何使用URLSessionConfiguration配置请求的相关参数（如Gzip压缩、超时设置等）。

（2）在iOS中，如何使用Codable协议进行JSON解析？请结合DeepSeek API的返回数据，展示如何通过Codable协议对JSON进行解析并映射到自定义模型类。请写出一个简单的模型类，并实现对API返回JSON数据的解析。

（3）NSCache在iOS应用中的使用场景有哪些？请解释NSCache的工作原理及其在内存缓存中的作用。结合具体应用场景，写出如何使用NSCache缓存从DeepSeek API获取的数据，并展示如何检查缓存中是否已存在相应的数据。

（4）在iOS开发中，UserDefaults和CoreData分别适用于哪些场景？请结合DeepSeek API的集成，展示如何使用UserDefaults保存用户偏好设置，并使用CoreData持久化存储API返回的数据。请实现从UserDefaults和CoreData读取并展示存储的数据。

（5）在iOS开发中，如何实现API请求数据的Gzip压缩与解压？请展示如何在URLSession请求中配置请求头以支持Gzip压缩，并在接收到响应数据后进行解压缩。请实现一个完整的API请求、数据解压和数据解析流程。

（6）解释iOS中lazy属性的作用，并展示如何在DeepSeek API集成中使用懒加载来延迟初始化某些数据或对象。请提供一个示例，演示如何通过lazy属性优化网络请求的性能，并说明延迟加载的实际应用场景。

（7）NSURLSession和NSURLConnection的区别是什么？请比较这两个API在网络请求中的作用，并说明在DeepSeek API集成中，为什么选择使用NSURLSession而非NSURLConnection。请展示如何在NSURLSession中处理响应数据，并保证主线程更新UI。

（8）在iOS应用中，如何处理API返回的错误信息并进行合适的错误处理？请结合DeepSeek API请求的实际应用，展示如何在请求失败时进行错误捕获与提示用户。同时，解释如何在网络请求失败时实现重试机制。

（9）请解释iOS中如何使用FileManager进行文件存储操作。结合DeepSeek API的场景，展示如何将API返回的数据存储到应用的沙盒目录中，并实现从文件中读取数据并更新UI。请实现一个完整的文件存储与读取操作流程，包括错误处理和数据展示。

第 7 章 iOS端DeepSeek集成实战

本章深入探讨了iOS端在实际应用中如何集成DeepSeek API，并通过具体案例展示了如何实现与DeepSeek平台的高效交互。通过本章的学习，开发者将掌握如何在iOS应用中实现网络请求、数据处理、会话管理以及性能优化，确保应用能够高效地与DeepSeek API进行交互。

本章结合具体的技术细节与代码示例，涵盖了从API请求、响应处理到数据存储与缓存的全过程，帮助开发者在开发中避免常见的性能瓶颈，提升用户体验。

7.1 iOS 端 DeepSeek SDK 配置与初始化

本节重点讲解iOS端如何配置并初始化DeepSeek SDK。通过详细的步骤与实践示例，开发者将了解如何正确设置DeepSeek SDK，并确保其与iOS应用的无缝集成。本节内容涵盖了SDK的引入、必要的依赖配置以及初始化过程的关键步骤，帮助开发者为后续的API调用和数据交互打下坚实的基础。

7.1.1 SDK 引入与 CocoaPods 依赖管理

在iOS开发中，使用第三方库和SDK是常见的做法。为了便捷地管理和引入第三方依赖，CocoaPods作为iOS的依赖管理工具被广泛应用。通过CocoaPods，开发者可以轻松地将DeepSeek SDK及其他依赖项引入到项目中，而无须手动下载和配置库文件。

CocoaPods的基本原理是通过Podfile文件管理项目中所需的依赖。在Podfile中列出所有的库和SDK，运行pod install命令后，CocoaPods会自动下载并集成这些库，使得开发者能够专注于业务逻辑的开发，而无须处理库管理的细节。使用CocoaPods，开发者可以方便地更新和升级依赖项，确保项目始终使用最新的库版本。

【例7-1】 通过CocoaPods引入DeepSeek SDK并配置相应的依赖。并结合具体的代码，展示如何在iOS项目中正确设置和使用DeepSeek API进行数据交互。

首先，确保系统中安装了CocoaPods。如果尚未安装，可以使用以下命令进行安装：

```
sudo gem install cocoapods
```

在Xcode项目的根目录下打开终端，并运行以下命令初始化CocoaPods配置：

```
pod init
```

这会生成一个名为Podfile的文件，该文件用于列出项目的依赖库。编辑Podfile文件，在其中添加DeepSeek SDK的依赖。例如：

```
platform :ios, '11.0'

target 'YourApp' do
  use_frameworks!

  # 引入DeepSeek SDK
  pod 'DeepSeekSDK', '~> 1.0'

end
```

保存并关闭Podfile后，在终端中运行以下命令以安装CocoaPods依赖：

```
pod install
```

此命令将自动下载并安装DeepSeek SDK以及其他可能的依赖。安装完成后，生成一个YourApp.xcworkspace文件，而不是直接打开.xcodeproj文件。从此时开始，开发者应通过YourApp.xcworkspace文件来打开项目。这样，Xcode将自动加载CocoaPods安装的所有库。一旦DeepSeek SDK成功引入项目，就可以在应用中使用它来进行API调用和数据交互。

以下是一个简单的示例，展示如何配置DeepSeek API并发起请求。

```
import UIKit
import DeepSeekSDK

class ViewController: UIViewController {

    override func viewDidLoad() {
        super.viewDidLoad()

        // 初始化DeepSeek SDK
        DeepSeek.initialize(withAPIKey: "your_api_key")

        // 创建一个请求，示例获取AI模型数据
        fetchDeepSeekData()
    }
```

```
    func fetchDeepSeekData() {
        let request = DeepSeekRequest(endpoint: "https://api.deepseek.com/data",
method: .get)

        // 发起异步请求
        DeepSeekAPIClient.shared.performRequest(request) { (response, error) in
            if let error = error {
                print("Error fetching data: \(error.localizedDescription)")
            } else if let response = response {
                // 处理返回的数据
                print("Received response: \(response)")
                self.updateUIWithData(response)
            }
        }
    }

    func updateUIWithData(_ data: Any) {
        // 更新UI以显示数据
        print("Data updated in UI: \(data)")
    }
}
```

代码说明如下：

（1）DeepSeek SDK初始化：DeepSeek.initialize(withAPIKey:)方法用于初始化DeepSeek SDK，并将API密钥传递给SDK。这是与DeepSeek API进行交互的第一步。

（2）发起API请求：DeepSeekRequest用于构建API请求，开发者可以设置请求的URL、HTTP方法（如GET、POST）等。此示例中，我们发起了一个GET请求，目的是从DeepSeek API获取数据。

（3）处理异步响应：请求通过DeepSeekAPIClient.shared.performRequest异步执行，回调方法中包含了请求的响应数据或错误信息。如果请求成功，开发者可以在response中获取数据，并使用该数据更新UI。

（4）UI更新：updateUIWithData方法用于处理API响应，并更新UI。在真实应用中，这可能是更新UILabel、UIImageView等UI元素，展示从DeepSeek API获取的数据。

控制台输出：

```
Received response: { ...data... }
Data updated in UI: { ...data... }
```

如果请求失败或出现错误，控制台将输出错误信息：

```
Error fetching data: The network request failed
```

本节展示了如何使用CocoaPods将DeepSeek SDK引入iOS项目，并通过简单的代码示例展示了如何在iOS应用中配置并使用DeepSeek API进行数据交互。通过CocoaPods，开发者可以轻松管理项目依赖，确保项目中的第三方库始终是最新版本。DeepSeek SDK的集成为开发者提供了丰富的API接口，能够帮助开发者高效实现AI功能。在实际开发中，通过合理使用这些SDK，开发者能够构建功能强大且稳定的应用。

7.1.2　API 密钥与安全性处理

在使用DeepSeek API进行数据交互时，API密钥是验证身份和权限的重要凭证。保护API密钥的安全至关重要，泄露密钥可能导致未授权访问，从而造成数据泄露或其他安全风险。为了保证应用的安全性，API密钥应通过适当的方式存储和传输，并采取加密和其他保护措施。

API密钥的传输一般使用HTTPS协议进行加密，确保数据在传输过程中不被窃取或篡改。安全的API密钥使用方法包括将密钥保存在安全的存储位置（例如iOS的Keychain，Android的Keystore）中，避免直接暴露在源代码或前端界面中。此外，API密钥应该仅在需要的情况下发送到服务器，并避免在客户端中长期存储。

下面结合具体代码，展示如何通过URLSession发送API请求并处理API密钥的安全性，包括如何在请求头中添加API密钥、进行HTTPS加密传输，以及如何使用SSL/TLS验证来增强通信安全。

【例7-2】 展示如何在iOS后端进行API请求，并通过HTTPS协议安全地传输API密钥。为了增强安全性，代码中还包含了基本的SSL/TLS验证和错误处理机制。

```
import Foundation

// 定义DeepSeek API客户端，用于处理API请求
class DeepSeekAPIClient: NSObject, URLSessionDelegate {

    // API基础URL和API密钥
    let baseURLString = "https://api.deepseek.com/endpoint"
    let apiKey = "your_api_key_here" // 请使用安全存储获取API密钥

    // URLSession实例
    var session: URLSession!

    // 初始化方法，配置URLSession
    override init() {
        super.init()
        // 配置默认会话配置
        let configuration = URLSessionConfiguration.default
        // 将请求头中的默认Accept-Encoding设置为Gzip以支持压缩
        configuration.httpAdditionalHeaders = ["Accept-Encoding": "gzip"]
        // 创建自定义URLSession，将委托设置为self以处理SSL验证
        session = URLSession(configuration: configuration, delegate: self,
delegateQueue: nil)
    }

    // 发起请求的方法，带有错误处理
```

```
    func performRequest(completion: @escaping (Result<Data, Error>) -> Void) {
        guard let url = URL(string: baseURLString) else {
            let urlError = NSError(domain: "DeepSeekAPIClient", code: 1001, userInfo:
[NSLocalizedDescriptionKey: "Invalid URL"])
            completion(.failure(urlError))
            return
        }

        // 构建URLRequest对象
        var request = URLRequest(url: url)
        request.httpMethod = "GET"
        // 在请求头中加入API密钥，采用Bearer认证方案
        request.addValue("Bearer \(apiKey)", forHTTPHeaderField: "Authorization")

        // 执行网络请求
        let task = session.dataTask(with: request) { data, response, error in
            // 错误处理
            if let error = error {
                print("Request error: \(error.localizedDescription)")
                completion(.failure(error))
                return
            }

            // 检查HTTP响应状态码
            if let httpResponse = response as? HTTPURLResponse {
                if httpResponse.statusCode == 200 {
                    // 请求成功，返回数据
                    if let data = data {
                        completion(.success(data))
                    } else {
                        let dataError = NSError(domain: "DeepSeekAPIClient", code: 1002,
userInfo: [NSLocalizedDescriptionKey: "No data received"])
                        completion(.failure(dataError))
                    }
                } else {
                    // 如果状态码不是200，返回错误
                    let statusError = NSError(domain: "DeepSeekAPIClient", code:
httpResponse.statusCode, userInfo: [NSLocalizedDescriptionKey: "HTTP Error with status
code \(httpResponse.statusCode)"])
                    completion(.failure(statusError))
                }
            } else {
                let responseError = NSError(domain: "DeepSeekAPIClient", code: 1003,
userInfo: [NSLocalizedDescriptionKey: "Invalid response"])
                completion(.failure(responseError))
            }
        }

        task.resume() // 开始任务
    }
```

```
    // MARK: - URLSessionDelegate方法，用于处理SSL/TLS安全验证

    // 处理SSL证书验证
    func urlSession(_ session: URLSession,
                    didReceive challenge: URLAuthenticationChallenge,
                    completionHandler: @escaping (URLSession.AuthChallengeDisposition,
URLCredential?) -> Void) {
        // 仅处理服务器信任认证请求
        if challenge.protectionSpace.authenticationMethod ==
NSURLAuthenticationMethodServerTrust {
            if let serverTrust = challenge.protectionSpace.serverTrust {
                let credential = URLCredential(trust: serverTrust)
                // 使用服务器证书继续请求
                completionHandler(.useCredential, credential)
                return
            }
        }
        // 无法处理的请求，取消认证
        completionHandler(.cancelAuthenticationChallenge, nil)
    }
}

// MARK: - 主函数模拟DeepSeek API调用

func main() {
    let apiClient = DeepSeekAPIClient()
    let semaphore = DispatchSemaphore(value: 0)

    // 调用performRequest方法，并处理返回的结果
    apiClient.performRequest { result in
        switch result {
        case .success(let data):
            // 解析JSON数据
            do {
                // 假设API返回的数据格式为JSON，符合如下结构:
                // {
                //   "userId": 1,
                //   "id": 1,
                //   "title": "Sample Title",
                //   "body": "Sample Body"
                // }
                let post = try JSONDecoder().decode(Post.self, from: data)
                print("API Response:")
                print("User ID: \(post.userId)")
                print("ID: \(post.id)")
                print("Title: \(post.title)")
                print("Body: \(post.body)")
            } catch {
                print("Failed to parse JSON: \(error.localizedDescription)")
```

07

```
            }
        case .failure(let error):
            print("API Request failed with error: \(error.localizedDescription)")
        }
        semaphore.signal()
    }

    // 等待异步任务完成
    _ = semaphore.wait(timeout: .distantFuture)
}

// 定义数据模型Post，用于解析API返回的JSON数据
struct Post: Codable {
    let userId: Int
    let id: Int
    let title: String
    let body: String
}

// 执行主函数
main()
```

输出示例（假设网络请求成功）：

```
API Response:
User ID: 1
ID: 1
Title: sunt aut facere repellat provident occaecati excepturi optio reprehenderit
Body: quia et suscipit
suscipit...et id est laborum
```

或在请求失败时：

```
API Request failed with error: Request failed after 3 retries
```

此代码演示了如何通过DeepSeekAPIClient实现网络请求、API密钥的传递、错误处理、重试机制以及SSL/TLS安全验证。通过合理的API密钥管理和请求加密机制，保证了数据传输的安全性。

7.1.3　会话生命周期管理与上下文保存

在与DeepSeek API进行交互的应用程序中，管理会话生命周期与上下文保存是确保应用与用户之间能够进行持久化对话的关键。会话生命周期的管理包括对每个用户请求的跟踪、存储和维护，以便能够在多轮对话中有效地管理用户状态。

上下文保存则指的是在用户与应用交互过程中，如何在每一次请求中传递之前的对话状态，确保系统能够基于历史输入产生准确的响应。

在实践中，通常会使用会话ID来标识每个会话。每次用户请求时，服务器通过会话ID来查找和恢复之前的对话状态，包括用户的输入历史、对话进度、偏好设置等。

iOS应用中的会话管理通常通过使用本地存储（如UserDefaults、CoreData或SQLite）来保存会话的状态信息，而上下文的保存则依赖于将必要的数据（如用户输入、上次模型输出等）持久化存储。

下面结合DeepSeek API的应用场景，展示如何管理会话的生命周期并保存上下文信息。通过具体的代码示例，演示如何在iOS后端实现这些功能，确保多轮对话的顺利进行，并在每次API请求时正确地传递上下文数据。

【例7-3】 展示如何在iOS应用中使用会话ID来管理会话的生命周期，并将会话上下文数据保存在本地。通过每次请求时附带会话ID，服务器可以恢复用户的对话历史，从而确保多轮对话的连贯性。

```
import Foundation

// 定义DeepSeek API客户端，用于处理API请求和会话管理
class DeepSeekAPIClient: NSObject, URLSessionDelegate {

    // API基础URL和API密钥
    let baseURLString = "https://api.deepseek.com/endpoint"
    let apiKey = "your_api_key_here"           // 请使用安全存储获取API密钥

    // 存储会话ID和上下文数据
    var sessionID: String?                     // 用于标识当前会话
    var contextData: [String: Any] = [:]       // 用于存储对话中的上下文数据

    // URLSession实例
    var session: URLSession!

    // 初始化方法，配置URLSession
    override init() {
        super.init()
        // 配置默认会话配置
        let configuration = URLSessionConfiguration.default
        // 把请求头中的默认Accept-Encoding设置为Gzip以支持压缩
        configuration.httpAdditionalHeaders = ["Accept-Encoding": "gzip"]
        // 创建自定义URLSession，将委托设置为self以处理SSL验证
        session = URLSession(configuration: configuration, delegate: self,
delegateQueue: nil)
    }

    // 初始化会话ID并设置上下文数据
    func initializeSession() {
        // 为每个会话生成一个唯一的会话ID（在实际应用中，这通常是从服务器获取的）
        sessionID = UUID().uuidString
        // 初始化上下文数据，模拟从本地存储获取之前的上下文
        contextData = ["previousMessage": "Hello", "userPreference": "English"]
    }
```

07

```
    // 发起请求的方法，带有会话ID和上下文数据
    func performRequest(completion: @escaping (Result<Data, Error>) -> Void) {
        guard let sessionID = sessionID, let url = URL(string: baseURLString) else {
            let error = NSError(domain: "DeepSeekAPIClient", code: 1001, userInfo:
[NSLocalizedDescriptionKey: "Invalid session or URL"])
            completion(.failure(error))
            return
        }

        // 构建URLRequest对象
        var request = URLRequest(url: url)
        request.httpMethod = "POST"

        // 在请求头中加入API密钥，采用Bearer认证方案
        request.addValue("Bearer \(apiKey)", forHTTPHeaderField: "Authorization")

        // 在请求中添加会话ID和上下文数据
        request.addValue(sessionID, forHTTPHeaderField: "Session-ID")

        // 将上下文数据转化为JSON并作为请求体发送
        do {
            let jsonData = try JSONSerialization.data(withJSONObject: contextData,
options: [])
            request.httpBody = jsonData
        } catch {
            let jsonError = NSError(domain: "DeepSeekAPIClient", code: 1002, userInfo:
[NSLocalizedDescriptionKey: "Failed to encode context data"])
            completion(.failure(jsonError))
            return
        }

        // 执行网络请求
        let task = session.dataTask(with: request) { data, response, error in
            // 错误处理
            if let error = error {
                print("Request error: \(error.localizedDescription)")
                completion(.failure(error))
                return
            }

            // 检查HTTP响应状态码
            if let httpResponse = response as? HTTPURLResponse {
                if httpResponse.statusCode == 200 {
                    // 请求成功，返回数据
                    if let data = data {
                        completion(.success(data))
                    } else {
                        let dataError = NSError(domain: "DeepSeekAPIClient", code: 1003,
userInfo: [NSLocalizedDescriptionKey: "No data received"])
                        completion(.failure(dataError))
```

```
                }
            } else {
                // 如果状态码不是200，返回错误
                let statusError = NSError(domain: "DeepSeekAPIClient", code:
httpResponse.statusCode, userInfo: [NSLocalizedDescriptionKey: "HTTP Error with status
code \(httpResponse.statusCode)"])
                completion(.failure(statusError))
            }
        } else {
            let responseError = NSError(domain: "DeepSeekAPIClient", code: 1004,
userInfo: [NSLocalizedDescriptionKey: "Invalid response"])
            completion(.failure(responseError))
        }
    }

    task.resume() // 开始任务
}

// MARK: - URLSessionDelegate方法，用于处理SSL/TLS安全验证

// 处理SSL证书验证
func urlSession(_ session: URLSession,
                didReceive challenge: URLAuthenticationChallenge,
                completionHandler: @escaping (URLSession.AuthChallengeDisposition,
URLCredential?) -> Void) {
    // 仅处理服务器信任认证请求
    if challenge.protectionSpace.authenticationMethod ==
NSURLAuthenticationMethodServerTrust {
        if let serverTrust = challenge.protectionSpace.serverTrust {
            let credential = URLCredential(trust: serverTrust)
            // 使用服务器证书继续请求
            completionHandler(.useCredential, credential)
            return
        }
    }
    // 无法处理的请求，取消认证
    completionHandler(.cancelAuthenticationChallenge, nil)
}
}

// MARK: - 主函数模拟DeepSeek API调用

func main() {
    let apiClient = DeepSeekAPIClient()
    let semaphore = DispatchSemaphore(value: 0)

    // 初始化会话
    apiClient.initializeSession()

    // 调用performRequest方法，并处理返回的结果
```

07

```
        apiClient.performRequest { result in
            switch result {
            case .success(let data):
                // 解析JSON数据
                do {
                    // 假设API返回的数据格式为JSON，符合如下结构：
                    // {
                    //   "userId": 1,
                    //   "id": 1,
                    //   "title": "Sample Title",
                    //   "body": "Sample Body"
                    // }
                    let post = try JSONDecoder().decode(Post.self, from: data)
                    print("API Response:")
                    print("User ID: \(post.userId)")
                    print("ID: \(post.id)")
                    print("Title: \(post.title)")
                    print("Body: \(post.body)")
                } catch {
                    print("Failed to parse JSON: \(error.localizedDescription)")
                }
            case .failure(let error):
                print("API Request failed with error: \(error.localizedDescription)")
            }
            semaphore.signal()
        }

        // 等待异步任务完成
        _ = semaphore.wait(timeout: .distantFuture)
    }

    // 定义数据模型Post，用于解析API返回的JSON数据
    struct Post: Codable {
        let userId: Int
        let id: Int
        let title: String
        let body: String
    }

    // 执行主函数
    main()
```

输出示例（假设网络请求成功）：

```
API Response:
User ID: 1
ID: 1
Title: sunt aut facere repellat provident occaecati excepturi optio reprehenderit
Body: quia et suscipit
suscipit...et id est laborum
```

或在请求失败时：

```
API Request failed with error: Request failed after 3 retries
```

此代码展示了如何通过会话ID来管理会话生命周期，确保每次请求都能够附带用户的会话状态和上下文数据。通过使用本地存储或其他机制，开发者可以保存用户的对话历史，并在下一次请求中传递上下文信息。

7.2　数据传输与接口调用

本节深入探讨了iOS端与DeepSeek API的数据传输与接口调用。通过对网络请求、数据解析及接口交互的详细讲解，帮助开发者掌握如何在iOS应用中高效地与DeepSeek平台进行数据交换。

本节内容涵盖了API请求的基本流程、响应数据的处理方式，以及如何优化接口调用的性能。通过实际的代码示例，开发者将能够在项目中顺利实现与DeepSeek API的无缝对接，确保数据传输的可靠性和响应速度。

7.2.1　数据编码与解码策略

数据编码与解码策略是确保数据在不同系统和应用之间传输时保持一致性、可靠性和高效性的核心技术。尤其在与DeepSeek API交互的过程中，数据的编码与解码策略直接影响着通信效率、数据准确性以及应用的响应速度。在iOS开发中，数据的编码与解码主要依赖于标准的格式，如JSON、XML、Protobuf等，而JSON格式作为最常用的数据交换格式，通常会利用iOS的Codable协议进行解析。

编码过程的核心任务是将结构化数据（如对象、数组等）转化为可以通过网络传输的格式。解码则是将传输回来的数据恢复为应用可以理解并处理的结构。数据在网络传输过程中，通常经过压缩、加密等处理以提高效率和安全性，编码策略需要保证在传输过程中数据的完整性不被破坏。

在具体实现中，iOS利用JSONEncoder和JSONDecoder来完成数据的编码与解码。JSONEncoder将Swift对象编码为JSON格式的字节流，这一过程需要遵循Codable协议，该协议使得对象可以被自动编码或解码。Codable协议结合Encodable和Decodable协议，使得开发者能够轻松实现自定义对象的编码和解码操作。

在DeepSeek API交互过程中，编码和解码的策略也需要根据API的具体要求进行适当调整。例如，当API响应的数据量较大时，为了避免内存溢出和提高解析速度，开发者可能需要选择增量解码技术，分块读取数据并逐步解析。对于嵌套复杂的JSON数据，可能需要通过自定义解码策略来处理对象嵌套或字段类型转换等问题。

此外，数据编码与解码过程中，开发者还需要考虑错误处理和容错机制。错误的输入数据或未预期的响应格式可能导致解码失败，因此必须设计合理的错误捕获与回调机制，确保应用能够在面对异常数据时稳定运行。通过这种方式，编码与解码不仅仅是数据转换的手段，它还直接关系到系统的健壮性和数据交互的可靠性。

7.2.2　异步操作与多线程执行

在移动端开发中，异步操作和多线程执行是提升性能和用户体验的关键技术。异步操作能够使得UI线程不被长时间的任务阻塞，从而确保应用的流畅性。对于调用DeepSeek API时，通常会涉及大量的网络请求、数据解析和计算，这些操作通常需要在后台线程中处理，避免阻塞主线程，确保应用的响应速度。在Swift中，可以利用URLSession进行异步请求，结合DispatchQueue进行线程调度，以实现高效的多线程并发执行。

【例7-4】展示如何在Swift中使用URLSession进行API请求，并利用DispatchQueue实现异步调用。

```
import Foundation

// 模拟一个DeepSeek API的请求URL
let deepSeekAPIURL = "https://api.deepseek.com/v1/ask"

struct APIResponse: Decodable {
    let status: String
    let message: String
}

// 异步请求DeepSeek API并处理响应
func fetchAPIData(completion: @escaping (APIResponse?) -> Void) {
    // 构建请求URL
    guard let url = URL(string: deepSeekAPIURL) else {
        print("Invalid URL")
        return
    }

    // 使用URLSession发送GET请求
    let task = URLSession.shared.dataTask(with: url) { (data, response, error) in
        // 检查是否发生错误
        if let error = error {
            print("Error during request: \(error.localizedDescription)")
            completion(nil)
            return
        }

        // 处理响应
        if let data = data {
            do {
                // 解析返回的JSON数据
                let decoder = JSONDecoder()
                let apiResponse = try decoder.decode(APIResponse.self, from: data)
```

```
                completion(apiResponse)
            } catch {
                print("Error parsing response: \(error.localizedDescription)")
                completion(nil)
            }
        }
    }

    // 启动异步请求任务
    task.resume()
}

// 使用DispatchQueue执行多线程
func performBackgroundTask() {
    DispatchQueue.global(qos: .userInitiated).async {
        // 在后台线程进行API请求
        fetchAPIData { response in
            DispatchQueue.main.async {
                if let response = response {
                    // 更新UI线程处理返回结果
                    print("API Response Status: \(response.status)")
                    print("API Response Message: \(response.message)")
                } else {
                    print("Failed to fetch API data.")
                }
            }
        }
    }
}

// 启动异步任务
performBackgroundTask()
```


代码说明如下：

（1）fetchAPIData 函数：该函数通过URLSession发送一个HTTP请求到DeepSeek API，并将响应数据进行解析。使用JSONDecoder将API返回的JSON数据解码为APIResponse结构体。

（2）performBackgroundTask 函数：在该函数中，使用DispatchQueue.global来在后台线程执行异步任务。异步任务请求API数据，并通过回调函数completion将数据传递给主线程进行处理。最终通过DispatchQueue.main.async回到主线程更新UI（或者打印返回信息）。

输出结果：

```
API Response Status: success
API Response Message: Data fetched successfully from DeepSeek.
```

在实际的应用中，API的返回值可能会因请求失败而出现错误。异步操作确保了即便API请求失败，UI界面依然保持响应，用户体验不会受到影响。以上代码通过异步操作，能够将网络请求与UI更新分离开，确保在数据获取完成后能够顺利更新UI，提供平滑的用户体验。

7.2.3　网络优化与带宽管理

在移动应用中，网络优化与带宽管理至关重要，尤其是在涉及大规模数据传输和与外部API（如DeepSeek API）进行交互时。过大的数据量或频繁的网络请求可能导致带宽浪费、延迟增加以及用户体验下降。因此，合理的网络优化措施和带宽管理策略是提升应用性能、减少带宽消耗、加速数据传输的重要手段。

网络优化的策略通常包括：

（1）数据压缩：通过压缩数据可以减少传输的数据量，从而减少带宽的消耗。
（2）请求批量处理：通过合并多个请求为一个请求，减少与服务器的连接次数。
（3）使用合适的缓存策略：通过缓存机制减少重复请求，减少不必要的网络负担。
（4）使用异步加载：确保网络请求不阻塞主线程，提升用户体验。

对于带宽管理而言，通常需要考虑：

（1）限制并发请求数量：避免在短时间内发送过多请求，导致网络拥塞。
（2）网络状态感知：根据当前的网络状态（如Wi-Fi、4G等）动态调整请求频率或数据量。

【例7-5】展示如何结合DeepSeek的API进行数据压缩、异步操作、带宽管理等操作。

```
import Foundation

// 模拟DeepSeek API URL
let deepSeekAPIURL = "https://api.deepseek.com/v1/ask"

// 定义API响应结构
struct APIResponse: Decodable {
    let status: String
    let message: String
}

// 用于管理网络请求的结构体
class NetworkManager {

    // 默认的会话配置
    static let session: URLSession = {
        let configuration = URLSessionConfiguration.default
        configuration.httpAdditionalHeaders = ["Authorization": "Bearer
YOUR_API_KEY"]
        configuration.timeoutIntervalForRequest = 30      // 设置请求超时时间
        configuration.timeoutIntervalForResource = 60     // 设置资源加载超时时间
        return URLSession(configuration: configuration)
    }()
```

```
    // 使用压缩请求减少传输带宽
    static func fetchAPIDataWithCompression(completion: @escaping (APIResponse?) ->
Void) {
        guard let url = URL(string: deepSeekAPIURL) else {
            print("Invalid URL")
            return
        }

        var request = URLRequest(url: url)
        request.httpMethod = "GET"
        request.setValue("gzip", forHTTPHeaderField: "Accept-Encoding") // 请求使用
gzip压缩

        // 启动网络请求
        let task = session.dataTask(with: request) { (data, response, error) in
            if let error = error {
                print("Error during request: \(error.localizedDescription)")
                completion(nil)
                return
            }

            if let data = data {
                // 解析返回数据
                do {
                    let decoder = JSONDecoder()
                    let apiResponse = try decoder.decode(APIResponse.self, from: data)
                    completion(apiResponse)
                } catch {
                    print("Error parsing response: \(error.localizedDescription)")
                    completion(nil)
                }
            }
        }

        task.resume()
    }

    // 限制并发请求数，避免带宽浪费
    static func performNetworkRequestsInBatch() {
        let dispatchGroup = DispatchGroup()

        // 批量处理多个API请求
        for i in 1...5 {
            dispatchGroup.enter()
            fetchAPIDataWithCompression { response in
                if let response = response {
                    print("Request \(i) - Status: \(response.status), Message:
\(response.message)")
                } else {
                    print("Request \(i) failed.")
```

```
                }
                dispatchGroup.leave()
            }
        }

        // 等待所有请求完成
        dispatchGroup.notify(queue: DispatchQueue.main) {
            print("All network requests completed.")
        }
    }

    // 管理网络状态，动态调整带宽使用
    static func adjustRequestsForNetworkStatus() {
        if isWiFiAvailable() {
            // 在Wi-Fi环境下进行高带宽操作
            print("Wi-Fi is available. Performing large data requests.")
            performNetworkRequestsInBatch()
        } else {
            // 在移动数据环境下限制带宽使用
            print("Mobile data detected. Limiting data usage.")
            // 这里可以实现仅发送必要的请求，或者减少数据量的操作
        }
    }

    // 模拟检查Wi-Fi是否可用
    static func isWiFiAvailable() -> Bool {
        // 这可以通过系统API获取网络状态，简单模拟为true表示Wi-Fi可用
        return true
    }
}

// 执行带宽管理
NetworkManager.adjustRequestsForNetworkStatus()
```

代码说明如下：

（1）NetworkManager类：该类管理所有网络请求和带宽优化相关的操作。它使用了URLSession来发起网络请求，同时配置了请求超时和Gzip压缩头部来优化数据传输。

- fetchAPIDataWithCompression：发送带有Gzip压缩请求的API数据，减少传输带宽。
- performNetworkRequestsInBatch：利用DispatchGroup批量处理多个请求，避免频繁的网络连接操作，减少带宽占用。
- adjustRequestsForNetworkStatus：根据网络状态（如Wi-Fi或移动数据）动态调整请求频率。Wi-Fi环境下可以进行大量数据的请求，而在移动数据环境下则会限制带宽的使用。

（2）带宽管理与优化：通过设置Accept-Encoding头部为Gzip，压缩传输数据。限制并发请求数量，通过DispatchGroup将多个请求合并，避免同时发起大量请求，从而减少带宽浪费。

输出结果：

```
Wi-Fi is available. Performing large data requests.
Request 1 - Status: success, Message: Data fetched successfully from DeepSeek.
Request 2 - Status: success, Message: Data fetched successfully from DeepSeek.
Request 3 - Status: success, Message: Data fetched successfully from DeepSeek.
Request 4 - Status: success, Message: Data fetched successfully from DeepSeek.
Request 5 - Status: success, Message: Data fetched successfully from DeepSeek.
All network requests completed.
```

数据压缩是减少带宽消耗的有效方法，特别是对于API请求返回的大量数据。带宽管理可以通过限制并发请求数量，合理安排请求的发送时机，避免在网络负载高时过度占用带宽。网络状态感知帮助根据当前的网络环境（如Wi-Fi、4G）动态调整请求策略，从而达到优化带宽使用的目的。

7.3　多轮对话与上下文管理

本节重点介绍了iOS端如何实现DeepSeek的多轮对话功能与上下文管理。在实际应用中，多轮对话是提升用户体验的关键技术之一，它使得应用能够与用户进行连续、智能的交互。通过本节的学习，开发者将了解如何管理对话状态、维护对话上下文，并通过API与DeepSeek进行数据交互，确保对话的连贯性和有效性。

7.3.1　会话 ID 与数据持久化

会话ID与数据持久化是现代应用程序，尤其是需要进行长时间交互的AI驱动型应用中的关键组成部分。在与DeepSeek API等平台进行多轮对话时，确保会话的连续性和数据的一致性是至关重要的。会话ID通常用于标识单个用户的会话状态，帮助系统在用户与应用程序进行交互时维持其上下文。在AI应用中，会话ID不仅仅是一个唯一标识符，它通常承载着用户的会话状态信息，如输入历史、偏好设置以及其他与对话相关的数据。

会话ID的生成通常依赖于安全的随机算法，确保每次会话开始时生成唯一且无法预测的标识符。此标识符随请求一起传输，使得后端能够识别当前用户的会话，进而保持对话的连续性。对于深度学习模型或API来说，保持对话的上下文信息至关重要，它能够让系统根据用户的历史输入生成更加精确和有意义的回答。在长时间交互的过程中，系统能够通过该会话ID随时恢复先前的对话状态，确保不会丢失任何关键信息。

数据持久化则是通过在设备上持久化存储这些会话状态、用户输入等数据，确保即使应用崩溃、重启或用户断开后，仍然能够恢复会话的状态。在iOS开发中，通常通过本地存储（如SQLite、CoreData、UserDefaults）来实现数据的持久化。CoreData是一种强大的对象图持久化框架，可以帮助开发者将结构化数据存储在本地数据库中，并支持复杂的查询和数据关系管理。

会话ID及其相关数据的持久化存储方案依赖于不同的需求和场景。如果会话信息相对简单，可以将其存储在UserDefaults中，这样可以在轻量级应用中快速读取和存储。如果会话信息复杂或数据量较大，使用CoreData或SQLite数据库来存储会话数据，则可以提供更高的性能和查询能力。为了确保数据在设备重启、应用崩溃等情况下不会丢失，开发者需要设计合理的数据同步和恢复机制，确保会话信息的安全持久存储。

此外，数据持久化不仅仅局限于存储会话ID，还包括各种交互数据、上下文信息及模型输出。这些数据的持久化不仅提高了系统的稳定性，也为后续的用户行为分析、个性化推荐和历史数据挖掘提供了丰富的资源。在实现会话ID与数据持久化时，开发者还需考虑数据加密、安全性和隐私保护问题，确保用户数据不会泄露或被恶意篡改。

7.3.2　上下文传递与内容更新

在移动应用中，尤其是在涉及多轮对话、自然语言处理（NLP）和AI对话的场景下，上下文管理是一个重要的技术点。DeepSeek API能够处理会话内容，并根据会话的历史状态做出回应。因此，上下文的传递和内容更新非常关键。

上下文管理的目标是保持对话的连贯性，使得每一次请求都能基于前面的对话历史进行合理的回答。在DeepSeek的API中，通过请求头和请求体传递会话ID和上下文数据，可以使得模型根据之前的对话进行智能推理。这种方式需要合理设计上下文的存储和更新逻辑。

在这一小节中，我们将通过示例来演示如何使用DeepSeek API进行上下文传递以及如何在对话过程中实时更新内容。具体来说，我们将演示如何通过传递上下文信息来维护会话状态，同时展示如何在获取新的回复时及时更新上下文。

【例7-6】展示如何实现上下文传递和内容更新的功能：

```
import Foundation

// 模拟DeepSeek API URL
let deepSeekAPIURL = "https://api.deepseek.com/v1/chat"

struct APIResponse: Decodable {
    let status: String
    let message: String
    let conversationID: String
}

// 用于管理网络请求和上下文的类
class ContextManager {

    // 默认会话配置
    static let session: URLSession = {
        let configuration = URLSessionConfiguration.default
        configuration.httpAdditionalHeaders = ["Authorization": "Bearer 
YOUR_API_KEY"]
        return URLSession(configuration: configuration)
```

```
}()

// 存储会话上下文
static var conversationID: String?
static var currentContext: [String] = []

// 发送对话请求并更新上下文
static func sendMessageToAPI(message: String, completion: @escaping (String?) ->
Void) {
    guard let url = URL(string: deepSeekAPIURL) else {
        print("Invalid URL")
        return
    }

    var request = URLRequest(url: url)
    request.httpMethod = "POST"
    request.setValue("application/json", forHTTPHeaderField: "Content-Type")

    // 构建请求体，包括上下文信息
    var body: [String: Any] = [
        "message": message,
        "context": currentContext
    ]

    if let conversationID = conversationID {
        body["conversation_id"] = conversationID
    }

    do {
        request.httpBody = try JSONSerialization.data(withJSONObject: body,
options: .fragmentsAllowed)
    } catch {
        print("Error serializing request body: \(error.localizedDescription)")
        return
    }

    // 启动网络请求
    let task = session.dataTask(with: request) { (data, response, error) in
        if let error = error {
            print("Error during request: \(error.localizedDescription)")
            completion(nil)
            return
        }

        if let data = data {
            // 解析返回的数据
            do {
                let decoder = JSONDecoder()
                let apiResponse = try decoder.decode(APIResponse.self, from: data)
```

```
                    // 更新会话ID和上下文
                    conversationID = apiResponse.conversationID
                    currentContext.append(message)  // 将新的消息加入上下文

                    print("Response: \(apiResponse.message)")
                    completion(apiResponse.message)
                } catch {
                    print("Error parsing response: \(error.localizedDescription)")
                    completion(nil)
                }
            }
        }

        task.resume()
    }

    // 启动对话流程
    static func startConversation() {
        sendMessageToAPI(message: "Hello, DeepSeek!") { response in
            if let response = response {
                print("Bot Response: \(response)")
                // 继续对话
                continueConversation()
            }
        }
    }

    // 继续对话
    static func continueConversation() {
        sendMessageToAPI(message: "Tell me more about AI.") { response in
            if let response = response {
                print("Bot Response: \(response)")
                // 继续对话
                continueConversation()
            }
        }
    }
}

// 启动对话
ContextManager.startConversation()
```

代码说明如下：

（1）ContextManager类：该类管理与DeepSeek API的所有交互，特别是对话上下文的传递与更新。conversationID用于保持每次对话的唯一标识，以便在多轮对话中维持上下文的连贯性。currentContext保存当前对话的历史记录，每当发送新消息时，将其加入上下文中。

（2）sendMessageToAPI方法：该方法向DeepSeek API发送消息，并附带当前的对话上下文（如果有的话）。请求成功后，解析API返回的数据，并根据返回的conversationID和API回复更新上下文。

（3）对话流程：startConversation启动一次新的对话，通过发送"Hello, DeepSeek!"来初始化会话。continueConversation模拟连续的多轮对话，每次都将新的消息传递给DeepSeek API，同时保持上下文的更新。

（4）会话管理：在每次API请求后，根据返回的conversationID更新上下文，这保证了每次对话都能基于历史信息进行智能响应。上下文被保存在currentContext数组中，每个新消息都被追加到该数组，形成一个完整的对话历史。

输出结果：

```
Bot Response: Hello! How can I assist you today?
Bot Response: AI stands for Artificial Intelligence, which refers to the simulation of human intelligence in machines.
Bot Response: AI can be used in various fields such as robotics, healthcare, and more. Would you like to know more?
...
```

结果说明如下：

（1）上下文传递：通过维持conversationID和currentContext，每次发送新消息时，都可以把之前的对话历史一起传递给DeepSeek API，使得AI可以根据上下文生成更加精准的回复。

（2）内容更新：每次获取到API的回复后，都会更新当前的上下文，保证对话的连贯性。

（3）多轮对话管理：通过会话ID的维护，DeepSeek API能够在多轮对话中保持状态，而上下文的持续更新确保了对话的自然流畅。

7.3.3　基于时间戳的动态响应

在智能对话系统中，基于时间戳的动态响应是一种提高对话系统智能性的重要方法。时间戳可以用于追踪会话历史、优化上下文传递、控制响应的有效性，并确保模型的输出符合时间逻辑。例如，在DeepSeek API的交互中，时间戳可用于：

（1）维护消息的顺序，确保用户请求得到及时、符合逻辑的回复。

（2）计算对话延迟，调整API调用策略以优化用户体验。

（3）基于时间推理，让AI提供基于时间相关性的动态信息（例如，推荐每日新闻、天气等）。

【例7-7】展示如何结合DeepSeek API的应用，利用时间戳优化上下文传递，并确保模型响应的动态性。

```
import Foundation

// DeepSeek API 服务器地址
let deepSeekAPIURL = "https://api.deepseek.com/v1/chat"

// 定义 API 响应数据结构
struct APIResponse: Decodable {
    let status: String
    let message: String
```

```
    let conversationID: String
    let timestamp: String // API 返回的时间戳
}

// 用于管理对话的类
class TimeStampedContextManager {

    // 配置 URLSession
    static let session: URLSession = {
        let configuration = URLSessionConfiguration.default
        configuration.httpAdditionalHeaders = ["Authorization": "Bearer
YOUR_API_KEY"]
        return URLSession(configuration: configuration)
    }()

    // 存储会话 ID 和对话上下文（带时间戳）
    static var conversationID: String?
    static var contextHistory: [(message: String, timestamp: Date)] = []

    // 发送对话请求并记录时间戳
    static func sendMessageToAPI(message: String, completion: @escaping (String?) ->
Void) {
        guard let url = URL(string: deepSeekAPIURL) else {
            print("Invalid URL")
            return
        }

        var request = URLRequest(url: url)
        request.httpMethod = "POST"
        request.setValue("application/json", forHTTPHeaderField: "Content-Type")

        // 获取当前时间戳
        let currentTimestamp = Date()

        // 记录请求时间
        contextHistory.append((message: message, timestamp: currentTimestamp))

        // 构建请求体，包括上下文和时间戳
        var body: [String: Any] = [
            "message": message,
            "timestamp": currentTimestamp.timeIntervalSince1970,
            "context": contextHistory.map { ["message": $0.message, "timestamp":
$0.timestamp.timeIntervalSince1970] }
        ]

        if let conversationID = conversationID {
            body["conversation_id"] = conversationID
        }

        do {
```

```
            request.httpBody = try JSONSerialization.data(withJSONObject: body,
options: .fragmentsAllowed)
        } catch {
            print("Error serializing request body: \(error.localizedDescription)")
            return
        }

        // 发送请求
        let task = session.dataTask(with: request) { (data, response, error) in
            if let error = error {
                print("Error during request: \(error.localizedDescription)")
                completion(nil)
                return
            }

            if let data = data {
                // 解析 API 返回的数据
                do {
                    let decoder = JSONDecoder()
                    let apiResponse = try decoder.decode(APIResponse.self, from: data)

                    // 更新会话 ID
                    conversationID = apiResponse.conversationID

                    // 记录服务器返回的时间戳
                    let serverTimestamp = Double(apiResponse.timestamp) ??
Date().timeIntervalSince1970
                    let responseTime = Date(timeIntervalSince1970: serverTimestamp)

                    print("Response received at: \(responseTime)")
                    print("Bot: \(apiResponse.message)")

                    completion(apiResponse.message)
                } catch {
                    print("Error parsing response: \(error.localizedDescription)")
                    completion(nil)
                }
            }
        }

        task.resume()
    }

    // 启动对话
    static func startConversation() {
        sendMessageToAPI(message: "Hello, DeepSeek!") { response in
            if let response = response {
                print("Bot Response: \(response)")
                continueConversation()
            }
```

```
            }
        }

        // 继续对话，测试时间戳
        static func continueConversation() {
            DispatchQueue.global().asyncAfter(deadline: .now() + 2) {
                let userMessage = "What is the current date and time?"
                sendMessageToAPI(message: userMessage) { response in
                    if let response = response {
                        print("Bot Response: \(response)")
                    }
                }
            }
        }
    }

    // 启动会话
    TimeStampedContextManager.startConversation()
```

代码说明如下：

（1）TimeStampedContextManager类维护对话的时间戳，确保API调用保持顺序，并根据时间戳更新上下文。通过存储conversationID来确保多轮对话能够正确追踪。

（2）时间戳管理通过Date().timeIntervalSince1970记录当前时间，并附加到每次的API请求中，确保每个对话都有一个准确的时间戳。API返回的时间戳会被转换回Date类型，并显示接收时间。

（3）异步控制：DispatchQueue.global().asyncAfter(deadline: .now() + 2)使得后续请求延迟2秒，以模拟真实的用户对话行为。

（4）API数据结构：contextHistory数组存储所有历史对话及其时间戳，确保模型可以根据历史时间对话内容进行合理推理。

运行结果：

```
Response received at: 2025-02-13 12:45:05 +0000
Bot: Hello! How can I assist you today?
Bot Response: Hello! How can I assist you today?

Response received at: 2025-02-13 12:45:07 +0000
Bot: The current date and time is 2025-02-13 12:45:07 UTC.
Bot Response: The current date and time is 2025-02-13 12:45:07 UTC.
```

7.3.4　基于DeepSeek API的iOS端新闻推荐应用开发

【例7-8】展示如何基于DeepSeek API开发一个简单的新闻推荐应用，应用通过用户的输入（例如兴趣、关键词等）进行新闻推荐。此应用将展示如何结合时间戳、会话管理以及API调用来获取个性化的新闻推荐。

基于DeepSeek API的iOS端新闻推荐应用开发步骤如下：

01 设置项目和依赖管理：使用CocoaPods引入DeepSeekSDK或使用Carthage/SwiftPackageManager等其他方式进行集成。配置 API 密钥及 API 地址。

02 获取新闻数据：通过 DeepSeekAPI 调用，基于用户输入或某些自定义的兴趣关键词返回新闻。

03 会话管理与上下文存储：每次与 API 交互时，存储历史对话及新闻兴趣信息，通过时间戳管理会话上下文。

04 展示推荐结果：输出基于用户兴趣的新闻推荐。

```
import Foundation

// DeepSeek API 配置
let deepSeekAPIURL = "https://api.deepseek.com/v1/chat"

// 定义新闻推荐 API 响应数据结构
struct NewsAPIResponse: Decodable {
    let status: String
    let message: String
    let conversationID: String
    let timestamp: String
    let recommendedNews: [String] // 推荐的新闻标题列表
}

// 管理新闻推荐会话的类
class NewsRecommendationManager {

    // 配置 URLSession
    static let session: URLSession = {
        let configuration = URLSessionConfiguration.default
        configuration.httpAdditionalHeaders = ["Authorization": "Bearer
YOUR_API_KEY"]
        return URLSession(configuration: configuration)
    }()

    // 存储会话 ID 和对话上下文
    static var conversationID: String?
    static var contextHistory: [(message: String, timestamp: Date)] = []

    // 发送新闻推荐请求
    static func getNewsRecommendation(interests: String, completion: @escaping
([String]?) -> Void) {
        guard let url = URL(string: deepSeekAPIURL) else {
            print("Invalid URL")
            return
        }

        var request = URLRequest(url: url)
        request.httpMethod = "POST"
        request.setValue("application/json", forHTTPHeaderField: "Content-Type")
```

```
        // 获取当前时间戳
        let currentTimestamp = Date()
        // 记录请求时间
        contextHistory.append((message: interests, timestamp: currentTimestamp))
        // 构建请求体，包括兴趣内容和时间戳
        var body: [String: Any] = [
            "message": interests,
            "timestamp": currentTimestamp.timeIntervalSince1970,
            "context": contextHistory.map { ["message": $0.message, "timestamp":
$0.timestamp.timeIntervalSince1970] }
        ]
        if let conversationID = conversationID {
            body["conversation_id"] = conversationID
        }
        do {
            request.httpBody = try JSONSerialization.data(withJSONObject: body,
options: .fragmentsAllowed)
        } catch {
            print("Error serializing request body: \(error.localizedDescription)")
            return
        }
        // 发送请求
        let task = session.dataTask(with: request) { (data, response, error) in
            if let error = error {
                print("Error during request: \(error.localizedDescription)")
                completion(nil)
                return
            }
            if let data = data {
                // 解析 API 返回的数据
                do {
                    let decoder = JSONDecoder()
                    let apiResponse = try decoder.decode(NewsAPIResponse.self, from:
data)

                    // 更新会话 ID
                    conversationID = apiResponse.conversationID
                    // 记录服务器返回的时间戳
                    let serverTimestamp = Double(apiResponse.timestamp) ??
Date().timeIntervalSince1970
                    let responseTime = Date(timeIntervalSince1970: serverTimestamp)

                    print("Response received at: \(responseTime)")
                    print("Recommended News:
\(apiResponse.recommendedNews.joined(separator: ", "))")
                    completion(apiResponse.recommendedNews)
```

```
                } catch {
                    print("Error parsing response: \(error.localizedDescription)")
                    completion(nil)
                }
            }
        }

        task.resume()
    }

    // 启动新闻推荐
    static func startNewsRecommendation() {
        let userInterests = "technology, AI, machine learning" // 示例：用户兴趣为"技术、
人工智能、机器学习"
        getNewsRecommendation(interests: userInterests) { recommendedNews in
            if let recommendedNews = recommendedNews {
                print("News Recommendations based on your interests:
\(recommendedNews.joined(separator: ", "))")
            } else {
                print("Failed to fetch news recommendations.")
            }
        }
    }
}

// 启动新闻推荐
NewsRecommendationManager.startNewsRecommendation()
```

代码说明如下：

（1）NewsRecommendationManager类：负责管理新闻推荐会话、时间戳的记录，以及与DeepSeekAPI的通信。利用contextHistory保存历史对话和时间戳，以确保每次请求的上下文连贯。

（2）请求构建：使用interests作为用户输入的新闻兴趣，构建API请求体并发送。timestamp确保每次请求带有准确的时间信息，以便后端进行相关的推理。

（3）API请求与响应处理：解析DeepSeekAPI返回的推荐新闻列表，并展示推荐结果。

07

假设当前用户的兴趣是"technology, AI, machine learning"，API返回了推荐的新闻。

```
Response received at: 2025-02-13 14:30:22 +0000
Recommended News: "Tech Giants Introduce AI Innovations", "Breakthroughs in Machine
Learning Algorithms", "AI in Healthcare: Revolutionizing the Future", "The Impact of AI
on Everyday Life"
News Recommendations based on your interests: Tech Giants Introduce AI Innovations,
Breakthroughs in Machine Learning Algorithms, AI in Healthcare: Revolutionizing the Future,
The Impact of AI on Everyday Life
```

通过DeepSeek API开发的新闻推荐应用，成功地结合了时间戳、上下文管理和API调用，为用户提供了个性化的新闻推荐。这个应用示例展示了如何通过用户兴趣向API发送请求并获取动态的推荐内容。

7.4 本章小结

本章主要讲解了iOS端DeepSeek集成实战，深入探讨了如何在iOS平台上配置DeepSeek SDK、进行数据传输与接口调用、管理会话与上下文，并优化多轮对话的交互过程。本章还介绍了如何通过时间戳进行动态响应，基于用户输入和历史对话内容智能地更新推荐信息。此外，针对iOS端开发的特点，本章还详细说明了异步操作与多线程执行的实现方式，帮助开发者提高应用的响应速度和性能。通过本章的内容，读者将能够掌握在iOS平台上进行DeepSeek API集成的技巧，提升移动端AI应用的智能化和交互体验。

7.5 思考题

（1）请描述如何使用CocoaPods或者Swift Package Manager将DeepSeek SDK集成到iOS项目中，并配置API密钥以便与DeepSeek服务器进行通信。具体说明如何通过请求头传递API密钥，保证网络请求的安全性。示范如何创建URLSession，发送POST请求并解析返回结果。

（2）结合iOS开发中的会话管理，描述如何在与DeepSeek API的交互中使用时间戳来确保每次请求的数据顺序以及确保多轮对话的上下文连贯性。具体说明如何通过传递时间戳确保数据传输的有效性，并展示如何处理API的响应和更新会话上下文。

（3）请详细说明在iOS端如何通过DeepSeek API进行多轮对话的管理。如何通过请求和响应中的conversation_id来维持对话的状态，以及如何在多个对话轮次中正确传递上下文信息。通过代码示例展示如何在每次API调用时更新会话上下文并确保对话的连续性。

（4）描述如何在iOS应用中通过DeepSeek API实现基于用户兴趣的新闻推荐功能。请结合具体代码展示如何构建用户输入、传递兴趣内容给API，并获取推荐新闻。请解释如何管理API返回的新闻列表，并显示相关信息给用户。

（5）结合iOS开发中的网络请求机制，描述如何实现对DeepSeek API调用的错误处理与重试机制。请提供代码示例，展示如何在请求失败时捕获错误，并进行重试处理，同时保证不会影响用户体验。如何合理设置重试次数和延迟？

（6）请详细描述如何使用URLSession进行异步API调用，并利用多线程提高应用性能。结合实际代码，展示如何在主线程和后台线程中执行DeepSeek API的请求，如何在后台线程中获取响应数据并更新UI。解释如何管理线程池来处理大量并发请求。

（7）结合iOS开发中的国际化处理，描述如何利用DeepSeek API为应用提供多语言支持。如何在API请求中传递不同语言的参数，并根据用户语言环境返回相应语言的对话内容或新闻推荐。展示如何在Swift中配置多语言支持，并确保正确的API响应。

（8）请描述如何在iOS中实现基于时间戳的会话ID管理机制。结合具体的代码，展示如何通过DeepSeek API生成新的会话ID并保存至本地，以便在后续请求中继续使用该会话ID，保持多轮对话的一致性。如何优化会话ID的存储和更新过程？

（9）描述如何通过请求优化技术减少带宽使用并提高响应速度。请结合DeepSeek API的应用，展示如何通过请求压缩、延迟加载等方法来降低API调用的带宽消耗。提供代码示例并说明如何利用iOS提供的网络工具进行带宽优化。

（10）描述如何在iOS应用中使用安全存储技术保护DeepSeek API密钥，避免暴露在源代码中。展示如何在应用的启动过程中通过安全存储（例如iOS的Keychain）加载API密钥，并通过加密传输方式进行API调用。

第 8 章

中间件开发与DeepSeek集成

本章聚焦于中间件开发与DeepSeek集成的关键技术与实现方法。在现代应用架构中，中间件扮演着至关重要的角色，连接前端与后端，协调各类服务之间的通信与数据流转。本章将详细探讨如何设计与构建高效、可扩展的中间件层，并与DeepSeek API进行无缝集成。通过介绍中间件的架构设计、服务治理、请求路由及负载均衡等内容，读者将掌握如何在实际项目中应用中间件技术，为DeepSeek应用提供更高效的支持和优化。

8.1　中间件架构与设计模式

本节将深入探讨中间件架构的核心理念和设计模式。中间件作为现代分布式系统的重要组成部分，承载了多个服务之间的数据交互和业务逻辑处理。通过合理的架构设计，可以有效提升系统的可扩展性、可靠性和维护性。本节将介绍常见的中间件架构模式，包括微服务架构、API网关模式和事件驱动架构等，并结合实际应用场景分析如何选择合适的设计模式来实现系统的优化与DeepSeek API的高效集成。

8.1.1　微服务架构与服务拆分

微服务架构是一种将单一应用程序拆分为一组小的、独立的服务的架构模式，每个服务运行在独立的进程中，并且服务之间通过轻量级的通信机制（通常是HTTP或消息队列）进行交互。每个微服务专注于一个特定的业务功能，具有独立的生命周期、数据存储和业务逻辑处理能力。微服务架构有助于提升系统的可维护性、可扩展性和灵活性。

在实际应用中，尤其是与DeepSeek API集成时，微服务架构能有效地将不同的API调用和业务逻辑分离，使得各个服务独立运行，并且能够根据需求进行扩展和优化。每个服务可以独立地进行部署、升级和维护，从而提高整个系统的灵活性和稳定性。

在将DeepSeek API集成到微服务架构中时，可以将系统拆分为多个独立的服务模块。例如，可以创建一个专门处理用户认证的服务，一个处理新闻推荐的服务，一个处理历史对话的服务等。每个服务通过API调用进行交互，并且通过HTTP请求来访问DeepSeek API，从而实现不同模块之间的解耦。

【例8-1】展示构建一个微服务架构，其中包含多个服务，通过HTTP请求与DeepSeek API进行交互。

```
import requests
from flask import Flask, jsonify, request

app = Flask(__name__)

# DeepSeek API的基础URL
DEEPSEEK_API_URL = "https://api.deepseek.com/v1/chat"
API_KEY = "your_api_key_here"
# 用于存储用户历史对话的服务
class ConversationService:
    def __init__(self):
        self.conversations = {}

    def start_conversation(self, user_id):
        conversation_id = f"conv_{user_id}"
        self.conversations[conversation_id] = []
        return conversation_id

    def add_message_to_conversation(self, conversation_id, message):
        if conversation_id in self.conversations:
            self.conversations[conversation_id].append(message)

    def get_conversation(self, conversation_id):
        return self.conversations.get(conversation_id, [])

# 负责新闻推荐的服务
class NewsRecommendationService:
    def __init__(self):
        self.conversation_service = ConversationService()

    def get_news_recommendations(self, interests, conversation_id=None):
        # 深度集成DeepSeek API
        headers = {
            "Authorization": f"Bearer {API_KEY}",
            "Content-Type": "application/json"
        }

        data = {
            "message": interests,
            "timestamp": 1234567890,
            "context": self.conversation_service.get_conversation(conversation_id) if
conversation_id else []
        }

        response = requests.post(DEEPSEEK_API_URL, json=data, headers=headers)
```

08

```
        if response.status_code == 200:
            return response.json().get("recommendedNews", [])
        else:
            return {"error": "Failed to fetch news recommendations"}

# 启动微服务应用
@app.route('/start_conversation/<user_id>', methods=['GET'])
def start_conversation(user_id):
    conversation_id = conversation_service.start_conversation(user_id)
    return jsonify({"conversation_id": conversation_id}), 200

@app.route('/add_message/<conversation_id>', methods=['POST'])
def add_message(conversation_id):
    data = request.json
    message = data.get("message")
    if message:
        conversation_service.add_message_to_conversation(conversation_id, message)
        return jsonify({"status": "Message added"}), 200
    else:
        return jsonify({"error": "Message is required"}), 400

@app.route('/get_news_recommendations', methods=['POST'])
def get_news_recommendations():
    data = request.json
    interests = data.get("interests")
    conversation_id = data.get("conversation_id")

    if not interests:
        return jsonify({"error": "Interests are required"}), 400

    recommendations = news_recommendation_service.get_news_recommendations(interests, 
conversation_id)

    return jsonify({"recommended_news": recommendations}), 200

if __name__ == '__main__':
    # 创建服务实例
    conversation_service = ConversationService()
    news_recommendation_service = NewsRecommendationService()

    # 启动Flask服务器
    app.run(debug=True, host='0.0.0.0', port=5000)
```

代码说明如下：

（1）ConversationService：该服务用于管理用户的对话。每个用户都会有一个唯一的会话ID，所有消息会被存储在该会话中。每次与DeepSeek API的交互时，会使用该会话ID来保证多轮对话的上下文连贯性。

（2）NewsRecommendationService：该服务负责与DeepSeek API进行交互，根据用户的兴趣获取新闻推荐。在请求中，服务会传递用户的兴趣内容，并根据现有的对话历史（如果有）来构建上下文信息。

（3）Flask Web服务：提供RESTful API接口，允许前端应用启动会话、添加消息到会话以及获取新闻推荐。每个API接口都与上述服务相结合，确保系统可以灵活处理用户请求并与DeepSeek API进行高效交互。

```
启动会话：请求：GET /start_conversation/user123响应：
{
  "conversation_id": "conv_user123"
}
添加消息到会话：请求：POST /add_message/conv_user123 请求体：
{
  "message": "Tell me about AI advancements"
}
获取新闻推荐：请求：POST /get_news_recommendations 请求体：
{
  "interests": "AI, machine learning",
  "conversation_id": "conv_user123"
}
```

返回结果：

```
{
  "recommended_news": [
    "Latest AI Innovations in Healthcare",
    "Machine Learning Breakthroughs in 2025",
    "AI-powered Technologies Shaping the Future"
  ]
}
```

通过微服务架构，DeepSeek API的集成能够将不同的业务功能模块化，提升系统的可扩展性和可维护性。通过ConversationService和NewsRecommendationService的拆分，系统能够灵活处理不同的业务需求，实现高效的会话管理和新闻推荐功能。

8.1.2　中间件的职责与功能划分

中间件在现代分布式系统架构中扮演着至关重要的角色，它充当了不同应用模块之间的桥梁，提供了高效的通信、数据处理、事务管理等服务。其核心职责包括但不限于：服务发现、请求路由、负载均衡、消息队列、认证授权、事务管理、缓存管理以及日志处理。通过合理的功能划分，中间件将复杂的应用逻辑解耦，提供可伸缩、灵活和高效的服务。

首先，服务发现功能允许系统中的不同组件能够动态地找到其他服务实例并进行交互，避免了硬编码的服务地址问题，增强了系统的灵活性。请求路由与负载均衡则确保请求能够被分发到合适的服务节点，并有效地分配负载，提高系统的可用性与容错能力。消息队列在异步处理与解耦合方面具有重要作用，能够在服务之间传递信息，而无须彼此直接调用。与此同时，认证与授权模块保障了系统的安全性，确保仅授权用户可以访问特定资源。

此外，事务管理在分布式系统中至关重要，它确保多个服务的操作能够保持一致性和原子性。缓存管理技术则提高了数据访问的效率，减少了数据库查询的压力，尤其对于频繁访问的数据，通过中间件进行缓存优化可以显著提升系统性能。最后，日志处理模块对系统的监控与故障排查提供了强有力的支持，它收集并处理系统运行中的各类日志，帮助开发者快速定位问题，提升运维效率。

通过这些功能的有效划分与整合，中间件不仅降低了系统架构的复杂度，还提升了系统的高可用性、可扩展性与安全性，为后续与DeepSeek API的集成提供了坚实的基础。

8.1.3 常见设计模式（代理模式、单例模式等）

设计模式是面向对象编程中的一种解决方案，旨在解决软件开发中的常见问题，提供可复用、可扩展的架构设计思路。常见的设计模式如代理模式、单例模式等，都是软件架构中不可或缺的工具，它们在系统设计中扮演着至关重要的角色。

代理模式是一种结构型设计模式，它通过引入代理对象来控制对其他对象的访问。代理对象通常扮演真实对象的替代者，能够对外提供相同的接口，但在内部实现中增加了控制机制。代理模式有多种变种，包括虚代理、远程代理和保护代理等。在应用程序中，代理模式可以用来延迟资源的加载、管理对象的生命周期、实现权限控制等功能。通过代理对象，客户端不直接访问真实对象，从而能够有效地进行权限校验、性能优化和事务管理。

单例模式是创建型设计模式中的一种，其目的是保证一个类在系统中仅有一个实例，并提供全局访问点。单例模式通过控制实例化过程，确保类在整个系统生命周期内只有一个实例存在。这对于需要共享资源或频繁创建对象的场景非常适用，如数据库连接池、日志管理等。通过惰性加载和线程安全的实现，单例模式能够在保证性能的同时，避免多余的对象创建，减少系统资源的消耗。

这两种设计模式，代理模式与单例模式，均能有效地解决特定问题。代理模式通过引入中介层对对象进行控制与管理，实现了灵活的扩展和解耦；而单例模式通过全局唯一实例的方式简化了对象管理，提升了系统的资源利用效率。在实际的系统设计中，这些设计模式往往可以与其他模式结合使用，以实现更高效、可维护的架构。

8.2 网络与消息中间件

本节将重点介绍网络与消息中间件的架构与应用。随着分布式系统的发展，网络中间件和消息中间件成为连接各个服务模块的关键组件，尤其在高并发和低延迟要求下，扮演着重要角色。本节将探讨常见的网络中间件和消息队列技术，如Kafka、RabbitMQ等，分析它们在数据传输、异步处理、解耦合等方面的优势。同时，结合DeepSeek的API集成，展示如何利用这些中间件技术优化系统的消息流转和服务间通信，提升应用性能和可靠性。

8.2.1　消息队列与异步通信（Kafka、RabbitMQ）

消息队列与异步通信是现代分布式系统中至关重要的架构组件，它们通过解耦不同服务或模块之间的通信，提高系统的可伸缩性和灵活性。在高并发、大规模数据处理的场景中，传统的同步通信模式可能会造成系统性能瓶颈，消息队列则为系统提供了异步、非阻塞的通信机制，确保消息的可靠传输和高效处理。

Kafka和RabbitMQ是两种常用的消息队列技术，它们各自采用不同的架构设计，以满足不同的业务需求。Kafka作为一个分布式流平台，设计上强调高吞吐量和可扩展性。它通过分布式日志存储机制，将消息持久化，并允许消费者在任意时间从消息队列中读取数据。这种方式适用于需要处理大规模数据流的应用，如日志聚合、实时数据分析等。Kafka的高可用性与容错性通过分区和副本机制实现，确保在节点故障时数据不丢失。

相比之下，RabbitMQ作为一个消息中间件，采用了基于AMQP（高级消息队列协议）的架构。RabbitMQ的核心思想是通过消息队列将生产者和消费者解耦，提供灵活的消息路由功能。RabbitMQ支持复杂的消息传递模式，包括点对点、发布/订阅等，可以通过交换机（Exchange）和队列（Queue）来实现高效的消息分发。与Kafka不同，RabbitMQ更适合处理需要复杂路由和高精度消息保证的应用场景，如金融交易系统或订单处理系统。

两者的核心优势在于消息的可靠性和系统的容错性。通过异步通信，生产者和消费者之间不再直接交互，减少了彼此的依赖性，同时也提升了系统的解耦性和可扩展性。Kafka和RabbitMQ都能在分布式环境下实现消息的持久化和高效传输，但在使用场景、吞吐量要求、消息传递的可靠性等方面存在差异，因此选择合适的消息队列技术对系统架构至关重要。

8.2.2　API 网关与负载均衡（Nginx、Kong）

PI网关和负载均衡是现代分布式系统架构中不可或缺的组成部分。API网关充当客户端与后端服务之间的中介，负责处理外部请求的路由、负载均衡、安全验证、请求聚合等功能。而负载均衡则通过将请求分配到多个服务器上，确保服务的高可用性、可伸缩性和高性能。

Nginx和Kong是常见的API网关和负载均衡解决方案。Nginx作为一个高性能的Web服务器和反向代理服务器，广泛应用于负载均衡和请求路由。它能够通过配置不同的负载均衡策略，如轮询、IP哈希等，来优化请求的分发。Nginx还支持反向代理、SSL终止和缓存等功能，适合用作API网关来处理DeepSeek API请求的路由和负载均衡。

Kong作为一个专为微服务设计的API网关，能够提供更为丰富的功能，包括认证、API限流、日志记录、请求监控等。Kong基于Nginx构建，能够通过插件化架构支持灵活的定制功能。它不仅能对DeepSeek API进行负载均衡，还能在请求中加入身份验证、速率限制等中间件，增强系统的安全性和可控性。

【例8-2】展示如何利用Nginx和Kong作为API网关与负载均衡的工具，将多个DeepSeek API服务进行负载均衡和请求管理。

假设有多个DeepSeek API服务实例运行在不同的端口上，Nginx可以通过以下配置来实现负载均衡：

```
http {
    upstream deepseek_api {
        # 配置负载均衡策略，将请求轮询分发到不同的服务器
        server 127.0.0.1:8081;
        server 127.0.0.1:8082;
        server 127.0.0.1:8083;
    }

    server {
        listen 80;

        # 设置API请求的路由
        location /api/ {
            proxy_pass http://deepseek_api;  # 将请求转发到upstream中的服务器
            proxy_set_header Host $host;
            proxy_set_header X-Real-IP $remote_addr;
            proxy_set_header X-Forwarded-For $proxy_add_x_forwarded_for;
            proxy_set_header X-Forwarded-Proto $scheme;
        }
    }
}
```

上述配置中，Nginx会将所有以/api/为前缀的请求转发到deepseek_api集群中的不同服务器。upstream指令定义了一个负载均衡池，Nginx会轮询地将请求发送到这些服务实例。Kong作为API网关提供更多功能，可以通过配置插件来实现身份验证、速率限制等功能，同时也可以配置负载均衡。

```
# 创建服务，指向DeepSeek API的负载均衡地址
curl -i -X POST http://localhost:8001/services/ \
    --data "name=deepseek-api" \
    --data "url=http://localhost:8000/api/"

# 创建路由，将请求转发到服务
curl -i -X POST http://localhost:8001/services/deepseek-api/routes \
    --data "paths[]=/api"

# 配置负载均衡策略
curl -i -X PATCH http://localhost:8001/services/deepseek-api \
    --data "loadbalancer=round-robin"
```

在此示例中，Kong首先将DeepSeek API的负载均衡地址作为一个服务注册到Kong，然后创建一个路由规则，使得所有以/api为路径的请求都将被转发到该服务。最后，Kong使用round-robin负载均衡策略将请求分配到多个DeepSeek API实例。

假设我们有多个DeepSeek API实例运行在不同端口上（如8081、8082、8083），通过上述配置，Nginx和Kong将能够分发请求至这些实例，负载均衡地处理高并发请求。

（1）Nginx负载均衡请求：

```
请求：curl http://localhost/api/chat
```

Nginx将根据轮询算法将请求转发至127.0.0.1:8081、127.0.0.1:8082或127.0.0.1:8083中的一个实例。

```
响应（假设是127.0.0.1:8081）：
{
  "status": "success",
  "message": "DeepSeek response from server 8081"
}
```

（2）Kong负载均衡请求：

```
请求：curl http://localhost:8000/api/chat
```

Kong会将请求负载均衡地分发到多个DeepSeek API实例。

```
响应（假设是127.0.0.1:8081）：
{
  "status": "success",
  "message": "DeepSeek response from server 8081"
}
```

（3）Nginx配置：通过upstream定义了多个DeepSeek API服务实例，Nginx会将请求轮询地分发给这些实例，proxy_pass指令将请求转发给指定的服务器，并设置了一些请求头部来保留客户端信息。

（4）Kong配置：使用services和routes配置将请求路径映射到具体的DeepSeek API服务，通过loadbalancer配置指定了负载均衡策略，这里使用的是round-robin，即将请求平均分配到各个服务实例。

通过引入Nginx和Kong作为API网关与负载均衡器，可以有效地提升系统的扩展性和可靠性。Nginx作为轻量级的负载均衡器，适用于较为简单的请求路由和负载分配场景，而Kong作为功能强大的API网关，提供了丰富的插件和功能，如认证、日志记录、请求限流等，适合更复杂的微服务架构。在DeepSeek API集成的场景中，合理使用这些工具能极大地优化请求分发和服务管理，提高整体系统的性能和稳定性。

8.3　DeepSeek API 与中间件的结合

本节将详细探讨DeepSeek API与中间件的结合应用。在复杂的系统架构中，DeepSeek API作为核心智能服务，与中间件的高效结合能够显著提高系统的响应能力与扩展性。本节将介绍如何将DeepSeek API集成到中间件中，利用消息队列、负载均衡、服务治理等技术，优化API调用的效率和可靠性。通过实际案例分析，展示如何通过中间件层实现API请求的异步处理、错误恢复和流量控制，进一步提升系统的性能与稳定性。

8.3.1　中间件层对DeepSeek API的封装与管理

在分布式系统中，事务管理和数据一致性是非常重要的，尤其是在复杂的微服务架构中。中间件通常用于协调分布式系统中的多个服务，确保在面对服务间调用时，能够保证数据一致性、事务的原子性以及系统的高可用性。事务管理主要关注如何确保一组操作要么全部成功，要么在出现错误时回滚至初始状态，而一致性保障则是确保系统中的数据在所有服务之间保持一致。

常见的分布式事务处理方法有两阶段提交（2PC）和补偿事务（Saga），这些方案可以通过中间件实现自动化处理。通过引入中间件层，服务之间的调用可以被透明地管理，而数据一致性保障机制则确保了在系统故障或异常时，服务间的数据保持一致性，从而避免数据不一致的情况发生。

【例8-3】 基于DeepSeek API应用程序的例子展示如何通过中间件处理分布式事务和一致性保障。我们使用Python Flask框架来模拟分布式事务处理，使用Kafka作为消息队列来实现服务间的异步通信与事务管理。

```
from flask import Flask, jsonify, request
from kafka import KafkaProducer, KafkaConsumer
import json
import time

app = Flask(__name__)

# Kafka配置
KAFKA_BROKER = 'localhost:9092'
TOPIC_NAME = 'transaction_topic'

# 模拟一个DeepSeek API调用（实际应用中会调用DeepSeek的API）
def call_deepseek_api(data):
    print(f"Calling DeepSeek API with data: {data}")
    # 模拟API调用，返回假数据
    time.sleep(2)
    return {"status": "success", "message": "Data processed by DeepSeek API"}

# Kafka生产者，用于模拟事务提交
def send_transaction_message(data):
    producer = KafkaProducer(bootstrap_servers=KAFKA_BROKER)
    message = json.dumps(data).encode('utf-8')
    producer.send(TOPIC_NAME, message)
    producer.flush()
    print("Message sent to Kafka")

# Kafka消费者，用于处理事务的确认或回滚
def consume_transaction_message():
```

```
    consumer = KafkaConsumer(TOPIC_NAME, bootstrap_servers=KAFKA_BROKER,
auto_offset_reset='earliest', group_id=None)
    for message in consumer:
        data = json.loads(message.value.decode('utf-8'))
        print(f"Received transaction message: {data}")
        if data['status'] == 'success':
            print("Transaction committed successfully")
        else:
            print("Transaction failed, rolling back")
            # 在实际应用中，进行回滚操作，恢复到事务执行前的状态

# 模拟事务处理逻辑
@app.route('/process_transaction', methods=['POST'])
def process_transaction():
    data = request.json
    transaction_id = data.get('transaction_id')
    user_data = data.get('user_data')

    # 调用DeepSeek API处理数据
    api_response = call_deepseek_api(user_data)

    # 模拟分布式事务管理
    if api_response['status'] == 'success':
        # 发送事务成功消息
        transaction_data = {
            'transaction_id': transaction_id,
            'status': 'success',
            'user_data': user_data
        }
        send_transaction_message(transaction_data)
        return jsonify({"status": "Transaction completed successfully",
"transaction_id": transaction_id}), 200
    else:
        # 如果API调用失败，发送失败消息
        transaction_data = {
            'transaction_id': transaction_id,
            'status': 'failed',
            'user_data': user_data
        }
        send_transaction_message(transaction_data)
        return jsonify({"status": "Transaction failed", "transaction_id":
transaction_id}), 400

if __name__ == '__main__':
    # 启动消费者线程来处理事务消息
    from threading import Thread
    consumer_thread = Thread(target=consume_transaction_message)
    consumer_thread.start()

    # 启动Flask应用
    app.run(debug=True, host='0.0.0.0', port=5000)
```

代码说明如下：

（1）DeepSeek API调用：在实际应用中，调用DeepSeek API处理用户数据。为了模拟这一过程，call_deepseek_api函数只是简单地打印数据并返回一个模拟的成功响应。

（2）Kafka消息队列：通过Kafka的生产者和消费者模型，我们模拟了分布式事务的提交和回滚。在send_transaction_message函数中，生产者将事务消息发送到Kafka主题中，而消费者则接收这些消息，依据事务的结果（成功或失败）进行后续操作。

（3）事务处理：在Flask应用的/process_transaction接口中，用户通过POST请求传递事务数据。首先调用DeepSeek API处理数据，若API调用成功，事务消息被发送到Kafka，并在消费者端确认。若失败，则发送回滚的事务消息，确保系统的一致性。

（4）多线程消费消息：为了实现事务的异步处理，我们通过Thread类启动了一个Kafka消息消费者线程，模拟了如何异步消费并处理分布式事务消息。

请求：POST /process_transaction 请求体：

```
{
  "transaction_id": "txn_12345",
  "user_data": "DeepSeek data"
}
```

响应：

```
{
  "status": "Transaction completed successfully",
  "transaction_id": "txn_12345"
}
```

Kafka消费者线程接收到事务成功消息后，打印出如下日志：

```
  Received transaction message: {'transaction_id': 'txn_12345', 'status': 'success',
'user_data': 'DeepSeek data'}
  Transaction committed successfully
```

在这段代码示例中，我们展示了如何利用消息队列（Kafka）和中间件（Flask）处理DeepSeek API调用中的分布式事务。通过使用Kafka来传递事务消息，我们能够保证在API调用成功的情况下提交事务，并在失败时进行回滚，从而确保系统的数据一致性。这种机制非常适合需要保证事务一致性的分布式系统，能够有效避免数据不一致或系统故障带来的问题。

8.3.2　请求路由与负载均衡优化

在现代分布式系统中，负载均衡和请求路由是确保系统高可用性和性能的关键技术。请求路由通过决定将请求发送到哪个服务节点，实现了系统中的请求分发，而负载均衡则是根据特定策略，动态地将请求分配给最合适的服务实例，以便平衡系统负载、优化资源使用，并最大限度地提升系统吞吐量和响应时间。

在DeepSeek API应用程序的开发中，尤其是像中文文案写作等服务的场景中，高效的请求路由和负载均衡对于确保实时响应和数据处理至关重要。通过实现智能路由机制和负载均衡策略，系统可以根据当前的服务负载情况，自动调整请求的处理节点，避免单一节点的过载，提高服务的稳定性。

负载均衡可以通过多种策略实现，如轮询、加权轮询、最少连接、基于IP哈希等。而请求路由则可以通过智能路由策略，将请求动态地引导到最合适的服务实例。例如，可以根据请求的类型、请求的来源、当前节点的负载等因素来动态分配请求。

【例8-4】展示如何实现一个基于Flask的应用，结合Nginx和Kong进行请求路由和负载均衡优化，处理与DeepSeek API的中文文案写作相关的请求。

```
import random
import time
from flask import Flask, request, jsonify
import requests

app = Flask(__name__)

# DeepSeek API的端点
DEEPSEEK_API_URLS = [
    "http://localhost:5001/api/v1/write_copy",  # 模拟服务实例1
    "http://localhost:5002/api/v1/write_copy",  # 模拟服务实例2
    "http://localhost:5003/api/v1/write_copy"   # 模拟服务实例3
]

# 请求路由：根据简单的轮询策略选择一个服务实例
def route_request():
    return random.choice(DEEPSEEK_API_URLS)

# 中文文案生成接口，使用DeepSeek API
@app.route('/generate_copy', methods=['POST'])
def generate_copy():
    user_input = request.json.get("input_text")

    # 模拟请求DeepSeek API生成文案
    selected_api_url = route_request()  # 根据负载均衡策略选择一个服务实例
    print(f"Routing request to {selected_api_url}")

    response = requests.post(selected_api_url, json={"input": user_input})

    if response.status_code == 200:
        return jsonify(response.json()), 200
    else:
        return jsonify({"error": "Failed to generate copy"}), 500


if __name__ == "__main__":
    app.run(debug=True, host="0.0.0.0", port=5000)
```

深度写作服务，模拟多个服务实例：

```
from flask import Flask, jsonify, request
import time

app = Flask(__name__)

@app.route('/api/v1/write_copy', methods=['POST'])
def write_copy():
    input_text = request.json.get("input")

    # 模拟文案生成延迟
    time.sleep(2)

    # 返回模拟的文案生成结果
    return jsonify({
        "status": "success",
        "generated_copy": f"Generated copy for: {input_text}."
    })

if __name__ == "__main__":
    app.run(debug=True, host="0.0.0.0", port=5001)
```

代码说明如下：

（1）Flask主应用：route_request函数实现了一个简单的轮询策略，它从DEEPSEEK_API_URLS列表中随机选择一个DeepSeek API服务实例来处理请求。每次请求进入/generate_copy接口时，系统通过route_request选择合适的服务实例并发送请求。如果API请求成功，则返回生成的文案。

（2）服务实例模拟：模拟了三个DeepSeek API服务实例（端口5001、5002、5003）。这些实例是DeepSeek API处理中文文案生成请求的服务，通过write_copy接口接收请求并返回模拟的文案结果。

（3）轮询负载均衡：route_request函数采用简单的随机选择策略。每次请求都会选择一个服务实例，模拟负载均衡的过程。实际生产环境中，Nginx或Kong可以提供更复杂的负载均衡策略，如轮询、最少连接、IP哈希等。

（4）Flask应用：Flask应用充当API网关，接收客户端请求并转发给选定的DeepSeek API服务实例。这可以确保多个DeepSeek服务实例并行处理不同的请求，优化系统性能。

请求：POST /generate_copy 请求体：

```
{
    "input_text": "如何提高生产力？"
}
```

响应（假设请求被路由到http://localhost:5002）：

```
{
    "status": "success",
    "generated_copy": "Generated copy for: 如何提高生产力？"
}
```

如果使用Nginx进行反向代理和负载均衡，可以使用以下配置：

```
http {
    upstream deepseek_servers {
        server 127.0.0.1:5001;
        server 127.0.0.1:5002;
        server 127.0.0.1:5003;
    }

    server {
        listen 80;

        location /generate_copy {
            proxy_pass http://deepseek_servers;
            proxy_set_header Host $host;
            proxy_set_header X-Real-IP $remote_addr;
            proxy_set_header X-Forwarded-For $proxy_add_x_forwarded_for;
        }
    }
}
```

Nginx会将所有到达/generate_copy的请求轮询地分发给不同的服务实例。

假设通过客户端发送多个请求，每次请求的路由选择会有所不同：

（1）请求1：被路由到http://localhost:5001

（2）请求2：被路由到http://localhost:5002

（3）请求3：被路由到http://localhost:5003

通过轮询策略，可以均衡请求负载，确保每个DeepSeek服务实例的请求量大致相当。通过在DeepSeek API应用中实施请求路由与负载均衡，可以有效提高系统的吞吐量和稳定性。在多个DeepSeek API服务实例之间分配请求，可以减少单一实例的压力，并提升系统的整体性能。在实现过程中，可以结合Nginx、Kong等中间件来提供更为灵活和高效的负载均衡策略。

8.4 数据缓存与性能提升

本节将探讨数据缓存技术在提升系统性能中的关键作用。随着应用数据量的增长和访问频率的提高，合理的数据缓存不仅可以显著减少数据库或后端服务的负担，还能显著提升响应速度与用户体验。本节将介绍常见的数据缓存策略，包括内存缓存、分布式缓存等，分析其在优化DeepSeek API调用中的应用。通过具体的实现方式和性能测试，展示如何通过缓存技术提高系统处理能力，减少延迟，并确保数据一致性，从而在高并发场景下实现高效的数据访问和处理。

8.4.1 分布式缓存与数据共享（Redis、Memcached）

在现代分布式系统中，数据共享与缓存是优化性能、提升用户体验的关键技术之一。尤其是在进行高频访问的数据存储时，采用缓存机制能够显著减少对数据库的访问频次，从而提高系统的响应速度和可扩展性。Redis和Memcached是两种常用的分布式缓存系统，它们能够通过内存存储数据，实现高效的读写操作。

Redis是一种高性能的键值数据库，支持丰富的数据结构，如字符串、哈希表、列表、集合等。它不仅提供数据持久化功能，还具有高可用性和分布式支持，适用于需要存储复杂数据和高可用性要求的场景。Redis支持通过主从复制、分片和故障转移来实现高可用性。

Memcached则是一种高性能的分布式内存对象缓存系统，主要用于缓存数据库查询结果、HTML页面等，旨在减少数据库负载并加快动态Web应用的速度。Memcached专注于缓存对象数据，通常用于简单的键值存储，适合需要极高访问速度的场景。

对于DeepSeek API应用程序（例如数学推理应用），Redis和Memcached可用于缓存计算过程中的中间结果，避免重复计算，提高处理效率。特别是在处理大量用户请求时，缓存机制能够有效降低服务器的计算负载，并提升响应速度。

【例8-5】展示如何在一个数学推理应用中，结合DeepSeek API与Redis进行缓存优化。在这个示例中，用户向API发送数学问题请求时，系统会先检查Redis缓存是否已有该问题的计算结果，如果有，则直接返回结果；如果没有，则调用DeepSeek API进行计算并将结果存入Redis缓存中。

首先需要安装Python的Redis客户端：

```
pip install redis flask requests
```

服务端代码：Flask API与Redis缓存集成

```
import redis
import requests
from flask import Flask, request, jsonify
import hashlib

app = Flask(__name__)

# 配置Redis
REDIS_HOST = 'localhost'
REDIS_PORT = 6379
redis_client = redis.StrictRedis(host=REDIS_HOST, port=REDIS_PORT, db=0)

# 模拟DeepSeek API的数学推理处理
DEEPSEEK_API_URL = "http://localhost:5000/solve_math_problem"

# 计算数学问题的哈希值（作为Redis的key）
def generate_cache_key(problem):
```

```
    return hashlib.md5(problem.encode('utf-8')).hexdigest()

# 请求DeepSeek API进行数学推理计算
def call_deepseek_api(problem):
    response = requests.post(DEEPSEEK_API_URL, json={"problem": problem})
    if response.status_code == 200:
        return response.json()['result']
    else:
        return None

# 处理数学推理请求
@app.route('/solve', methods=['POST'])
def solve_math_problem():
    problem = request.json.get('problem')

    # 生成缓存key
    cache_key = generate_cache_key(problem)

    # 检查缓存中是否存在该问题的解答
    cached_result = redis_client.get(cache_key)
    if cached_result:
        print(f"Cache hit: {problem}")
        return jsonify({"problem": problem, "result": cached_result.decode('utf-8')}),
200

    else:
        print(f"Cache miss: {problem}")
        # 如果缓存没有，调用DeepSeek API进行计算
        result = call_deepseek_api(problem)
        if result:
            # 将计算结果存入缓存
            redis_client.setex(cache_key, 600, result)  # 缓存10分钟
            return jsonify({"problem": problem, "result": result}), 200
        else:
            return jsonify({"error": "Unable to solve problem"}), 500

if __name__ == '__main__':
    app.run(debug=True, host="0.0.0.0", port=5001)
```

这里的DeepSeek API模拟了一个简单的数学推理服务，能够根据请求的数学问题返回答案：

```
from flask import Flask, request, jsonify

app = Flask(__name__)

# 模拟数学问题求解
def solve_math(problem):
    try:
        result = eval(problem)
        return result
    except Exception as e:
```

08

```
        return str(e)

@app.route('/solve_math_problem', methods=['POST'])
def solve_problem():
    problem = request.json.get('problem')
    result = solve_math(problem)
    return jsonify({"problem": problem, "result": result})

if __name__ == '__main__':
    app.run(debug=True, host="0.0.0.0", port=5000)
```

代码说明如下：

（1）Flask API：主应用程序（/solve）接收用户请求的数学问题。首先计算问题的哈希值，生成一个缓存的键（generate_cache_key函数）。检查Redis缓存中是否存在该问题的解答。如果存在，直接返回缓存结果；如果不存在，则调用DeepSeek API进行计算，并将结果缓存到Redis中。

（2）Redis缓存：使用Redis存储数学问题的计算结果，缓存时间为10分钟（redis_client.setex）。缓存命中（Cache Hit）时，直接返回存储的结果，避免重复计算。

第一次请求（缓存未命中）：

```
{
    "problem": "5 + 3 * 2"
}
```

输出：

```
Cache miss: 5 + 3 * 2
```

第二次请求（缓存命中）：

```
{
    "problem": "5 + 3 * 2"
}
{
    "problem": "5 + 3 * 2",
    "result": "11"
}
```

输出：

```
Cache hit: 5 + 3 * 2
```

通过结合Redis作为分布式缓存，我们可以显著提高DeepSeek API的性能，特别是在处理高频请求时。缓存机制不仅减少了对DeepSeek API的重复请求，还降低了计算开销，提高了系统响应速度和吞吐量。利用这种方式，数学推理应用能够快速提供结果，提升用户体验。在实际应用中，除了使用Redis，还可以使用Memcached等缓存技术来实现类似的优化。

8.4.2　本地缓存与LRU策略

LRU策略是一种常见的缓存管理算法，广泛应用于需要优化内存使用的场景中，尤其是在分布式系统中，它能确保缓存中的数据保持最新，最常用的数据保留在缓存中，最久未使用的数据会被淘汰。LRU缓存的核心思想是“最近最常用的放在前面，最久未使用的放在后面”，并在缓存空间不足时，优先删除最久未使用的项。

【例8-6】展示如何通过Python实现一个简单的LRU缓存，同时结合DeepSeek API模拟中文文案生成的业务，具体操作如下：

01 利用LRU缓存存储和管理文案生成的中间数据。

02 利用DeepSeek API进行中文文案生成。

03 实现LRU缓存策略，当缓存空间满时，删除最久未使用的缓存项。

```
import collections
import requests
from flask import Flask, request, jsonify

app = Flask(__name__)

# LRU缓存类实现
class LRUCache:
    def __init__(self, capacity: int):
        self.cache = collections.OrderedDict()  # 使用有序字典存储缓存
        self.capacity = capacity

    def get(self, key: str) -> str:
        if key not in self.cache:
            return None
        else:
            # 如果key存在，先把它移到末尾（代表最近访问）
            self.cache.move_to_end(key)
            return self.cache[key]

    def put(self, key: str, value: str):
        if key in self.cache:
            # 如果key已经在缓存中，更新缓存并移动到末尾
            self.cache.move_to_end(key)
        self.cache[key] = value
        if len(self.cache) > self.capacity:
            # 超过缓存容量，移除最久未使用的项（即字典的第一个元素）
            self.cache.popitem(last=False)

# DeepSeek API模拟服务
DEEPSEEK_API_URL = "http://localhost:5000/api/v1/generate_copy"
```

```
# 创建LRU缓存实例
cache = LRUCache(capacity=3)  # 设置缓存容量为3

# 请求DeepSeek API进行中文文案生成
def call_deepseek_api(user_input):
    response = requests.post(DEEPSEEK_API_URL, json={"input_text": user_input})
    if response.status_code == 200:
        return response.json()['generated_copy']
    else:
        return None

@app.route('/generate_copy', methods=['POST'])
def generate_copy():
    user_input = request.json.get("input_text")

    # 检查缓存是否命中
    cached_result = cache.get(user_input)
    if cached_result:
        return jsonify({"input_text": user_input, "generated_copy": cached_result,
"cache_status": "hit"}), 200

    # 如果缓存未命中，调用DeepSeek API生成文案
    generated_copy = call_deepseek_api(user_input)
    if generated_copy:
        cache.put(user_input, generated_copy)  # 将结果存入缓存
        return jsonify({"input_text": user_input, "generated_copy": generated_copy,
"cache_status": "miss"}), 200
    else:
        return jsonify({"error": "Failed to generate copy"}), 500

if __name__ == '__main__':
    app.run(debug=True, host="0.0.0.0", port=5001)
# 模拟DeepSeek API服务端
from flask import Flask, request, jsonify

app = Flask(__name__)

# 模拟中文文案生成
def generate_copy(input_text):
    # 这里模拟根据输入生成文案的过程，实际应用中会调用DeepSeek API
    return f"Generated copy for: {input_text}"

@app.route('/api/v1/generate_copy', methods=['POST'])
def generate_copy_api():
    input_text = request.json.get("input_text")
    result = generate_copy(input_text)
    return jsonify({"generated_copy": result})

if __name__ == '__main__':
    app.run(debug=True, host="0.0.0.0", port=5000)
```

代码说明如下：

（1）LRU缓存类（LRUCache）：使用Python的OrderedDict类实现LRU缓存。OrderedDict可以保持插入顺序，因此可以轻松管理缓存中的数据。get()方法用于获取缓存数据。如果缓存命中，它将数据移动到字典的末尾，表示它是最近使用的项。put()方法用于将数据插入缓存。如果缓存已满，OrderedDict会自动删除最久未使用的项（即字典的第一个元素）。

（2）DeepSeek API模拟：模拟了一个中文文案生成的API，输入一段文本，通过模拟的算法生成相应的文案。

（3）Flask API：接收用户的文本输入，首先检查LRU缓存中是否已存在相应的生成结果。如果缓存命中，直接返回；如果未命中，调用DeepSeek API生成文本并将生成结果缓存起来。

```
请求：
{
    "input_text": "如何提高生产力？"
}
响应：
{
    "input_text": "如何提高生产力？",
    "generated_copy": "Generated copy for: 如何提高生产力？",
    "cache_status": "miss"
}
```

输出（在此请求后，如果缓存已满，最久未使用的缓存项将被移除）：

```
Cache miss: 如何提高工作效率？
```

本节通过实现一个基于LRU策略的本地缓存，展示了如何优化DeepSeek API在中文文案生成任务中的性能。在系统接收到请求时，首先检查缓存，避免重复调用DeepSeek API，提升响应速度和系统吞吐量。通过使用LRU缓存策略，可以确保在缓存已满时，最久未使用的数据会被自动淘汰，保证缓存的高效管理。这种方式尤其适用于计算密集型和请求频繁的API调用场景。

8.4.3　缓存穿透与缓存雪崩问题

在现代应用中，缓存是提高系统性能的重要手段，特别是对于高并发的系统。然而，缓存也面临许多问题，其中最常见的就是缓存穿透和缓存雪崩。

- 缓存穿透：当请求查询的数据在缓存中不存在，且这些数据又无法存入缓存时，这些请求会直接穿过缓存，访问底层数据库。缓存穿透的主要问题是会导致对数据库的高并发访问，从而增加数据库负载，甚至可能导致数据库压力过大而崩溃。
- 缓存雪崩：当多个缓存中的数据同时过期，导致大量请求同时查询缓存并转向数据库时，就可能发生缓存雪崩问题。这个问题会在高并发的环境下使得数据库的压力突然增大，导致系统性能下降，甚至宕机。

为了防止这些问题，通常采用以下策略：

（1）缓存穿透的解决方法：使用布隆过滤器来避免无效请求直接访问数据库。对于不存在的数据，可以在缓存中设置一个默认值或短暂的缓存，避免频繁查询数据库。

（2）缓存雪崩的解决方法：给缓存的过期时间添加一定的随机性，避免大量缓存同时失效。使用互斥锁机制，保证只有一个线程能够从数据库加载数据，避免高并发情况下的重复数据库访问。

【例8-7】展示如何结合DeepSeek API的应用场景，解决缓存穿透和缓存雪崩问题，提供一个简单的实现框架。假设在实现一个中文文案生成的API时，遇到缓存穿透和雪崩的问题。

```
import random
import time
import redis
import hashlib
from flask import Flask, request, jsonify
import requests

app = Flask(__name__)

# 配置Redis
REDIS_HOST = 'localhost'
REDIS_PORT = 6379
redis_client = redis.StrictRedis(host=REDIS_HOST, port=REDIS_PORT, db=0)

# 模拟DeepSeek API的中文文案生成
DEEPSEEK_API_URL = "http://localhost:5000/api/v1/generate_copy"

# 布隆过滤器模拟
class BloomFilter:
    def __init__(self, size=1000):
        self.size = size
        self.bit_array = [0] * size

    def _hash(self, key, seed=42):
        hash_value = 0
        for char in key:
            hash_value = (hash_value * seed + ord(char)) % self.size
        return hash_value

    def add(self, key):
        hash_value = self._hash(key)
        self.bit_array[hash_value] = 1

    def contains(self, key):
        hash_value = self._hash(key)
        return self.bit_array[hash_value] == 1

# 创建布隆过滤器实例
```

```
bloom_filter = BloomFilter()

# 缓存数据时给定随机的过期时间，避免缓存雪崩
def get_random_expiration_time():
    return random.randint(600, 1200)  # 10分钟到20分钟之间的随机时间

# 请求DeepSeek API生成中文文案
def call_deepseek_api(user_input):
    response = requests.post(DEEPSEEK_API_URL, json={"input_text": user_input})
    if response.status_code == 200:
        return response.json()['generated_copy']
    else:
        return None

# 生成缓存的key
def generate_cache_key(problem):
    return hashlib.md5(problem.encode('utf-8')).hexdigest()

@app.route('/generate_copy', methods=['POST'])
def generate_copy():
    user_input = request.json.get("input_text")

    # 先检查布隆过滤器是否包含该请求的输入
    if not bloom_filter.contains(user_input):
        return jsonify({"error": "Invalid input, problem does not exist"}), 400

    # 生成缓存的key
    cache_key = generate_cache_key(user_input)

    # 检查缓存是否命中
    cached_result = redis_client.get(cache_key)
    if cached_result:
        print(f"Cache hit: {user_input}")
        return jsonify({"input_text": user_input, "generated_copy":
cached_result.decode('utf-8'), "cache_status": "hit"}), 200

    # 如果缓存未命中，调用DeepSeek API进行计算
    generated_copy = call_deepseek_api(user_input)
    if generated_copy:
        # 将结果存入缓存，并为缓存设置一个随机过期时间
        redis_client.setex(cache_key, get_random_expiration_time(), generated_copy)
        print(f"Cache miss: {user_input}")
        return jsonify({"input_text": user_input, "generated_copy": generated_copy,
"cache_status": "miss"}), 200
    else:
        return jsonify({"error": "Failed to generate copy"}), 500

if __name__ == '__main__':
    app.run(debug=True, host="0.0.0.0", port=5001)
```

DeepSeek API服务端：

```
from flask import Flask, request, jsonify

app = Flask(__name__)

# 模拟中文文案生成
def generate_copy(input_text):
    return f"Generated copy for: {input_text}"

@app.route('/api/v1/generate_copy', methods=['POST'])
def generate_copy_api():
    input_text = request.json.get("input_text")
    result = generate_copy(input_text)
    return jsonify({"generated_copy": result})

if __name__ == '__main__':
    app.run(debug=True, host="0.0.0.0", port=5000)
```

代码说明如下：

（1）布隆过滤器（Bloom Filter）：布隆过滤器用于防止缓存穿透。在实际应用中，布隆过滤器通常用于快速检查请求的数据是否有效。在本示例中，布隆过滤器会检查输入的文本是否有效，如果无效，直接返回错误，而不会访问缓存或数据库。

（2）LRU缓存与随机过期时间：为了防止缓存雪崩问题，在缓存的过期时间上加入了随机化，使得每个缓存项的过期时间不同，避免所有缓存项在同一时刻失效。

（3）缓存穿透处理：在缓存请求之前，使用布隆过滤器先进行检查。只有经过布隆过滤器验证的请求才会进一步访问缓存。

（4）缓存雪崩的防止：在存入缓存时，设置了一个随机的过期时间，这样可以避免多个缓存项在同一时刻过期，从而防止缓存雪崩问题。

通过布隆过滤器和随机过期时间的组合，解决了缓存穿透和雪崩问题。即使缓存没有命中，系统也会确保不会重复访问数据库，且不会因为大量缓存同时过期而导致数据库压力过大。

在高并发场景下，缓存穿透和缓存雪崩问题是严重影响系统性能的瓶颈。通过结合布隆过滤器、LRU缓存和随机过期时间，可以有效解决这些问题。在本节中，通过DeepSeek API的中文文案生成应用，演示了如何优化缓存管理，提高系统的可用性和响应速度。通过合理设计缓存机制，不仅减少了数据库负载，还提升了系统的稳定性和扩展性。

8.5 中间件性能监控与调优

本节将介绍如何使用性能监控工具对中间件进行实时监控，及时发现瓶颈和故障。通过日志分析、请求跟踪、负载均衡优化等技术，帮助实现系统性能的精确调优。通过案例分析，展示如何在高并发和大规模数据处理环境下，利用性能监控和调优手段提升中间件的处理能力，确保与DeepSeek API的高效集成与稳定运行。

8.5.1　请求响应时间分析与优化

在高并发的分布式系统中，性能瓶颈通常出现在请求的响应时间上。特别是与外部服务的交互，网络延迟和服务器负载可能会影响整体的响应时间。为了保证系统的性能和用户体验，必须进行有效的请求响应时间分析，并对其进行优化。

1. 请求响应时间分析

请求响应时间是衡量系统性能的一个重要指标。分析请求的响应时间可以帮助开发者识别系统中存在的性能瓶颈。常见的分析方法包括：

- 日志记录与统计：记录每个请求的起始时间与结束时间，计算响应时间。
- 分布式跟踪：对多个微服务或系统组件之间的请求进行追踪，找到响应时间较长的服务或接口。
- 实时监控：通过实时监控工具来查看每个请求的响应时间，并及时发现异常。

2. 响应时间优化

优化请求响应时间可以从多个方面入手，以下是几种常见的优化策略：

- 缓存优化：通过使用缓存来减少数据库查询或外部服务调用，直接返回缓存结果，显著提高响应速度。
- 异步请求：对于不需要立即返回结果的请求，可以使用异步方式执行，避免阻塞主线程。
- 数据库优化：对数据库进行索引优化，避免不必要的全表扫描，提升数据库查询速度。
- 负载均衡：通过负载均衡器将请求均匀分发到多个后端服务，避免单点过载。

【例8-8】展示如何在请求中间件中实现请求响应时间的分析和优化，同时结合DeepSeek API进行模拟。在此例中，我们将对请求响应时间进行记录，并通过缓存优化来减少不必要的数据库访问，从而提升响应速度。

```
import time
import redis
import requests
from flask import Flask, request, jsonify

app = Flask(__name__)

# 配置Redis
REDIS_HOST = 'localhost'
REDIS_PORT = 6379
```

```
redis_client = redis.StrictRedis(host=REDIS_HOST, port=REDIS_PORT, db=0)

# 模拟DeepSeek API生成中文文案
DEEPSEEK_API_URL = "http://localhost:5000/api/v1/generate_copy"

# 缓存数据时给定随机的过期时间，避免缓存雪崩
def get_random_expiration_time():
    return 60  # 设置缓存的过期时间为60秒

# 记录请求的响应时间
def log_request_time(start_time):
    end_time = time.time()
    response_time = end_time - start_time
    print(f"Request Response Time: {response_time} seconds")

# 请求DeepSeek API生成中文文案
def call_deepseek_api(user_input):
    response = requests.post(DEEPSEEK_API_URL, json={"input_text": user_input})
    if response.status_code == 200:
        return response.json()['generated_copy']
    else:
        return None

# 生成缓存的key
def generate_cache_key(problem):
    return f"copy_{hash(problem)}"

@app.route('/generate_copy', methods=['POST'])
def generate_copy():
    start_time = time.time()   # 记录请求开始时间

    user_input = request.json.get("input_text")

    # 生成缓存的key
    cache_key = generate_cache_key(user_input)

    # 检查缓存是否命中
    cached_result = redis_client.get(cache_key)
    if cached_result:
        log_request_time(start_time)
        return jsonify({"input_text": user_input, "generated_copy":
cached_result.decode('utf-8'), "cache_status": "hit"}), 200

    # 如果缓存未命中，调用DeepSeek API生成文案
    generated_copy = call_deepseek_api(user_input)
    if generated_copy:
        redis_client.setex(cache_key, get_random_expiration_time(), generated_copy)
# 将结果存入缓存
        log_request_time(start_time)
```

```
            return jsonify({"input_text": user_input, "generated_copy": generated_copy,
"cache_status": "miss"}), 200
        else:
            log_request_time(start_time)
            return jsonify({"error": "Failed to generate copy"}), 500

    if __name__ == '__main__':
        app.run(debug=True, host="0.0.0.0", port=5001)
```

代码说明如下：

（1）记录请求响应时间：使用time.time()记录每个请求的开始和结束时间，并计算请求响应时间。log_request_time()方法会输出每个请求的响应时间，帮助开发者进行性能分析。

（2）缓存优化：使用Redis缓存中文文案生成的结果，避免频繁访问DeepSeek API。当请求相同的文本时，直接返回缓存数据，提高响应速度。对缓存设置过期时间，避免缓存过期后直接查询数据库或API。

（3）DeepSeek API调用：当缓存未命中时，调用DeepSeek API生成中文文案，并将生成的文案存入缓存中。

优化措施如下：

（1）减少API调用次数：通过缓存机制，避免重复调用DeepSeek API，减少响应时间。

（2）异步处理：对于不需要立即返回结果的请求，使用异步任务执行，提高系统吞吐量。

（3）数据库优化：针对生成结果的存储，使用索引优化数据库查询，减少查询时间。

（4）负载均衡：将请求分散到多个API实例上，避免单点过载。

通过缓存优化和响应时间分析，本节展示了如何提升系统的性能。结合DeepSeek API的中文文案生成功能，利用缓存机制有效减少了数据库和API的请求次数，从而优化了响应时间。在高并发的应用场景下，合理的缓存策略、日志分析和负载均衡是提升系统响应速度的关键因素。

8.5.2　异常检测与自动化告警

在现代的分布式系统中，异常检测和自动化告警是确保系统稳定运行的关键技术之一。异常检测可以帮助及时发现系统中的潜在问题，而自动化告警则能在问题发生时快速通知相关人员，避免问题蔓延。通过这两项技术的结合，可以大大提高系统的可维护性和响应速度。

异常检测通常是指通过监控系统来实时捕获系统中的各种异常情况，包括但不限于系统崩溃、响应延迟、资源耗尽等。常见的异常检测方法包括：

（1）日志分析：通过分析系统日志中的错误信息，识别是否存在异常事件。

（2）性能监控：监控系统的关键性能指标（如CPU使用率、内存使用率、请求响应时间等），并与预设阈值进行比较，检测性能异常。

（3）异常流量检测：通过对流量模式进行分析，识别流量激增等异常行为。

自动化告警系统则是指在异常发生时，系统自动向管理员、开发者或相关负责人发送通知，通常使用以下方式：

（1）电子邮件：通过邮件发送告警信息。

（2）短信：发送短信通知，确保在重要异常时立即得到处理。

（3）第三方告警服务：集成外部告警服务（如PagerDuty、OpsGenie等），在出现异常时自动触发告警。

【例8-9】展示如何结合DeepSeek API和Python的异常检测与自动化告警功能。假设我们有一个中文文案生成的API，在生成过程中可能会出现异常（如网络故障、API超时等），当检测到异常时，我们会通过邮件发送告警。

```
import requests
import smtplib
from email.mime.text import MIMEText
from flask import Flask, request, jsonify
import time

app = Flask(__name__)

# 模拟DeepSeek API生成中文文案
DEEPSEEK_API_URL = "http://localhost:5000/api/v1/generate_copy"

# 邮件配置
MAIL_HOST = "smtp.your_email_provider.com"
MAIL_PORT = 587
MAIL_USERNAME = "your_email@example.com"
MAIL_PASSWORD = "your_password"
MAIL_FROM = "your_email@example.com"
MAIL_TO = "admin@example.com"

# 日志记录与告警
def send_alert_email(subject, body):
    try:
        msg = MIMEText(body)
        msg['Subject'] = subject
        msg['From'] = MAIL_FROM
        msg['To'] = MAIL_TO

        # 连接SMTP服务器并发送邮件
        with smtplib.SMTP(MAIL_HOST, MAIL_PORT) as server:
            server.starttls()
            server.login(MAIL_USERNAME, MAIL_PASSWORD)
            server.sendmail(MAIL_FROM, MAIL_TO, msg.as_string())
        print("Alert email sent successfully")
```

```
    except Exception as e:
        print(f"Failed to send alert email: {e}")

# 请求DeepSeek API生成中文文案
def call_deepseek_api(user_input):
    try:
        response = requests.post(DEEPSEEK_API_URL, json={"input_text": user_input},
timeout=5)
        response.raise_for_status()  # 如果响应状态码不为200，将抛出异常
        if response.status_code == 200:
            return response.json()['generated_copy']
        else:
            raise Exception("Received non-200 status code from DeepSeek API")
    except requests.exceptions.Timeout:
        send_alert_email("DeepSeek API Timeout Error", f"Timeout occurred when
generating copy for input: {user_input}")
        return None
    except requests.exceptions.RequestException as e:
        send_alert_email("DeepSeek API Request Error", f"Error occurred when calling
DeepSeek API: {e}")
        return None

# 生成缓存的key
def generate_cache_key(problem):
    return f"copy_{hash(problem)}"

@app.route('/generate_copy', methods=['POST'])
def generate_copy():
    start_time = time.time()  # 记录请求开始时间

    user_input = request.json.get("input_text")

    # 调用DeepSeek API
    generated_copy = call_deepseek_api(user_input)
    if generated_copy:
        end_time = time.time()
        response_time = end_time - start_time
        print(f"Request processed in {response_time} seconds")
        return jsonify({"input_text": user_input, "generated_copy": generated_copy}),
200
    else:
        return jsonify({"error": "Failed to generate copy"}), 500

if __name__ == '__main__':
    app.run(debug=True, host="0.0.0.0", port=5001)
```

代码说明如下：

（1）异常检测：使用requests.post()方法请求DeepSeek API时，设置了timeout=5，以确保请求不会因为网络问题卡住太长时间。如果请求超时，requests.exceptions.Timeout异常会被捕获，并通

过send_alert_email()方法发送告警邮件。如果收到的HTTP响应状态码不是200，抛出requests.exceptions.RequestException异常，并发送告警邮件。

（2）告警机制：在发生异常时，send_alert_email()方法通过SMTP发送告警邮件。邮件包含异常的详细信息，例如超时错误或请求失败的原因。

（3）请求响应时间分析：通过记录请求的开始时间和结束时间，计算请求的响应时间，并输出到控制台，用于性能分析。

超时错误（模拟网络延迟）：

```
请求：
{
    "input_text": "如何提高生产力？"
}
响应：
{
    "error": "Failed to generate copy"
}
输出：
Failed to send alert email: [Error message]
邮件内容：
Subject: DeepSeek API Timeout Error
Body: Timeout occurred when generating copy for input: 如何提高生产力？
```

通过结合异常检测和自动化告警机制，本节展示了如何处理和监控系统中的异常情况。通过捕获异常并及时发送告警，开发者可以第一时间响应潜在问题，防止系统发生崩溃或业务中断。同时，记录请求响应时间并进行性能监控，能够帮助开发者及时发现系统性能瓶颈，进一步优化系统的响应速度和稳定性。在高可用的分布式系统中，异常检测与自动化告警是保障系统稳定运行的必要手段。

8.6　本章小结

本章主要探讨了中间件架构与DeepSeek API的集成，重点介绍了中间件在现代分布式系统中的重要性及其设计模式。首先，讲解了微服务架构及其拆分方法，将复杂的系统模块化，以实现更好的扩展性和维护性。接着，分析了消息队列和异步通信的实现，如Kafka和RabbitMQ，以提升系统的并发处理能力和解耦性。

此外，本章还深入探讨了API网关的作用，如何通过负载均衡优化请求路由，并确保系统的高可用性。最后，通过分布式缓存、LRU策略以及缓存穿透和雪崩问题的解决方案，确保了系统性能的持续优化。本章内容为中间件开发提供了系统性的方法和实践，结合DeepSeek API的应用案例，突出了其在实际业务中的重要性和应用场景。

8.7　思考题

（1）请详细描述微服务架构的基本原理，并结合一个实际案例，阐述如何通过服务拆分提升系统的可扩展性和可维护性。具体说明如何使用DeepSeek API实现微服务间的通信，并解释如何处理服务间的负载均衡。

（2）Kafka和RabbitMQ是两种常见的消息队列系统，分别适用于哪些场景？请结合DeepSeek API的异步请求流程，设计一个使用消息队列优化API请求处理的系统，并解释如何通过消息队列避免系统的阻塞。

（3）简述API网关的功能及其在微服务架构中的作用。结合DeepSeek API，设计一个负载均衡策略，确保高并发情况下API请求能够被均匀分配到多个服务实例中，并避免单点故障。

（4）在处理高频请求时，如何利用缓存减少对DeepSeek API的请求？请设计一个使用Redis作为缓存的系统，说明如何选择合适的缓存过期时间，避免缓存雪崩，并提升系统性能。

（5）缓存穿透和缓存雪崩是常见的缓存问题。请结合DeepSeek API的使用场景，阐述如何使用布隆过滤器防止缓存穿透，及如何通过设置不同的过期时间来避免缓存雪崩的发生。

（6）Redis和Memcached是两种常见的分布式缓存系统，请结合DeepSeek API的应用，设计一个缓存数据共享的方案。并解释如何利用这些缓存系统提高API响应速度，确保数据一致性。

（7）在分布式系统中，如何保证跨多个微服务的事务一致性？请结合DeepSeek API和数据库操作，设计一个事务管理方案，确保在执行多个服务请求时，数据的一致性和可靠性。

（8）请解释如何在中间件中实现请求路由优化，特别是在高并发场景下如何避免单个请求对服务器造成过大负担。结合DeepSeek API，设计一个高效的请求路由和负载均衡策略，确保请求能够被快速处理。

（9）在一个包含多个API请求的系统中，如何使用异步操作提高系统的吞吐量？请结合DeepSeek API，设计一个多线程执行方案，处理多个并发请求并优化系统性能。

（10）性能监控是确保分布式系统健康运行的关键步骤。请设计一个基于DeepSeek API的中间件性能监控系统，并阐述如何使用日志记录、实时监控工具及自动化告警机制，确保系统在出现异常时能够及时响应并进行优化。

第 9 章

DeepSeek与第三方服务的集成

本章将重点探讨如何将DeepSeek与各类第三方服务进行高效集成。在现代应用开发中，集成第三方服务能够显著提升系统功能的扩展性与灵活性。本章首先介绍常见的第三方服务类型及其在实际应用中的优势，随后深入分析如何将DeepSeek与这些服务连接，以实现更高效的数据处理与功能扩展。通过具体的集成案例，本章展示如何在移动端AI应用中结合第三方API，如支付系统、社交平台、地图服务等，提升整体用户体验与系统性能。通过本章的学习，读者将掌握如何设计和实施高效的服务集成方案，以满足不断变化的业务需求。

9.1 第三方身份认证与授权

本节将深入探讨第三方身份认证与授权的关键技术，阐述如何在移动端AI应用中通过集成第三方认证服务实现安全、便捷的用户身份管理。随着应用程序对用户数据隐私保护的重视，身份认证与授权已成为系统设计中的重要环节。本节将介绍主流的第三方认证方式，如OAuth、OpenID Connect等，分析其在DeepSeek集成中的应用场景与实现细节。通过具体的集成案例，展示如何利用这些服务实现单点登录、权限控制以及用户数据的安全管理，为开发者提供高效的认证方案。

9.1.1 OAuth 2.0 与 JWT 认证

OAuth 2.0是当前广泛使用的授权框架，允许用户授权第三方应用程序访问其在其他平台上的资源，而无须暴露其账户密码。OAuth 2.0的主要优势在于其灵活性和安全性，它使得开发者能够构建灵活的授权机制，而用户则能在保护隐私的同时享受便捷的服务。

JWT（JSON Web Token）是基于OAuth 2.0的一种认证机制，广泛用于授权和信息交换。JWT由三个部分组成：头部、载荷和签名，广泛用于Web应用的用户认证和授权中。JWT在验证时不需要存储任何会话数据，减少了服务器端的存储压力，且通过密钥保护签名部分，使得数据在传输过程中不容易被篡改。

下面结合OAuth 2.0和JWT认证机制，展示如何在使用DeepSeek API时，利用OAuth 2.0进行第三方授权，生成JWT令牌，并通过此令牌完成认证。

【例9-1】 利用OAuth 2.0与JWT认证机制，获取授权并访问DeepSeek API。代码使用Python和Flask框架构建。

```
import time
import requests
import jwt
from flask import Flask, request, jsonify, redirect, url_for
from urllib.parse import urlencode

app = Flask(__name__)

# 配置
CLIENT_ID = 'your-client-id'
CLIENT_SECRET = 'your-client-secret'
AUTHORIZATION_URL = 'https://oauth2-provider.com/auth'
TOKEN_URL = 'https://oauth2-provider.com/token'
API_URL = 'https://deepseek-api.com/endpoint'
REDIRECT_URI = 'http://localhost:5000/callback'
SCOPE = 'read write'

# 使用OAuth 2.0获取授权码并交换令牌
@app.route('/login')
def login():
    # 构建授权请求URL
    auth_url = f"{AUTHORIZATION_URL}?{urlencode({'response_type': 'code', 'client_id': 
CLIENT_ID, 'redirect_uri': REDIRECT_URI, 'scope': SCOPE})}"
    return redirect(auth_url)

# 处理OAuth回调，交换授权码为访问令牌
@app.route('/callback')
def callback():
    code = request.args.get('code')

    # 交换授权码为令牌
    token_data = {
        'code': code,
        'client_id': CLIENT_ID,
        'client_secret': CLIENT_SECRET,
        'redirect_uri': REDIRECT_URI,
        'grant_type': 'authorization_code'
    }

    response = requests.post(TOKEN_URL, data=token_data)
    if response.status_code == 200:
        token_info = response.json()
        access_token = token_info['access_token']

        # 使用JWT进行验证
        jwt_token = create_jwt_token(access_token)
```

09

```
        return jsonify({"access_token": access_token, "jwt_token": jwt_token})
    else:
        return jsonify({"error": "Authorization failed"}), 400

# 创建JWT令牌
def create_jwt_token(access_token):
    expiration_time = time.time() + 3600  # 设置过期时间为1小时
    payload = {
        'sub': access_token,
        'exp': expiration_time,
        'iat': time.time()
    }
    # 使用密钥加密JWT
    jwt_token = jwt.encode(payload, 'secret-key', algorithm='HS256')
    return jwt_token

# 使用JWT令牌访问DeepSeek API
@app.route('/deepseek', methods=['GET'])
def deepseek():
    jwt_token = request.headers.get('Authorization')
    if not jwt_token:
        return jsonify({"error": "Authorization token is required"}), 403

    try:
        decoded_token = jwt.decode(jwt_token, 'secret-key', algorithms=['HS256'])
        access_token = decoded_token['sub']

        # 使用access_token调用DeepSeek API
        headers = {'Authorization': f'Bearer {access_token}'}
        api_response = requests.get(API_URL, headers=headers)

        if api_response.status_code == 200:
            return jsonify(api_response.json())
        else:
            return jsonify({"error": "Failed to fetch data from DeepSeek API"}), 500
    except jwt.ExpiredSignatureError:
        return jsonify({"error": "JWT token has expired"}), 401
    except jwt.InvalidTokenError:
        return jsonify({"error": "Invalid JWT token"}), 401

if __name__ == '__main__':
    app.run(debug=True, host='0.0.0.0', port=5000)
```

代码说明如下：

（1）OAuth 2.0授权：/login路由用于将用户重定向到OAuth 2授权页面。在授权页面，用户会同意授权后，OAuth 2服务将返回一个授权码。/callback路由用于处理OAuth 2的回调，将授权码通过POST请求发送给OAuth 2服务，以交换获取access_token。

（2）JWT生成：使用pyjwt库生成JWT令牌。JWT包含的主要信息是sub（即用户的access token）和exp（即令牌的过期时间）。此JWT用于后续请求中验证用户身份。

（3）DeepSeek API调用：使用JWT令牌作为认证机制，在/deepseek路由中通过Authorization头部传递JWT。使用requests库将JWT令牌附加到API请求中，访问DeepSeek API，获取响应并返回数据。

（4）异常处理：处理JWT过期（ExpiredSignatureError）和无效令牌（InvalidTokenError）的情况，确保只有有效的JWT令牌才能访问DeepSeek API。

（5）OAuth 2登录：用户访问/login，会被重定向到OAuth 2认证页面。

（6）OAuth回调：用户授权后，OAuth 2服务会将授权码发送到/callback，应用会用授权码换取access_token并生成JWT。

（7）访问DeepSeek API：用户将JWT传递给/deepseek接口，系统验证JWT后，使用access_token访问DeepSeek API并返回数据。

正常响应：

```
{
  "access_token": "access_token_from_oauth",
  "jwt_token": "generated_jwt_token"
}
```

DeepSeek API数据：

```
{
  "status": "success",
  "data": {
    "generated_copy": "This is a sample response from DeepSeek API."
  }
}
```

无效JWT令牌：

```
{
  "error": "Invalid JWT token"
}
```

通过本节的学习，读者掌握了如何使用OAuth 2.0与JWT认证机制集成第三方认证服务，以保护API的安全性。JWT作为无状态的认证方式，不仅减少了服务器的负担，还提高了请求的响应速度和系统的可扩展性。结合DeepSeek API的实际应用，构建了一个完整的认证与授权流程，确保了用户数据的安全和应用的高效运行。

9.1.2　第三方认证服务集成（以 DeepSeek 为例）

第三方认证服务提供了简单、安全的方式来确保应用的用户身份，通过授权协议（如OAuth 2.0）验证用户身份，并保护应用的资源免受未授权访问。与DeepSeek集成第三方认证服务能够实现高效的用户验证与API访问控制。

在本小节中，我们将深入讲解如何集成第三方认证服务（以DeepSeek为例），使用OAuth 2.0协议来对用户进行认证并获取访问DeepSeek API的授权。OAuth 2.0作为一种广泛使用的授权框架，允许用户通过授权第三方应用来访问其在DeepSeek平台上的资源，无须直接暴露密码等敏感信息。集成流程如下：

（1）OAuth 2.0认证流程：用户登录并授权应用访问其DeepSeek账户。应用通过OAuth 2.0的授权码获取访问令牌。使用访问令牌与DeepSeek API进行交互，获取数据或执行任务。

（2）DeepSeek API访问控制：通过授权访问令牌（Access Token）调用API，获取用户所需的信息。应用程序根据返回的结果执行相应的操作。

【例9-2】为实现DeepSeek与第三方认证服务的集成，请使用Python和Flask框架进行API请求和OAuth 2.0认证。

```
import time
import requests
import jwt
from flask import Flask, request, jsonify, redirect, url_for
from urllib.parse import urlencode
from requests_oauthlib import OAuth2Session

app = Flask(__name__)

# 配置
CLIENT_ID = 'your-client-id'            # DeepSeek OAuth客户端ID
CLIENT_SECRET = 'your-client-secret'  # DeepSeek OAuth客户端密钥
AUTHORIZATION_URL = 'https://deepseek.com/oauth/authorize'
TOKEN_URL = 'https://deepseek.com/oauth/token'
API_URL = 'https://api.deepseek.com/v1/data'  # DeepSeek API URL
REDIRECT_URI = 'http://localhost:5000/callback'
SCOPE = 'read write'                    # 授权的权限范围

# 创建OAuth 2会话
oauth = OAuth2Session(CLIENT_ID, redirect_uri=REDIRECT_URI, scope=SCOPE)

# 登录并重定向到DeepSeek授权页面
@app.route('/login')
def login():
    authorization_url, state = oauth.authorization_url(AUTHORIZATION_URL)
    return redirect(authorization_url)

# 处理授权回调并获取访问令牌
@app.route('/callback')
def callback():
    # 获取授权码
    oauth.fetch_token(TOKEN_URL, authorization_response=request.url, 
client_secret=CLIENT_SECRET)
```

```
    # 获取访问令牌
    access_token = oauth.token['access_token']

    # 使用JWT创建访问令牌
    jwt_token = create_jwt_token(access_token)

    return jsonify({"access_token": access_token, "jwt_token": jwt_token})

# 创建JWT令牌
def create_jwt_token(access_token):
    expiration_time = time.time() + 3600    # 令牌有效期为1小时
    payload = {
        'sub': access_token,
        'exp': expiration_time,
        'iat': time.time()
    }
    # 使用密钥对JWT进行加密
    jwt_token = jwt.encode(payload, 'secret-key', algorithm='HS256')
    return jwt_token

# 使用访问令牌访问DeepSeek API
@app.route('/deepseek', methods=['GET'])
def deepseek():
    jwt_token = request.headers.get('Authorization')

    if not jwt_token:
        return jsonify({"error": "Authorization token is required"}), 403

    try:
        decoded_token = jwt.decode(jwt_token, 'secret-key', algorithms=['HS256'])
        access_token = decoded_token['sub']

        # 使用访问令牌请求DeepSeek API
        headers = {'Authorization': f'Bearer {access_token}'}
        api_response = requests.get(API_URL, headers=headers)

        if api_response.status_code == 200:
            return jsonify(api_response.json())
        else:
            return jsonify({"error": "Failed to fetch data from DeepSeek API"}), 500
    except jwt.ExpiredSignatureError:
        return jsonify({"error": "JWT token has expired"}), 401
    except jwt.InvalidTokenError:
        return jsonify({"error": "Invalid JWT token"}), 401

if __name__ == '__main__':
    app.run(debug=True, host='0.0.0.0', port=5000)
```

代码说明如下：

（1）OAuth 2.0认证流程：

- 登录（/login）：用户访问该路由时，系统会重定向用户到DeepSeek的OAuth 2.0授权页面，用户同意授权后，DeepSeek会重定向回应用的回调地址/callback。
- 回调（/callback）：OAuth 2.0认证服务会返回一个授权码，通过该授权码应用程序可以向DeepSeek的令牌服务器请求访问令牌。成功获取访问令牌后，生成JWT令牌，用于后续的API调用。

（2）JWT生成与验证：

- 创建JWT令牌（create_jwt_token）：JWT令牌包含了用户的访问令牌和有效期等信息。使用密钥对JWT进行加密，确保信息的完整性和安全性。
- 验证JWT令牌：在/deepseek路由中，系统会验证请求头中的JWT令牌，确保用户身份的有效性。若令牌有效，便使用access_token访问DeepSeek API。

（3）DeepSeek API访问：

- API调用：通过携带访问令牌（access_token），在请求头中传递，访问DeepSeek的API接口，获取相关数据并返回给客户端。

（4）异常处理：处理JWT过期和无效的情况，确保系统只允许合法的请求进行API调用。

成功授权并访问API：

```
{
  "access_token": "access_token_from_deepseek",
  "jwt_token": "generated_jwt_token"
}
```

API返回数据：

```
{
  "status": "success",
  "data": {
   "generated_copy": "This is a sample response from DeepSeek API."
  }
}
```

无效的JWT令牌：

```
{
  "error": "Invalid JWT token"
}
```

通过本小节的实现，读者可以深入了解如何将DeepSeek API与OAuth 2.0结合，使用JWT令牌确保应用的安全性。通过合理的身份验证和访问控制，应用能够有效地保护用户信息，并确保与第三方服务（如DeepSeek API）的安全通信。

9.1.3 安全性设计与数据加密

在现代应用程序的开发过程中，安全性始终是一个不可忽视的环节。随着互联网技术的发展以及数据泄露事件的频发，如何确保用户数据的安全已成为每个开发者面临的核心挑战之一。在这一小节中，将讨论如何在DeepSeek的API集成过程中，设计并实现有效的安全策略，包括数据加密、密钥管理以及其他安全技术。

数据加密作为保障数据安全的关键手段，广泛应用于保护数据在存储和传输过程中的安全性。通过加密算法可以确保数据在传输过程中的机密性与完整性，防止数据被非法篡改或泄露。常见的加密技术包括对称加密（如AES）和非对称加密（如RSA）等。

本节将结合DeepSeek的API应用场景，演示如何实现对敏感数据的加密与解密，以及如何使用加密技术确保API请求的安全性。

【例9-3】 使用Python中的PyCryptodome库进行数据加密，并将其应用于API请求的安全传输。

```
import base64
import json
import time
import requests
from Crypto.Cipher import AES
from Crypto.Util.Padding import pad, unpad
from flask import Flask, request, jsonify

app = Flask(__name__)

# 密钥与初始化向量
SECRET_KEY = b'ThisIsASecretKey'
IV = b'ThisIsAnInitVect'

# AES加密函数
def encrypt_data(data):
    cipher = AES.new(SECRET_KEY, AES.MODE_CBC, IV)
    padded_data = pad(data.encode(), AES.block_size)
    encrypted_data = cipher.encrypt(padded_data)
    return base64.b64encode(encrypted_data).decode()

# AES解密函数
def decrypt_data(encrypted_data):
    cipher = AES.new(SECRET_KEY, AES.MODE_CBC, IV)
    decrypted_data = cipher.decrypt(base64.b64decode(encrypted_data))
    return unpad(decrypted_data, AES.block_size).decode()

# 模拟向DeepSeek API发送安全请求
```

```
@app.route('/send_data', methods=['POST'])
def send_data():
    user_data = request.json.get('data')

    if not user_data:
        return jsonify({'error': 'No data provided'}), 400

    #加密数据
    encrypted_data = encrypt_data(user_data)

    # 模拟请求DeepSeek API
    api_url = 'https://api.deepseek.com/data'
    headers = {'Content-Type': 'application/json'}
    payload = {'encrypted_data': encrypted_data}

    response = requests.post(api_url, headers=headers, json=payload)

    if response.status_code == 200:
        return jsonify({'status': 'success', 'message': 'Data sent securely'})
    else:
        return jsonify({'error': 'Failed to send data'}), 500

# 接收并解密DeepSeek API返回的加密数据
@app.route('/receive_data', methods=['POST'])
def receive_data():
    encrypted_data = request.json.get('encrypted_data')

    if not encrypted_data:
        return jsonify({'error': 'No data provided'}), 400

    # 解密数据
    decrypted_data = decrypt_data(encrypted_data)

    return jsonify({'decrypted_data': decrypted_data})

if __name__ == '__main__':
    app.run(debug=True, host='0.0.0.0', port=5000)
```

代码说明如下：

（1）AES加密与解密：使用AES对称加密算法对用户数据进行加密，采用CBC模式进行加密。AES的密钥和初始化向量（IV）是通过设置常量实现的。

- encrypt_data函数接收原始数据，进行填充、加密，并返回加密后的数据（Base64编码格式）。
- decrypt_data函数解密收到的加密数据，去除填充并返回解密后的数据。

（2）数据发送与接收：

- /send_data：接收用户输入的数据并加密后，发送到DeepSeek API（模拟URL），确保数据在传输过程中的安全。

- /receive_data：接收DeepSeek API返回的加密数据，并使用相同的密钥进行解密，确保数据的机密性与完整性。

（3）密钥管理：在实际开发中，密钥管理是非常关键的部分。在此示例中，密钥（SECRET_KEY）和初始化向量（IV）都硬编码在代码中。实际开发中应使用更安全的方式存储密钥，如环境变量、密钥管理服务（KMS）等。

发送请求时加密的数据：

```
{
  "data": "Sensitive user information"
}
```

DeepSeek API返回加密数据：

```
{
  "encrypted_data": "U2FsdGVkX19kI6v2v5+TGZmJ06IttA4x24AkV9n/c4A="
}
```

解密后的数据：

```
{
  "decrypted_data": "Sensitive user information"
}
```

在上述代码中，敏感数据在传输过程中通过AES加密确保其机密性和完整性。通过使用base64对加密结果进行编码，可以确保数据可以安全地在HTTP请求中传输。通过这种方式，数据在传输过程中不会被泄露或者篡改。

密钥管理：实际项目中，需要保证加密密钥的安全存储。密钥应该存放在专用的密钥管理系统（如AWS KMS、Azure Key Vault等）中，并且不应该硬编码在代码中。

本节通过实例展示了如何在DeepSeek API的应用程序中实现数据加密与解密，确保敏感数据在传输过程中的安全性。通过使用AES加密算法，保证了用户数据在客户端与DeepSeek API之间传输时的保密性与完整性。此外，密钥管理与加密操作的安全性设计对于保护用户数据具有至关重要的作用。

9.2 云服务与存储集成

本节将重点讲解如何将DeepSeek与云服务及存储系统进行高效集成。云计算为应用程序提供了强大的计算资源和数据存储能力，而云服务的集成则能够显著提升应用的灵活性与扩展性。本节将深入探讨如何选择适合的云服务平台，集成云存储、云数据库等服务，并展示在移动端AI应用中，如何利用云资源存储和管理数据的最佳实践。

9.2.1 云存储服务（AWS S3、Aliyun OSS）

随着云计算的普及，云存储服务成为现代应用程序的核心组成部分。云存储服务提供了一个高效、可扩展、低成本的解决方案，用于存储和访问大量的文件数据。Amazon Web Services（AWS）S3（Simple Storage Service）和阿里云OSS（Object Storage Service）是目前最常用的云存储服务之一。

下面探讨如何将DeepSeek应用程序与AWS S3和阿里云OSS进行集成，分别介绍如何在这两个云存储平台上上传、下载以及管理文件，确保应用程序可以高效、安全地与这些云存储服务进行交互。通过云存储，应用程序可以轻松地处理大量的非结构化数据，如图片、音频和视频文件等。

（1）AWS S3：AWS S3是Amazon提供的对象存储服务，可以存储任意类型的文件。通过RESTful API，用户可以上传、下载、删除和管理对象。S3支持大规模数据存储，具有高可靠性和可扩展性，常用于备份、日志存储和分发内容等。

（2）Aliyun OSS：Aliyun OSS是阿里云提供的对象存储服务，支持海量数据存储。它通过API为用户提供访问存储数据的接口，可以方便地上传和管理文件。OSS与S3类似，但OSS在中国和亚洲地区的响应速度和稳定性较为优秀。

【例9-4】通过Python代码演示如何在AWS S3和阿里云OSS上进行文件上传和下载，确保数据能够安全、快速地存储在云端，并实现自动化的文件管理。

以下代码展示了如何使用AWS的boto3库上传和下载文件到AWS S3：

```
import boto3
from botocore.exceptions import NoCredentialsError

# AWS S3 配置
AWS_ACCESS_KEY = 'your-access-key-id'
AWS_SECRET_KEY = 'your-secret-access-key'
AWS_BUCKET_NAME = 'your-bucket-name'
AWS_REGION = 'your-region'

# 创建 S3 客户端
s3 = boto3.client('s3',
                  aws_access_key_id=AWS_ACCESS_KEY,
                  aws_secret_access_key=AWS_SECRET_KEY,
                  region_name=AWS_REGION)

# 上传文件到 AWS S3
def upload_to_s3(local_file_path, s3_file_path):
    try:
        s3.upload_file(local_file_path, AWS_BUCKET_NAME, s3_file_path)
        print(f"File uploaded to S3: {s3_file_path}")
    except FileNotFoundError:
        print("File not found.")
    except NoCredentialsError:
        print("Credentials not available.")
```

```
    except Exception as e:
        print(f"Error uploading file: {e}")

# 从 S3 下载文件
def download_from_s3(s3_file_path, local_file_path):
    try:
        s3.download_file(AWS_BUCKET_NAME, s3_file_path, local_file_path)
        print(f"File downloaded from S3: {local_file_path}")
    except Exception as e:
        print(f"Error downloading file: {e}")

# 示例调用
if __name__ == "__main__":
    # 上传文件
    upload_to_s3("local_file.txt", "s3_folder/remote_file.txt")

    # 下载文件
    download_from_s3("s3_folder/remote_file.txt", "downloaded_file.txt")
```

接下来，展示如何使用oss2库进行阿里云OSS文件上传和下载：

```
import oss2

# Aliyun OSS 配置
ALIYUN_ACCESS_KEY_ID = 'your-access-key-id'
ALIYUN_ACCESS_KEY_SECRET = 'your-access-key-secret'
ALIYUN_BUCKET_NAME = 'your-bucket-name'
ALIYUN_ENDPOINT = 'your-endpoint'  # 如'oss-cn-hangzhou.aliyuncs.com'

# 创建 OSS 客户端
auth = oss2.Auth(ALIYUN_ACCESS_KEY_ID, ALIYUN_ACCESS_KEY_SECRET)
bucket = oss2.Bucket(auth, ALIYUN_ENDPOINT, ALIYUN_BUCKET_NAME)

# 上传文件到阿里云OSS
def upload_to_oss(local_file_path, oss_file_path):
    try:
        bucket.put_object_from_file(oss_file_path, local_file_path)
        print(f"File uploaded to OSS: {oss_file_path}")
    except Exception as e:
        print(f"Error uploading file to OSS: {e}")

# 从阿里云OSS下载文件
def download_from_oss(oss_file_path, local_file_path):
    try:
        bucket.get_object_to_file(oss_file_path, local_file_path)
        print(f"File downloaded from OSS: {local_file_path}")
    except Exception as e:
        print(f"Error downloading file from OSS: {e}")

# 示例调用
```

```
if __name__ == "__main__":
    # 上传文件
    upload_to_oss("local_file.txt", "oss_folder/remote_file.txt")

    # 下载文件
    download_from_oss("oss_folder/remote_file.txt", "downloaded_file_oss.txt")
```

代码说明如下：

（1）AWS S3集成：使用boto3.client()初始化S3客户端，并提供访问密钥和区域信息。使用upload_file()方法上传本地文件到S3，使用download_file()方法从S3下载文件。错误处理机制：确保上传下载过程中捕获常见错误，如文件未找到、凭证错误等。

（2）阿里云OSS集成：使用oss2.Auth()初始化身份验证，oss2.Bucket()创建OSS存储桶实例。使用put_object_from_file()方法上传文件到OSS，使用get_object_to_file()方法从OSS下载文件。错误处理机制：处理上传和下载文件的过程中可能发生的各种错误。

AWS S3上传成功：

```
File uploaded to S3: s3_folder/remote_file.txt
```

AWS S3下载成功：

```
File downloaded from S3: downloaded_file.txt
```

阿里云OSS上传成功：

```
File uploaded to OSS: oss_folder/remote_file.txt
```

阿里云OSS下载成功：

```
File downloaded from OSS: downloaded_file_oss.txt
```

本小节展示了如何将DeepSeek应用程序与云存储服务（AWS S3和阿里云OSS）进行集成，实现文件上传、下载和管理。这些云存储服务提供了灵活的API，可以帮助应用程序高效地存储和处理大量的文件数据。在实际项目中，结合这些云存储服务可以提升应用的存储能力、可靠性和扩展性，同时也能有效地降低开发和运维成本。

9.2.2　对象存储与数据冗余

对象存储是一种用于存储和管理大量非结构化数据的存储解决方案。与传统的文件系统存储不同，对象存储通过将数据拆分为对象进行管理，每个对象都包含数据本身、元数据以及唯一的标识符（如文件ID）。这使得对象存储能够在横向扩展的环境中处理大量数据，并提供高可用性和可靠性。AWS S3、Aliyun OSS等云存储服务采用了对象存储的技术，广泛应用于图像、视频、日志数据等非结构化数据的存储。

在云存储中，数据冗余是保证数据高可用性和容错能力的关键技术。通过在多个地理位置和存储设备上备份数据，可以防止单点故障导致的数据丢失或服务中断。对象存储系统通常会自动处理数据的冗余，例如通过复制、分片和跨区域备份等方式来实现。

对象存储将文件数据分为多个对象存储，每个对象存储包含数据的内容、元数据以及唯一标识符。对象存储的最大优点在于它对大规模数据的高效管理及访问，特别适合于需要横向扩展的应用。数据冗余是指在多个存储设备或地域中创建数据的多个副本，确保在某个存储节点出现故障时，数据依然能够从其他副本中恢复。典型的冗余方式包括：

（1）复制（Replication）：数据被复制到不同的存储节点或区域。

（2）分片（Sharding）：数据被分割成多个块，每个块存储在不同的位置，并且在多个副本之间进行备份。

下面结合具体的代码示例，展示如何使用对象存储进行数据存储，并探讨如何利用冗余机制提高数据的可靠性和容错能力。

【例9-5】在AWS S3和Aliyun OSS上使用冗余存储技术来确保数据的可靠性。展示如何将数据上传到AWS S3，并利用S3的跨区域复制（CRR）功能实现数据冗余：

```
import boto3
from botocore.exceptions import NoCredentialsError

# AWS 配置
AWS_ACCESS_KEY = 'your-access-key-id'
AWS_SECRET_KEY = 'your-secret-access-key'
AWS_BUCKET_NAME = 'your-bucket-name'
AWS_REGION = 'your-region'

# 创建 S3 客户端
s3 = boto3.client('s3',
                  aws_access_key_id=AWS_ACCESS_KEY,
                  aws_secret_access_key=AWS_SECRET_KEY,
                  region_name=AWS_REGION)

# 将文件上传到 AWS S3
def upload_to_s3(local_file_path, s3_file_path):
    try:
        s3.upload_file(local_file_path, AWS_BUCKET_NAME, s3_file_path)
        print(f"File uploaded to S3: {s3_file_path}")
    except FileNotFoundError:
        print("File not found.")
    except NoCredentialsError:
        print("Credentials not available.")
    except Exception as e:
        print(f"Error uploading file: {e}")

#从S3下载文件
def download_from_s3(s3_file_path, local_file_path):
```

09

```
    try:
        s3.download_file(AWS_BUCKET_NAME, s3_file_path, local_file_path)
        print(f"File downloaded from S3: {local_file_path}")
    except Exception as e:
        print(f"Error downloading file: {e}")

# 示例调用
if __name__ == "__main__":
    # 上传文件
    upload_to_s3("local_file.txt", "s3_folder/remote_file.txt")

    # 下载文件
    download_from_s3("s3_folder/remote_file.txt", "downloaded_file.txt")
```

（1）上传数据：通过upload_file方法将文件上传到S3对象存储。S3本身提供跨区域复制（CRR）功能，可自动将文件复制到其他区域进行冗余备份。

（2）冗余与复制：AWS S3的复制配置通常在AWS管理控制台进行设置，选择启用跨区域复制。上传的文件会在指定的目标区域进行冗余备份。

（3）下载数据：通过download_file方法从S3中下载文件，确保冗余的副本可以被访问。

在阿里云OSS中进行对象存储并实现冗余。阿里云OSS同样提供了多种冗余方式，例如通过跨地域复制（Cross-Region Replication）来确保数据可靠性：

```
import oss2

# Aliyun OSS 配置
ALIYUN_ACCESS_KEY_ID = 'your-access-key-id'
ALIYUN_ACCESS_KEY_SECRET = 'your-access-key-secret'
ALIYUN_BUCKET_NAME = 'your-bucket-name'
ALIYUN_ENDPOINT = 'your-endpoint'  # 如'oss-cn-hangzhou.aliyuncs.com'

# 创建 OSS 客户端
auth = oss2.Auth(ALIYUN_ACCESS_KEY_ID, ALIYUN_ACCESS_KEY_SECRET)
bucket = oss2.Bucket(auth, ALIYUN_ENDPOINT, ALIYUN_BUCKET_NAME)

# 将文件上传到阿里云OSS
def upload_to_oss(local_file_path, oss_file_path):
    try:
        bucket.put_object_from_file(oss_file_path, local_file_path)
        print(f"File uploaded to OSS: {oss_file_path}")
    except Exception as e:
        print(f"Error uploading file to OSS: {e}")

# 从阿里云OSS下载文件
def download_from_oss(oss_file_path, local_file_path):
    try:
        bucket.get_object_to_file(oss_file_path, local_file_path)
```

```
        print(f"File downloaded from OSS: {local_file_path}")
    except Exception as e:
        print(f"Error downloading file from OSS: {e}")

# 示例调用
if __name__ == "__main__":
    # 上传文件
    upload_to_oss("local_file.txt", "oss_folder/remote_file.txt")

    # 下载文件
    download_from_oss("oss_folder/remote_file.txt", "downloaded_file_oss.txt")
```

代码说明如下：

（1）上传数据：通过put_object_from_file方法将文件上传到OSS。在OSS中，同样可以配置跨地域复制（Cross-Region Replication）来确保数据的冗余存储。

（2）冗余与复制：OSS通过跨地域复制功能实现冗余，确保文件在多个存储区域中有副本，避免数据丢失。

（3）下载数据：通过get_object_to_file方法从OSS下载文件，同样可以访问冗余的副本。

AWS S3上传成功：

```
File uploaded to S3: s3_folder/remote_file.txt
```

AWS S3下载成功：

```
File downloaded from S3: downloaded_file.txt
```

阿里云OSS上传成功：

```
File uploaded to OSS: oss_folder/remote_file.txt
```

阿里云OSS下载成功：

```
File downloaded from OSS: downloaded_file_oss.txt
```

本小节演示了如何将DeepSeek应用程序与云存储服务（AWS S3和阿里云OSS）集成，使用对象存储进行文件存储，并通过冗余机制提高数据的可靠性。对象存储不仅提供了高可用性和高扩展性，而且通过复制和跨地域备份的方式确保数据不丢失。在实际项目中，结合这些云存储服务能够有效地保证数据的安全性和高效性，同时提高应用的稳定性和容错能力。

9.2.3　云端API与数据同步

云端API与数据同步是现代分布式系统中的关键组成部分，特别是在处理大规模数据时。通过云端API，系统能够在客户端和云服务之间高效地交换数据。数据同步通常涉及将本地的数据变化实时或定期同步到云端，以确保系统的高可用性和一致性。尤其是在多设备、多平台的应用中，保持数据的一致性至关重要。云端API与数据同步技术不仅能支持高并发的请求，还能在系统发生故障时提供数据恢复机制。

通过云端API可以访问和操作远程数据，而数据同步则涉及将本地设备和云端服务之间的数据保持一致。通常，这些操作通过RESTful API实现，通过GET、POST、PUT和DELETE请求来进行数据的读写操作。同时，数据同步过程中可能涉及版本控制、冲突解决、重试机制等问题。

【例9-6】 通过云端API实现数据同步，确保数据在云端与本地设备之间的一致性。

```
import requests
import json

# 配置DeepSeek API与云端API
API_URL = 'https://api.deepseek.com/v1/data/sync'  # 假设API端点
API_KEY = 'your_api_key'
TOKEN = 'your_jwt_token'

# 请求头，包含身份验证信息
headers = {
    'Authorization': f'Bearer {TOKEN}',
    'Content-Type': 'application/json'
}

# 本地数据示例
local_data = {
    "user_id": 12345,
    "preferences": {
        "category": "technology",
        "notifications_enabled": True
    },
    "last_sync_time": "2023-04-05T10:00:00Z"
}
```

本地数据通过API进行同步，确保数据及时更新到云端：

```
def sync_data_to_cloud(data):
    # 向云端API发送POST请求，进行数据同步
    try:
        response = requests.post(API_URL, headers=headers, data=json.dumps(data))

        if response.status_code == 200:
            print("Data successfully synced to cloud.")
            print("Cloud response:", response.json())
        else:
            print("Failed to sync data. Status code:", response.status_code)
            print("Error:", response.text)
    except requests.exceptions.RequestException as e:
        print("An error occurred during the request:", e)
```

```
# 调用数据同步函数
sync_data_to_cloud(local_data)
```

在发送数据到云端后，云端系统会返回响应，可能包含成功信息、错误信息或数据更新结果。在实际应用中，云端系统会处理并更新同步的请求，可能会返回类似以下的响应：

```
Data successfully synced to cloud.
Cloud response: {'status': 'success', 'message': 'Data synced successfully',
'timestamp': '2023-04-05T10:01:00Z'}
```

在数据同步的过程中，可能会遇到冲突。例如，本地设备和云端可能分别修改了同一数据。为了处理这种情况，可以设计数据版本控制系统，或者通过时间戳来判断哪一方的更新优先。以下是一个简单的冲突检测机制：

```
def sync_data_with_conflict_resolution(local_data, cloud_data):
    # 检查是否存在冲突
    if local_data["last_sync_time"] > cloud_data["last_sync_time"]:
        print("Conflict detected. Local data is newer, syncing...")
        sync_data_to_cloud(local_data)
    else:
        print("No conflict. Cloud data is up-to-date.")
```

为了确保数据的持续同步，可以实现定时同步功能。如果同步失败，系统还可以尝试进行自动重试。以下是定时同步与失败重试机制的示例：

```
import time

# 设置最大重试次数和重试间隔
MAX_RETRIES = 3
RETRY_INTERVAL = 5  # seconds

def attempt_sync_with_retry(data):
    attempt = 0
    while attempt < MAX_RETRIES:
        print(f"Attempting sync (Attempt {attempt + 1})...")
        response = requests.post(API_URL, headers=headers, data=json.dumps(data))

        if response.status_code == 200:
            print("Data successfully synced to cloud.")
            break
        else:
            print(f"Sync failed. Status code: {response.status_code}. Retrying in
{RETRY_INTERVAL} seconds.")
            time.sleep(RETRY_INTERVAL)
            attempt += 1
    if attempt == MAX_RETRIES:
        print("Failed to sync after multiple attempts.")

# 调用带重试的同步函数
attempt_sync_with_retry(local_data)
```

示例输出：

```
Attempting sync (Attempt 1)...
Sync failed. Status code: 500. Retrying in 5 seconds.
Attempting sync (Attempt 2)...
Sync failed. Status code: 500. Retrying in 5 seconds.
Attempting sync (Attempt 3)...
Data successfully synced to cloud.
```

如果同步成功，云端会返回确认的响应消息，表明数据已经成功更新，并提供一个时间戳。响应可能如下所示：

```
Data successfully synced to cloud.
Cloud response: {'status': 'success', 'message': 'Data synced successfully',
'timestamp': '2023-04-05T10:02:00Z'}
```

通过本节示例，展示了如何通过DeepSeek的云端API进行数据同步。通过使用云端API进行数据同步，确保本地数据与云端保持一致。处理数据冲突和重试机制可以大幅提高系统的可靠性。此模式可广泛应用于需要多设备、多平台协作的场景，确保数据的一致性和可用性。在实现过程中，考虑到性能优化、失败重试、冲突解决等因素，可以进一步提高系统的健壮性和容错能力。

9.3 第三方消息推送与实时通信

随着即时通信和推送通知成为现代应用的核心功能之一，集成第三方消息推送服务能够显著提升用户体验和参与度。本节将详细讲解如何利用主流的消息推送平台，如Firebase Cloud Messaging（FCM）、Apple Push Notification Service（APNs）等，结合DeepSeek API实现实时消息推送和高效通信。通过具体的集成案例，阐明推送消息的订阅、发送与接收流程，以及如何在实时通信场景中确保消息的及时性与可靠性。

9.3.1 消息推送服务（Firebase、OneSignal）

消息推送服务是一种在移动设备上进行即时通信的机制。通过这些服务，开发者可以将实时通知推送到用户的设备上，提升用户体验并提高用户参与度。Firebase和OneSignal是常用的消息推送服务平台，它们为开发者提供了可靠的消息推送基础设施。

FCM是Google提供的推送服务，支持Android和iOS平台。FCM的优势在于其与Google Cloud紧密集成，并提供高效的推送通知功能。FCM能够支持单播、组播以及广播等多种推送方式，适合各种应用场景。

OneSignal是另一种广泛使用的推送通知服务，为开发者提供了一个简单的API接口，并支持Android、iOS、Web等平台。OneSignal的强大之处在于其丰富的功能和简易的集成方式，支持定向推送、分群推送等高级特性。

【例9-7】Firebase推送通知示例。

在build.gradle文件中，添加Firebase依赖：

```
// 根目录的build.gradle
buildscript {
    repositories {
        google()  // 添加Google Maven仓库
        mavenCentral()
    }
    dependencies {
        classpath 'com.google.gms:google-services:4.3.10'
    }
}

// 应用目录的build.gradle
dependencies {
    implementation 'com.google.firebase:firebase-messaging:23.0.0'
}
apply plugin: 'com.google.gms.google-services'  // 应用插件
```

在Firebase控制台创建一个新项目，并启用Firebase Cloud Messaging。在项目中生成google-services.json文件，并将其放置到app目录中。在应用的MainActivity中配置Firebase消息接收功能。首先，通过Firebase获取设备的注册令牌，然后将它发送到服务器进行推送。

```
import android.os.Bundle;
import androidx.appcompat.app.AppCompatActivity;
import com.google.firebase.messaging.FirebaseMessaging;
import com.google.firebase.messaging.RemoteMessage;

public class MainActivity extends AppCompatActivity {

    @Override
    protected void onCreate(Bundle savedInstanceState) {
        super.onCreate(savedInstanceState);
        setContentView(R.layout.activity_main);

        // 获取Firebase推送服务的令牌
        FirebaseMessaging.getInstance().getToken()
            .addOnCompleteListener(task -> {
                if (task.isSuccessful()) {
                    String token = task.getResult();
                    System.out.println("Firebase Token: " + token);  // 打印出token
                } else {
                    System.err.println("Failed to get token");
                }
            });
    }

    // 发送推送消息
```

```
    public void sendPushMessage(String title, String messageBody) {
        RemoteMessage message = new
RemoteMessage.Builder("receiver_device_token@fcm.googleapis.com")
                .setMessageId("1")
                .addData("title", title)
                .addData("message", messageBody)
                .build();

        FirebaseMessaging.getInstance().send(message);
        System.out.println("Message sent successfully!");
    }
}
```

OneSignal提供了一个简单的API来发送推送通知，支持iOS、Android和Web等平台。首先，创建OneSignal账户并获得App ID。在build.gradle中添加OneSignal依赖：

```
dependencies {
    implementation 'com.onesignal:onesignal:4.6.0'
}
```

在AndroidManifest.xml中添加OneSignal的权限和服务配置：

```
<application
    android:name="com.onesignal.OneSignalApp"
    android:label="@string/app_name"
    android:theme="@style/AppTheme">

    <!-- OneSignal Service -->
    <service android:name="com.onesignal.GcmReceiver" android:exported="true">
        <intent-filter>
            <action android:name="com.google.android.c2dm.intent.RECEIVE" />
        </intent-filter>
    </service>
</application>
```

然后，在MainActivity中进行初始化和接收推送消息：

```
import com.onesignal.OneSignal;
import android.os.Bundle;
import androidx.appcompat.app.AppCompatActivity;

public class MainActivity extends AppCompatActivity {

    @Override
    protected void onCreate(Bundle savedInstanceState) {
        super.onCreate(savedInstanceState);
        setContentView(R.layout.activity_main);

        // 初始化OneSignal推送服务
        OneSignal.initWithContext(this);
        OneSignal.setAppId("your-onesignal-app-id");
```

```
        // 获取OneSignal设备的注册ID
        OneSignal.getDeviceState().getUserId();
        System.out.println("OneSignal User ID: " +
OneSignal.getDeviceState().getUserId());

        // 设置通知接收处理
        OneSignal.setNotificationOpenedHandler(result -> {
            System.out.println("Notification opened: " +
result.getNotification().getBody());
        });
    }

    // 发送推送消息
    public void sendPushMessage(String message) {
        OneSignal.postNotification(new JSONObject("{'contents': {'en': '" + message +
"'}, 'include_player_ids': ['player_id']}"), response -> {
            System.out.println("Push message sent: " + response);
        });
    }
}
```

Firebase推送通知发送：

```
Firebase Token: fcm_token_generated_by_firebase
Message sent successfully!
```

OneSignal推送通知发送：

```
OneSignal User ID: 1234567890
Push message sent: {"id":"123","success":true}
```

通过本节的代码示例，展示了如何使用Firebase和OneSignal进行消息推送。Firebase和OneSignal分别提供了强大的推送通知服务，适用于不同的应用需求。Firebase适用于Google云服务集成，而OneSignal简化了跨平台推送的配置和实现。通过这两种推送服务，开发者可以实现即时通知和消息推送，提升用户的参与度和使用体验。

9.3.2　WebSocket 与实时数据同步

WebSocket是一种在单个TCP连接上进行全双工通信的协议，广泛应用于实时数据交换和消息推送。与传统的HTTP协议相比，WebSocket连接保持长时间打开，可以实时地传输数据，而不需要每次发送请求时都重新建立连接。WebSocket协议非常适合需要实时反馈的应用场景，例如在线聊天、实时游戏、股票行情等。

在移动端应用中，尤其是与DeepSeek API集成的场景下，WebSocket常用于实现高效的实时数据同步。例如，当需要推送即时通知、实时处理数据流或在客户端与云端进行实时交互时，WebSocket提供了一种极为有效的解决方案。

WebSocket连接通过一个简单的“握手”过程建立。一旦连接建立成功，客户端和服务器可以通过此连接发送和接收消息。这个过程保证了低延迟和高效率的数据交换，适用于大量并发的实时应用场景。使用WebSocket，数据传输不再需要反复创建和关闭连接，而是保持一个持久的连接。

【例9-8】展示如何在Android应用中使用WebSocket协议与服务器进行实时数据同步。

首先，使用WebSocket库，在Android项目中创建WebSocket客户端。我们可以使用okhttp库，它为WebSocket提供了简洁的实现方法。

```
dependencies {
    implementation 'com.squareup.okhttp3:okhttp:4.9.0'
}
```

创建WebSocket客户端连接，并处理从服务器发送来的消息。

```
import okhttp3.OkHttpClient;
import okhttp3.Request;
import okhttp3.WebSocket;
import okhttp3.WebSocketListener;
import okhttp3.Response;
import okio.ByteString;

public class WebSocketService {
    private WebSocket webSocket;

    public void startWebSocketConnection() {
        OkHttpClient client = new OkHttpClient();

        // 创建WebSocket请求
        Request request = new
Request.Builder().url("ws://example.com/socket").build();

        // 初始化WebSocket监听器
        WebSocketListener listener = new WebSocketListener() {
            @Override
            public void onOpen(WebSocket webSocket, Response response) {
                System.out.println("WebSocket Connection Opened");
            }

            @Override
            public void onMessage(WebSocket webSocket, String text) {
                System.out.println("Message from server: " + text);
                // 处理服务器推送的实时数据
                processRealTimeData(text);
            }

            @Override
            public void onMessage(WebSocket webSocket, ByteString bytes) {
                System.out.println("Message from server: " + bytes.hex());
```

```
        }

        @Override
        public void onClosing(WebSocket webSocket, int code, String reason) {
            System.out.println("WebSocket Closing: " + reason);
        }

        @Override
        public void onFailure(WebSocket webSocket, Throwable t, Response response) {
            System.out.println("WebSocket Error: " + t.getMessage());
        }
    };

    // 创建WebSocket连接
    webSocket = client.newWebSocket(request, listener);

    // 请求消息
    webSocket.send("Hello, Server!");  // 向服务器发送请求消息
}

// 处理服务器实时数据
private void processRealTimeData(String data) {
    System.out.println("Processed Real-time Data: " + data);
    // 在此可以进行数据解析和业务逻辑处理
}

public void closeWebSocket() {
    if (webSocket != null) {
        webSocket.close(1000, "Goodbye!");
    }
}
}
```

为了测试，假设服务器端实现了一个WebSocket服务，用于接收和发送消息。以下是一个简单的WebSocket服务器实现，使用ws库来处理连接：

```
const WebSocket = require('ws');
// 创建WebSocket服务器
const wss = new WebSocket.Server({ port: 8080 });

wss.on('connection', ws => {
    console.log('Client connected');

    // 发送消息给客户端
    ws.send('Welcome to the WebSocket server!');

    // 接收客户端发送的消息
    ws.on('message', message => {
        console.log('Received message: ' + message);
        // 响应客户端
        ws.send('Server received: ' + message);
```

```
    });

    // 当客户端关闭连接时
    ws.on('close', () => {
      console.log('Connection closed');
    });
});
```

运行WebSocket客户端时，将会输出类似以下的内容：

```
WebSocket Connection Opened
Message from server: Welcome to the WebSocket server!
Processed Real-time Data: Welcome to the WebSocket server!
Message from server: Server received: Hello, Server!
Processed Real-time Data: Server received: Hello, Server!
```

当WebSocket客户端连接并发送消息时，服务器端的输出会是：

```
Client connected
Received message: Hello, Server!
```

通过WebSocket，客户端和服务器之间可以进行高效的双向通信，数据实时同步。在复杂的应用场景中，例如数学推理、聊天应用等，WebSocket能够在没有延迟的情况下实时更新数据。例如，客户端可以实时推送输入的数据到服务器，服务器在处理后立即返回结果，无须等待传统HTTP请求的响应周期。

WebSocket提供了持久化连接，能够高效地进行双向数据传输，非常适用于需要低延迟和高并发的实时通信应用。在本节的实现中，通过WebSocket连接与DeepSeek API的结合，客户端能够实时同步数据，处理推送的实时消息，并向服务器发送数据。结合缓存机制、数据同步与WebSocket协议，可以确保系统在面对大量并发请求时的高效性和可扩展性。

9.3.3　消息队列与事件驱动架构

在现代应用开发中，事件驱动架构（EDA）和消息队列成为构建高效、可扩展系统的重要方式。事件驱动架构通过将业务逻辑划分为事件的产生、传播和响应，使得系统可以异步、解耦地处理不同的任务。消息队列作为事件驱动架构的核心组件，负责事件的消息传递，确保各个组件之间的解耦性和异步性，从而提升系统的响应能力和吞吐量。

在DeepSeek的应用场景中，事件驱动架构可以用来处理实时数据流和异步任务，如实时推荐系统、推送通知等。结合消息队列（如RabbitMQ或Kafka），系统可以高效地处理和分发任务，并确保高并发情况下的稳定运行。

事件驱动架构的核心思想是“发布/订阅模式”，系统中的各个模块通过消息队列进行通信。通过将事件的发送者与接收者解耦，系统变得更加灵活和可靠。消息队列作为事件传递的媒介，确保了异步任务的执行，并保证了消息的顺序性和可靠性。

RabbitMQ是一个广泛使用的消息队列系统，它采用了AMQP（高级消息队列协议），支持多个消费者、路由机制以及可靠的消息投递。在事件驱动架构中，RabbitMQ通常作为消息的中转站，发布者将事件发送到队列中，消费者从队列中取出消息进行处理。

Kafka是一个分布式流处理平台，设计用于处理大规模的实时数据流。在事件驱动架构中，Kafka作为分布式消息队列具有更高的吞吐量和可扩展性。Kafka通常用于处理大规模的数据流，适合用于事件日志、实时数据流等场景。

【例9-9】演示如何使用RabbitMQ实现基于DeepSeek的AI推荐系统中的事件驱动架构。我们将模拟用户数据的实时处理，用户请求的事件通过消息队列传递到后端服务进行处理。

在项目中，使用amqp-client库来与RabbitMQ进行交互。首先，在项目的build.gradle文件中添加如下依赖。

```
dependencies {
   implementation 'com.rabbitmq:amqp-client:5.9.0'
}
```

发布者将用户请求的数据封装成消息，通过RabbitMQ发送到消息队列。

```
import com.rabbitmq.client.*;

public class Publisher {

   private final static String QUEUE_NAME = "user_requests";

   public static void main(String[] argv) throws Exception {
      // 创建连接工厂并配置连接
      ConnectionFactory factory = new ConnectionFactory();
      factory.setHost("localhost");
      try (Connection connection = factory.newConnection();
          Channel channel = connection.createChannel()) {
         // 声明队列
         channel.queueDeclare(QUEUE_NAME, false, false, false, null);

         // 创建消息体
         String message = "User requested AI recommendation: {user_id: 123, 
preferences: {genre: 'action', language: 'English'}}";

         // 发送消息到队列
         channel.basicPublish("", QUEUE_NAME, null, message.getBytes());
         System.out.println("Sent: '" + message + "'");
      }
   }
}
```

消费者从RabbitMQ队列中读取消息，处理用户请求，并进行相应的AI推荐。

```
import com.rabbitmq.client.*;
```

```
public class Consumer {

    private final static String QUEUE_NAME = "user_requests";

    public static void main(String[] argv) throws Exception {
        // 创建连接工厂并配置连接
        ConnectionFactory factory = new ConnectionFactory();
        factory.setHost("localhost");
        try (Connection connection = factory.newConnection();
             Channel channel = connection.createChannel()) {
            // 声明队列
            channel.queueDeclare(QUEUE_NAME, false, false, false, null);
            System.out.println("Waiting for messages...");

            // 创建消息处理回调
            DeliverCallback deliverCallback = (consumerTag, delivery) -> {
                String message = new String(delivery.getBody(), "UTF-8");
                System.out.println("Received: '" + message + "'");

                // 处理消息（例如，调用DeepSeek API进行AI推荐）
                processRecommendationRequest(message);
            };
            // 接收消息
            channel.basicConsume(QUEUE_NAME, true, deliverCallback, consumerTag ->
{ });
        }
    }

    // 处理用户请求并生成推荐（模拟AI推荐）
    private static void processRecommendationRequest(String message) {
        System.out.println("Processing recommendation request: " + message);
        // 假设调用DeepSeek API进行推荐，返回推荐内容
        String recommendation = "Recommended Movies: ['Movie 1', 'Movie 2', 'Movie 3']";
        System.out.println("Recommendation: " + recommendation);
    }
}
```

发布者的输出：

```
Sent: 'User requested AI recommendation: {user_id: 123, preferences: {genre: 'action',
language: 'English'}}'
```

消费者的输出：

```
Waiting for messages...
Received: 'User requested AI recommendation: {user_id: 123, preferences: {genre:
'action', language: 'English'}}'
Processing recommendation request: User requested AI recommendation: {user_id: 123,
preferences: {genre: 'action', language: 'English'}}
Recommendation: Recommended Movies: ['Movie 1', 'Movie 2', 'Movie 3']
```

在本小节中，展示了如何通过消息队列（RabbitMQ）实现事件驱动架构。使用RabbitMQ将用户请求通过消息传递给后端服务，并进行实时处理。在DeepSeek集成的推荐系统中，可以使用这种架构来解耦不同的服务模块，使得系统具备高可扩展性和实时处理能力。

通过事件驱动架构和消息队列，系统可以在不同组件之间高效地传递事件，确保高并发情况下的数据同步和业务处理的稳定性。

9.4　第三方支付与交易系统集成

本节将探讨如何在移动端AI应用中集成第三方支付与交易系统，重点讲解支付流程的设计与实现。随着电子商务与移动支付的普及，第三方支付平台的集成已成为现代应用不可或缺的一部分。本节将深入分析主流支付服务提供商，如支付宝、微信支付、PayPal等，如何与DeepSeek API结合，实现安全、便捷的支付体验。通过具体的集成案例，详细介绍支付请求的处理、订单状态的跟踪、支付结果的回调等关键步骤，确保支付系统的高效性与安全性，帮助开发者设计符合业务需求的交易流程。

9.4.1　支付网关（PayPal、AliPay、WeChat Pay）

在现代电子商务和移动支付的环境中，支付网关扮演着至关重要的角色。支付网关是一种安全、可靠的机制，用于在线处理支付事务，特别是在第三方支付平台如PayPal、AliPay和WeChat Pay的帮助下，用户可以进行快捷的支付操作。这些支付网关不仅可以支持多种支付方式，还具备高效的支付处理能力。

下面介绍如何集成常见的支付网关，如PayPal、AliPay和WeChat Pay，并通过具体代码示例演示如何利用这些支付网关进行支付处理。实现过程包括支付请求的发送、支付状态的查询、支付结果的回调处理等操作。

【例9-10】PayPal提供了简单易用的API接口，用于在线支付的集成。下面的示例展示了如何通过PayPal的REST API发起支付请求。

首先，通过npm安装PayPal的Node.js SDK，或者在后端服务中使用类似的库。

```
npm install @paypal/checkout-server-sdk
```

配置PayPal客户端，使用API凭证（clientId和secret）。

```
const paypal = require('@paypal/checkout-server-sdk');

const clientId = 'YOUR_CLIENT_ID';
const clientSecret = 'YOUR_CLIENT_SECRET';

function environment() {
```

```
    return new paypal.core.SandboxEnvironment(clientId, clientSecret);
}

function client() {
    return new paypal.core.PayPalHttpClient(environment());
}
```

创建支付订单并发送给PayPal。

```
async function createPayment() {
    const request = new paypal.orders.OrdersCreateRequest();
    request.prefer('return=representation');
    request.requestBody({
        intent: 'CAPTURE',
        purchase_units: [
            {
                amount: {
                    currency_code: 'USD',
                    value: '100.00'
                }
            }
        ],
    });

    try {
        const order = await client().execute(request);
        console.log('Order ID:', order.result.id);
        return order.result.id;
    } catch (error) {
        console.error(error);
    }
}
```

当用户完成支付时，PayPal会回调通知支付结果。

```
async function capturePayment(orderId) {
    const request = new paypal.orders.OrdersCaptureRequest(orderId);
    request.requestBody({});
    try {
        const capture = await client().execute(request);
        console.log('Capture ID:',
capture.result.purchase_units[0].payments.captures[0].id);
    } catch (error) {
        console.error(error);
    }
}
```

AliPay提供了强大的支付功能，适用于广泛的中国市场用户。集成AliPay支付网关的步骤类似，通常需要配置商户信息、生成签名以及处理支付请求。通过npm安装AliPay的SDK：

```
npm install alipay-sdk
```

配置AliPay：

```
const AlipaySdk = require('alipay-sdk').default;
const alipaySdk = new AlipaySdk({
    appId: 'YOUR_APP_ID',
    privateKey: 'YOUR_PRIVATE_KEY',
    alipayPublicKey: 'ALIPAY_PUBLIC_KEY'
});
```

创建支付请求：

```
async function createAliPayPayment() {
    const result = await alipaySdk.exec('alipay.trade.app.pay', {
        bizContent: JSON.stringify({
            out_trade_no: '20210529010101',
            total_amount: '100.00',
            subject: '商品购买',
            product_code: 'QUICK_MSECURITY_PAY'
        })
    });
    console.log('AliPay Payment Request:', result);
    return result;
}
```

WeChat Pay提供了专门的API进行支付处理。使用WeChat Pay的支付服务通常需要使用其官方SDK，并且完成支付凭证的创建。

```
npm install wechatpay-node
```

配置WeChat Pay：

```
const wechatpay = require('wechatpay-node');
const wxpay = wechatpay.init({
    appId: 'YOUR_APP_ID',
    mchId: 'YOUR_MCH_ID',
    partnerKey: 'YOUR_PARTNER_KEY',
    notifyUrl: 'YOUR_NOTIFY_URL'
});
```

创建支付请求：

```
async function createWeChatPayOrder() {
    const order = {
        out_trade_no: '20210529010102',
        body: '商品购买',
        total_fee: 100, // 单位：分
        spbill_create_ip: '127.0.0.1',
        notify_url: 'YOUR_NOTIFY_URL',
        trade_type: 'JSAPI',
        openid: 'USER_OPENID'
    };
```

```
    const result = await wxpay.createUnifiedOrder(order);
    console.log('WeChat Pay Order:', result);
    return result;
}
```

以下为输出结果：

```
PayPal支付订单创建：
Order ID: 4VY12696B6751483A
AliPay支付请求：
AliPay Payment Request: alipay.trade.app.pay({bizContent})
WeChat Pay支付订单创建：
WeChat Pay Order: {prepay_id: 'wx20191119123456789', nonce_str:
'random_nonce_string'}
```

通过本小节的学习，展示了如何集成常见的支付网关——PayPal、AliPay和WeChat Pay，重点讲解了创建支付订单、处理支付请求和回调处理的基本流程。这些支付网关可以帮助开发者快速接入支付服务，支持广泛的支付方式，适用于全球和中国市场。结合DeepSeek API的应用场景，可以利用支付功能实现更多与支付相关的交互和数据处理，提升用户体验。

9.4.2　跨境支付与货币转换

随着全球化进程的加速，跨境支付已经成为互联网金融服务中不可或缺的一部分。跨境支付不仅涉及资金在不同国家之间的转移，还包括货币转换、支付接口对接等复杂环节。为了能够顺利完成这些操作，开发者需要理解并使用相关的支付API、货币转换接口以及相关的安全和合规标准。

下面详细介绍跨境支付的实现方法，并讲解如何结合货币转换服务进行支付操作。通过集成DeepSeek API与支付网关，开发者可以更方便地实现跨境支付与货币转换。

在跨境支付场景中，开发者需要重点考虑以下几个方面：

（1）货币转换：跨境支付中最常见的需求是货币转换，涉及实时汇率查询与计算。

（2）支付平台选择：不同支付平台在跨境支付上的支持存在差异，包括PayPal、Stripe、Alipay等。

（3）合规性要求：跨境支付需要遵循各国的支付法规，尤其是针对数据保护和反洗钱的要求。

【例9-11】以PayPal为例，首先确保PayPal的API已正确集成。假设PayPal SDK已完成安装与配置。为了支持跨境支付，通常需要通过外部货币转换API来获取当前汇率。这里我们使用Open Exchange Rates API来获取货币汇率的实时数据。

首先，需配置货币转换API（例如Open Exchange Rates API）。

```
npm install axios
```

然后，配置并调用汇率API：

```
const axios = require('axios');
```

```
const API_KEY = 'YOUR_API_KEY';  // Open Exchange Rates API的密钥

// 获取实时汇率
async function getExchangeRate(fromCurrency, toCurrency) {
  const url = `https://openexchangerates.org/api/latest.json?app_id=${API_KEY}`;
  try {
    const response = await axios.get(url);
    const rates = response.data.rates;
    const rate = rates[toCurrency] / rates[fromCurrency];
    return rate;
  } catch (error) {
    console.error("Error fetching exchange rates:", error);
    return null;
  }
}
```

使用从汇率API获得的汇率，计算跨境支付金额。假设用户从美元支付100美元，并且目标是将其转化为欧元。

```
async function convertCurrency(amount, fromCurrency, toCurrency) {
  const exchangeRate = await getExchangeRate(fromCurrency, toCurrency);
  if (exchangeRate) {
    return amount * exchangeRate;
  } else {
    console.log("无法获取汇率");
    return null;
  }
}

(async () => {
  const amountInUSD = 100;
  const convertedAmount = await convertCurrency(amountInUSD, 'USD', 'EUR');
  console.log(`$${amountInUSD} = €${convertedAmount.toFixed(2)}`);
})();
```

运行结果（模拟输出）：

```
$100 = €92.65
```

根据用户选择的支付平台（例如PayPal），将转换后的金额发送到PayPal进行支付。假设我们已经成功获取到货币转换后的金额，并将其传递给PayPal支付请求。

```
const paypal = require('@paypal/checkout-server-sdk');

// PayPal客户端配置
const clientId = 'YOUR_CLIENT_ID';
const clientSecret = 'YOUR_CLIENT_SECRET';

function environment() {
  return new paypal.core.SandboxEnvironment(clientId, clientSecret);
```

```
}

function client() {
    return new paypal.core.PayPalHttpClient(environment());
}

// 创建支付请求
async function createPayment(amount, currency) {
    const request = new paypal.orders.OrdersCreateRequest();
    request.prefer('return=representation');
    request.requestBody({
        intent: 'CAPTURE',
        purchase_units: [
            {
                amount: {
                    currency_code: currency,
                    value: amount
                }
            }
        ]
    });

    try {
        const order = await client().execute(request);
        console.log("PayPal Order ID:", order.result.id);
        return order.result.id;
    } catch (error) {
        console.error("Error creating payment:", error);
        return null;
    }
}

(async () => {
    const orderID = await createPayment(convertedAmount, 'EUR');
    console.log("Order created:", orderID);
})();
```

运行结果（模拟输出）：

```
PayPal Order ID: 4VY12696B6751483A
Order created: 4VY12696B6751483A
```

支付完成后，我们需要回调处理PayPal支付结果。

```
async function capturePayment(orderId) {
    const request = new paypal.orders.OrdersCaptureRequest(orderId);
    request.requestBody({});
    try {
        const capture = await client().execute(request);
        console.log("Capture successful:", capture.result);
    } catch (error) {
```

```
        console.error("Error capturing payment:", error);
    }
}
```

输出（支付回调处理）：

```
Capture successful: { id: '3JY22455V1234632B', status: 'COMPLETED', amount: { value: '92.65', currency_code: 'EUR' } }
```

在本小节中，介绍了如何通过DeepSeek API与其他跨境支付平台（如PayPal）进行集成，使用货币转换API进行实时汇率计算，并结合支付网关发起和处理支付请求。通过这些步骤，可以实现多币种的支付处理及跨境支付操作，满足国际市场的支付需求。

9.4.3　DeepSeek 辅助智能购物满减优惠插件

在本案例中，我们将创建一个使用DeepSeek API提供智能推荐和满减优惠计算的插件。该插件可以分析用户的购物车内容，智能推荐商品以及提供可用的满减优惠，帮助用户节省开支。用户购物时，插件会根据购物车内的商品金额自动计算适用的优惠，并推荐最优的优惠方式。

1. 功能说明

（1）商品推荐：根据购物车中的商品，DeepSeek API提供个性化的商品推荐，提升购物体验。

（2）满减优惠：根据购物车金额，判断是否符合满减优惠条件，并计算出最终优惠金额。

（3）优惠方案：根据用户购买的商品和金额，提供多种可用的优惠方案，并推荐最优的优惠方式。

2. 插件设计

（1）输入：用户的购物车信息（商品列表和价格）。

（2）处理：通过DeepSeek API进行商品推荐，并计算满减优惠。

（3）输出：推荐的商品、可用的优惠、最终支付金额。

3. 技术栈

（1）DeepSeek API：用于获取商品推荐。

（2）Node.js、Express：后端服务，用于处理请求。

（3）Redis或内存缓存：用于存储用户购物车中的商品信息和优惠计算结果，以提高性能。

4. 插件架构设计

（1）商品推荐：基于用户的购物车内容，DeepSeek API提供商品推荐，通过“商品推荐模型”接口进行调用。

（2）满减优惠：根据购物车的总金额判断是否符合满减优惠规则，例如满200减50元、满500减150元等。

（3）智能推荐优惠：在计算完可用的优惠后，推荐最优的优惠给用户。

```
// 引入依赖
const express = require('express');
const axios = require('axios');
const redis = require('redis');
const app = express();

// 配置Redis客户端
const client = redis.createClient();

// DeepSeek API配置
const DEEPSEEK_API_URL = 'https://api.deepseek.com/recommendations';
const DEEPSEEK_API_KEY = 'YOUR_DEEPSEEK_API_KEY';

// 满减优惠规则
const discountRules = [
    { threshold: 500, discount: 150 },
    { threshold: 200, discount: 50 },
];

// 模拟购物车数据结构
let shoppingCart = [
    { productId: 'p1', name: 'Smartphone', price: 300 },
    { productId: 'p2', name: 'Laptop', price: 700 },
];

// 获取商品推荐
async function getProductRecommendations(cartItems) {
    const productIds = cartItems.map(item => item.productId).join(',');
    try {
        const response = await
axios.get(`${DEEPSEEK_API_URL}?productIds=${productIds}`, {
            headers: { 'Authorization': `Bearer ${DEEPSEEK_API_KEY}` }
        });
        return response.data.recommendations;
    } catch (error) {
        console.error('Error fetching product recommendations:', error);
        return [];
    }
}

// 计算满减优惠
function calculateDiscount(cartTotal) {
    let applicableDiscount = 0;
    for (let rule of discountRules) {
        if (cartTotal >= rule.threshold) {
            applicableDiscount = Math.max(applicableDiscount, rule.discount);
        }
    }
```

```
    return applicableDiscount;
}

// 处理购物车请求
app.post('/checkout', async (req, res) => {
    const cart = req.body.cart || shoppingCart;

    // 计算购物车总价
    const cartTotal = cart.reduce((total, item) => total + item.price, 0);

    // 获取商品推荐
    const recommendations = await getProductRecommendations(cart);

    // 计算适用的优惠
    const discount = calculateDiscount(cartTotal);

    // 计算最终支付金额
    const finalAmount = cartTotal - discount;

    // 存储购物车信息到Redis缓存，假设使用购物车ID进行存储
    client.set('cart:' + Date.now(), JSON.stringify(cart));

    // 返回购物车信息和推荐的商品
    res.json({
        cartTotal,
        discount,
        finalAmount,
        recommendations,
    });
});

// 启动Express服务器
app.listen(3000, () => {
    console.log('Server is running on http://localhost:3000');
});
```

代码说明如下：

（1）购物车与商品推荐：通过模拟的购物车数据和DeepSeekAPI提供的推荐接口，我们将商品的productId提交给DeepSeekAPI，获取推荐商品。

（2）满减优惠计算：在discountRules中定义了满减规则。例如，满500减150元，满200减50元。根据购物车的总金额，判断适用的优惠金额。

（3）最终支付金额：购物车的总金额减去优惠金额即为最终支付金额。

（4）缓存机制：将用户的购物车信息存储在Redis缓存中，避免重复计算。

（5）API调用：通过axios请求DeepSeekAPI，获取商品推荐列表。

假设用户的购物车包含以下商品：

（1）Smartphone，价格：300元。

（2）Laptop，价格：700元。

在调用/checkout API 时，返回的JSON输出可能如下所示：

```
{
    "cartTotal": 1000,
    "discount": 150,
    "finalAmount": 850,
    "recommendations": [
        {
            "productId": "p3",
            "name": "Tablet",
            "price": 200
        },
        {
            "productId": "p4",
            "name": "Smartwatch",
            "price": 150
        }
    ]
}
```

在这个例子中，购物车总金额为1000元，符合满500减150元的规则，最终支付金额为850元。同时，DeepSeek API返回了推荐商品：Tablet（200元）和Smartwatch（150元）。

通过将DeepSeek API与购物车满减优惠插件结合，可以实现智能购物推荐和优惠计算，提升用户的购物体验。此插件能够根据用户购物车的内容提供个性化的商品推荐，并自动计算出适用的优惠，帮助用户节省开支。

9.5　本章小结

本章深入探讨了如何将DeepSeek与第三方服务进行有效集成，涵盖身份认证、云存储、消息推送、支付系统等关键模块。在本章中，首先介绍了第三方身份认证与授权机制，包括OAuth 2.0与JWT认证，为应用提供了安全的用户认证方式。随后，讲解了如何集成云服务与存储服务，确保数据的可靠存储和高效访问。

消息推送与实时通信部分强调了通过集成Firebase和WebSocket实现即时数据更新和用户互动。支付与交易系统的集成进一步扩展了应用的功能，使得用户能够便捷完成在线支付。通过这一系列集成，能够提升应用的功能性、灵活性和用户体验，确保在复杂的移动端应用中实现高效、可靠的服务交互与数据处理。

9.6 思考题

（1）请简要描述OAuth 2.0与JWT（JSON Web Token）认证机制的主要区别，并讨论如何在移动端开发中利用这两种认证方式为应用提供安全的用户认证服务。结合具体的代码示例，讲解如何通过OAuth 2.0获取访问令牌，并使用JWT进行请求的授权验证。

（2）解释如何集成第三方身份认证服务（如Google、Apple等）到移动应用中。描述集成的主要步骤和所涉及的安全性问题。结合DeepSeek的API，展示如何通过OAuth 2.0实现用户身份认证与授权。

（3）介绍如何将云存储服务（如AWS S3、Aliyun OSS）与移动应用集成，并利用API实现数据上传和下载。请结合代码示例，讲解如何通过API与云存储进行交互，并实现文件的上传、存储和管理。

（4）请描述如何实现云端与本地数据的同步。在移动端应用中，如何利用云存储确保数据的一致性，并讲解如何处理跨平台存储时的数据冲突问题。结合实际代码示例，展示如何实现数据的自动同步与冲突解决。

（5）请简要介绍如何集成Firebase和OneSignal等第三方消息推送服务到iOS和Android应用中。结合代码示例，讲解如何实现推送消息的接收、处理以及展示。如何利用DeepSeek API进行个性化推送的优化？

（6）解释如何通过WebSocket实现实时通信功能，并与DeepSeek API集成，为移动应用提供即时数据更新服务。结合代码示例，讲解如何在移动端应用中配置WebSocket连接，并处理实时消息的收发。

（7）结合支付网关（如PayPal、AliPay、WeChat Pay）的集成，讲解如何将支付功能集成到移动端应用中，并利用DeepSeek API优化支付过程中与商品相关的推荐。如何处理支付流程中的安全性问题？请结合代码演示支付接口的调用。

（8）请简要描述如何在跨境支付场景中实现货币转换功能。结合支付网关（如PayPal、AliPay），介绍如何通过API进行实时货币转换。如何将不同货币之间的转换率与DeepSeek API进行集成，从而优化用户的支付体验？

（9）请描述如何利用API网关（如Kong、Nginx）对多个服务进行负载均衡，确保应用的高可用性和性能优化。结合DeepSeek API，讲解如何通过API网关进行流量管理与路由优化，并实现服务的自动扩展。

（10）讨论如何在移动端应用中进行数据加密和安全性设计，特别是在使用DeepSeek API进行用户数据处理时。结合OAuth 2.0认证和JWT，讲解如何保护用户隐私信息，并确保数据在传输和存储过程中的安全性。请给出加密算法的实现示例。

第 10 章 基于DeepSeek的Android、iOS端应用插件开发实战

本章将深入探讨如何基于DeepSeek的强大API，开发适用于Android与iOS平台的应用插件。插件开发作为提升移动应用功能性与用户体验的重要途径，能够为应用提供灵活的扩展和定制化的解决方案。

本章将围绕DeepSeek的集成方式，结合具体的技术实现，展示如何在Android与iOS端高效开发插件，解决应用中的智能推荐、自然语言处理、数据分析等多项需求。通过实际的开发案例，讲解插件设计、API调用及性能优化等核心环节，为开发者提供一套完整的插件开发实战指南。

10.1 项目需求分析与架构设计

本节将围绕基于DeepSeek的Android与iOS端应用插件开发中的项目需求分析与架构设计展开。通过深入分析具体的应用场景与用户需求，明确插件的功能目标与技术要求，从而为后续的开发工作奠定坚实的基础。架构设计将考虑到插件的可扩展性、性能优化与安全性，确保插件在不同平台间的一致性与高效性。本节将详细阐述如何通过科学的架构设计，优化资源配置与流程管理，提升插件的整体性能，确保最终交付的应用插件能够在复杂的实际环境中高效运行。

10.1.1 Android 应用架构设计原则（Clean Architecture）

Android应用架构设计是开发过程中至关重要的一步，它决定了应用的可维护性、可扩展性和易于调试性。Clean Architecture（清洁架构）是近年来广泛采用的一种架构设计模式，旨在通过明确划分不同层次的职责，确保应用的结构清晰、松耦合，从而提高代码质量。其核心思想是将应用程序的业务逻辑和框架代码分离，确保不同功能模块之间的独立性。

Clean Architecture通常包括4个主要层次：数据层、领域层、用例层和表示层。数据层负责数据的存储和网络通信，领域层处理核心业务逻辑，用例层负责将领域层的逻辑与用户需求进行匹配，表示层则负责与用户交互。通过这种分层结构，Clean Architecture强调不同层之间的单向依赖，即上层依赖下层，下层对上层没有依赖。这样能够有效避免业务逻辑与UI层的紧密耦合，提高了模块化程度，便于后期的维护和扩展。

Clean Architecture还提倡依赖倒置原则（DIP），即高层模块不应依赖低层模块，二者应通过抽象接口进行解耦。这样可以有效避免模块间的直接依赖关系，增加了代码的灵活性和可测试性。在Android开发中，结合MVVM模式，Clean Architecture不仅提高了代码的可读性，还使得单元测试变得更加简便，因为每个层次的功能都能够独立测试。

通过采用Clean Architecture，开发者能够实现高内聚低耦合的设计，使得Android应用在面对复杂业务逻辑时，依然保持清晰、易于理解和维护的结构，进一步提高了开发效率和代码的可持续性。

10.1.2　iOS 架构设计模式（MVC、MVVM）

在iOS应用开发中，架构设计模式起着至关重要的作用，决定了应用的可扩展性、可维护性以及开发效率。MVC和MVVM是两种常见的架构设计模式，在iOS开发中被广泛应用。

MVC架构模式是iOS开发的传统设计模式，将应用分为三大核心组件：Model、View和Controller。Model代表应用的业务逻辑和数据层，处理数据的存储和业务操作；View负责显示用户界面，接收用户的输入；Controller则充当Model和View之间的桥梁，管理数据流和用户交互。MVC模式的优点在于其简洁性和直观性，尤其适用于简单应用程序。然而，随着应用复杂度的增加，Controller的代码往往会变得臃肿且难以维护，这种问题被称为“Massive View Controller”。

为了解决MVC模式中Controller的过度负担，MVVM架构应运而生。MVVM将Controller的责任拆分，提出了ViewModel这一层，作为View与Model之间的中介。ViewModel负责从Model中获取数据并进行处理，同时提供格式化后的数据供View展示。这样，View与Model之间不再直接交互，而是通过ViewModel进行解耦。MVVM的优势在于减少了View和Model之间的耦合，增加了可测试性和可维护性。由于View与ViewModel之间的双向数据绑定机制，MVVM适用于UI交互频繁的应用，尤其是动态内容展示和实时数据更新的场景。

总体而言，MVC适用于结构较为简单的应用，而MVVM则适合复杂和动态内容较多的应用。MVVM通过引入ViewModel层，提高了架构的灵活性和扩展性，使得应用的每个部分职责明确，代码易于维护和测试。对于iOS开发者来说，了解并合理应用这两种设计模式，有助于提升开发效率和应用质量。

10.1.3　需求分析与功能模块拆解

需求分析与功能模块拆解是软件开发过程中的核心环节，它决定了系统架构、开发流程及项目的最终成功。需求分析的核心任务是通过与相关利益方的沟通，深入理解项目的目标、用户的需求、功能的优先级以及技术实现的可行性。需求分析不仅仅是对功能的简单列举，而是要挖掘用户需求背后的深层次问题，并根据业务需求的变化，制定灵活的应对策略。在这一过程中，需求工程师通常使用用例图、流程图和原型设计等工具，帮助项目团队全面把握需求的全貌，确保开发的方向和目标清晰明确。

功能模块拆解则是在需求分析基础上的进一步深化，目的是将复杂的系统需求转化为易于管理、开发和测试的独立模块。通过模块化设计，可以有效降低系统的复杂性，提升团队协作效率，并保证系统的可维护性和可扩展性。每个功能模块通常具有明确的职责，涵盖了从用户界面到数据处理再到业务逻辑的完整功能。模块拆解时，需要根据系统的架构设计原则进行合理划分，避免模块之间的高度耦合，确保模块的独立性和灵活性。

在拆解过程中，技术团队要评估每个模块的复杂度、资源消耗、开发周期等因素，合理安排优先级和开发顺序。同时，模块之间的接口和数据传输方式也需要进行详细设计，以确保模块之间的协作高效且无缝。每个模块的拆解不仅要满足当前的功能需求，还要考虑到未来的扩展性和可维护性，确保系统能够灵活适应未来的变化与需求演变。

通过需求分析与功能模块拆解，开发团队能够在系统开发初期就明确项目的功能范围和技术方案，减少后期需求变更和技术障碍的影响，提升项目的开发效率和交付质量。

10.1.4　技术选型与平台支持分析

技术选型与平台支持分析是软件开发过程中的关键环节，决定了整个项目的技术框架、开发效率以及最终的可维护性。合理的技术选型不仅可以大幅提升开发效率，还能减少技术负担，为项目的长期发展奠定坚实的基础。在进行技术选型时，首先要全面了解业务需求、功能需求及系统架构，考虑到项目的目标、开发周期、团队的技术储备等多个因素，做出科学的技术决策。技术选型的核心在于平衡创新与稳定性之间的关系，尤其是在面对多样化技术栈和快速迭代的技术环境下，选型过程需要进行全面的市场调研和竞争力评估。

在平台支持分析过程中，开发团队需评估不同平台的特性、支持的API、性能优化能力、系统兼容性以及安全性要求。例如，在移动端开发中，Android和iOS平台的系统架构、应用商店政策、用户行为习惯等方面存在明显差异。技术选型不仅仅是选择合适的编程语言或框架，还需要考虑平台的硬件要求、操作系统的版本支持、第三方库的兼容性以及未来的扩展性。选定的平台应该能够为所开发的应用提供足够的支持，并且具有良好的生态系统，以便后期集成各种外部服务和进行系统升级。

除了平台的基本支持外，云计算服务、API接口、数据库方案、缓存机制等外围技术也需要综合考虑。平台的开发环境及其工具集，如Android的Studio与Xcode的集成开发环境，以及相关的调试工具和模拟器，都对开发效率和质量有着直接影响。对于大多数企业来说，选型决策不仅要考虑短期的技术需求，还应考虑到长期的技术债务、团队学习成本以及持续维护的难度。基于这一分析，技术选型应当是一个具有前瞻性的决策过程，以确保技术栈能够适应未来的技术发展、用户需求变化以及市场趋势。

10.2　DeepSeek 集成与数据传输

本节将重点介绍如何将DeepSeek API有效集成到Android与iOS端应用插件中，并实现数据的高效传输。通过详细解析DeepSeek的接口设计、数据传输流程及其与应用插件的连接方式，确保数据在不同平台间的顺畅流动和实时更新。本节中将涉及数据格式的处理、API调用的优化、传输安全性保障等核心技术，帮助开发者掌握如何在插件中实现智能数据交互。

10.2.1　DeepSeek API 的端到端数据流

DeepSeek API能够处理高度复杂的请求，并以高效且灵活的方式返回数据。在实际开发中，应用程序需要与DeepSeek API进行无缝对接以完成各种智能任务，如自然语言处理、语音识别、智能推荐等。本节将展示如何从Android/iOS应用中请求数据，如何对数据进行处理和解析，最终将响应结果进行处理并返回给应用。实现这一过程的核心环节包括API请求的构建、数据传输、数据解析及结果的反馈。

【例10-1】展示如何通过DeepSeek API实现端到端数据流，包括数据的请求、处理、传输和展示。

```
import requests
import json
import time

# 模拟DeepSeek API的端到端数据流

class DeepSeekAPIClient:
    def __init__(self, api_url, api_key):
        self.api_url = api_url                      # DeepSeek API基础URL
        self.api_key = api_key                      # 用户的API密钥

    def _send_request(self, data):
        """构建并发送API请求"""
        headers = {
            'Content-Type': 'application/json',
            'Authorization': f'Bearer {self.api_key}'
        }
        try:
            response = requests.post(self.api_url, headers=headers,
data=json.dumps(data))
            response.raise_for_status()  # 检查请求是否成功
            return response.json()
        except requests.exceptions.RequestException as e:
            print(f"请求失败: {e}")
            return None
```

```
    def process_data(self, input_data):
        """处理输入数据并调用DeepSeek API"""
        # 模拟输入数据处理
        data = {
            "model": "deepseek_v1",
            "input": input_data,
            "params": {"temperature": 0.7, "max_tokens": 100}
        }
        return self._send_request(data)

class AppServer:
    def __init__(self, deepseek_client):
        self.deepseek_client = deepseek_client

    def handle_user_request(self, user_input):
        """处理用户请求并获取API返回结果"""
        print(f"接收到用户输入: {user_input}")
        response = self.deepseek_client.process_data(user_input)

        if response:
            return self._handle_api_response(response)
        else:
            return "请求处理失败，请稍后再试。"

    def _handle_api_response(self, response):
        """处理API响应数据并返回结果"""
        if 'output' in response:
            output = response['output']
            print(f"API返回输出: {output}")
            return output
        else:
            return "未能从API获取有效输出。"

# 假设我们有一个应用程序服务端，它使用DeepSeek API进行智能响应
if __name__ == "__main__":
    # 设置DeepSeek API的URL和API Key
    api_url = "https://api.deepseek.com/v1/ai-response"
    api_key = "your-api-key-here"

    # 初始化API客户端
    deepseek_client = DeepSeekAPIClient(api_url, api_key)

    # 初始化应用服务器
    app_server = AppServer(deepseek_client)

    # 模拟接收到用户输入
    user_input = "请提供最新的科技新闻摘要"

    # 处理用户请求
```

```
    response = app_server.handle_user_request(user_input)

    print("最终返回结果:", response)
```

代码说明如下：

（1）DeepSeekAPIClient类：该类用于处理所有与DeepSeek API的通信。它接受API的基础URL和API密钥，构建请求并发送给API，接收响应并返回。通过_send_request方法，向DeepSeek API发送一个POST请求，请求的内容包括输入数据和相关的参数设置（如temperature和max_tokens等）。

（2）AppServer类：该类模拟应用程序的服务器部分，负责处理用户输入，调用DeepSeekAPIClient类的process_data方法与API交互，最后对API返回的响应进行处理并生成最终的结果。handle_user_request方法接收用户输入，将其传递给DeepSeek API客户端，并返回API的响应结果。

（3）数据流：用户输入数据会通过AppServer的handle_user_request方法进行处理，并传递给DeepSeekAPIClient。API接收到请求后返回数据，数据再返回给应用程序。最终，应用程序将返回给用户一个智能响应。

假设用户请求“请提供最新的科技新闻摘要”，API返回的响应为：

```
{
  "output": "根据最新报道，科技领域的重大新闻包括人工智能的发展、5G技术的普及以及新能源技术的突破。"
}
```

最终输出：

- 接收到用户输入：请提供最新的科技新闻摘要
- API返回输出：根据最新报道，科技领域的重大新闻包括人工智能的发展、5G技术的普及以及新能源技术的突破。
- 最终返回结果：根据最新报道，科技领域的重大新闻包括人工智能的发展、5G技术的普及以及新能源技术的突破。

本节展示了如何实现一个端到端的数据流，在Android或iOS应用中通过DeepSeek API实现智能响应。通过清晰的模块划分，确保了代码的易于维护和扩展。在实际的开发环境中，数据流可能更加复杂，但这一示例为构建智能应用提供了基础框架。

10.2.2　会话状态管理与用户数据存储

在基于DeepSeek的应用开发中，管理会话状态和用户数据存储是至关重要的环节。会话状态管理确保每个用户的请求得到妥善处理，并能够持续追踪用户操作的上下文。而用户数据存储不仅仅是数据的保存，更涉及数据的加密、访问控制与持久化处理。尤其是在移动端开发中，如何高效且安全地管理用户数据，保障应用性能和用户体验，是设计中必须考虑的核心要素。

下面介绍如何通过会话状态管理和用户数据存储机制，确保在复杂的应用场景下，数据流的高效与安全。通过DeepSeek API，用户数据会实时存储与管理，并能在多个会话中维持一致性。

【例10-2】展示如何结合DeepSeek API的用户数据管理功能，并与后端存储进行整合，提供可靠的用户数据存储与管理机制。

```
import json
import requests
import uuid
import os
import sqlite3
from cryptography.fernet import Fernet

# 模拟会话状态管理和用户数据存储

# 生成一个加密密钥，用于加密用户数据
def generate_key():
    return Fernet.generate_key()

# 初始化会话存储和加密
class UserDataManager:
    def __init__(self, db_path, encryption_key=None):
        self.db_path = db_path
        self.key = encryption_key if encryption_key else generate_key()
        self.cipher_suite = Fernet(self.key)
        self._setup_db()

    def _setup_db(self):
        """创建数据库表格"""
        conn = sqlite3.connect(self.db_path)
        cursor = conn.cursor()
        cursor.execute('''CREATE TABLE IF NOT EXISTS users
                         (id TEXT PRIMARY KEY, data BLOB)''')
        conn.commit()
        conn.close()

    def store_user_data(self, user_id, user_data):
        """将加密后的用户数据存储到数据库"""
        encrypted_data = self.cipher_suite.encrypt(json.dumps(user_data).
encode('utf-8'))
        conn = sqlite3.connect(self.db_path)
        cursor = conn.cursor()
        cursor.execute('INSERT OR REPLACE INTO users (id, data) VALUES (?, ?)', (user_id,
encrypted_data))
        conn.commit()
        conn.close()

    def get_user_data(self, user_id):
        """从数据库中获取并解密用户数据"""
```

```
        conn = sqlite3.connect(self.db_path)
        cursor = conn.cursor()
        cursor.execute('SELECT data FROM users WHERE id = ?', (user_id,))
        row = cursor.fetchone()
        conn.close()
        if row:
            encrypted_data = row[0]
            return json.loads(self.cipher_suite.decrypt(encrypted_data).
decode('utf-8'))
        return None

# DeepSeek API请求客户端
class DeepSeekAPIClient:
    def __init__(self, api_url, api_key):
        self.api_url = api_url
        self.api_key = api_key

    def _send_request(self, data):
        """发送请求到DeepSeek API并获取响应"""
        headers = {
            'Content-Type': 'application/json',
            'Authorization': f'Bearer {self.api_key}'
        }
        try:
            response = requests.post(self.api_url, data=json.dumps(data),
headers=headers)
            response.raise_for_status()
            return response.json()
        except requests.exceptions.RequestException as e:
            print(f"Error during API request: {e}")
            return None

# 模拟会话管理和数据存储过程
class SessionManager:
    def __init__(self, user_data_manager, api_client):
        self.user_data_manager = user_data_manager
        self.api_client = api_client

    def start_session(self, user_data):
        """启动新的用户会话并存储其数据"""
        user_id = str(uuid.uuid4())  # 为每个会话生成唯一的ID
        self.user_data_manager.store_user_data(user_id, user_data)
        print(f"New session started for user ID: {user_id}")
        return user_id

    def fetch_user_data(self, user_id):
        """从数据库中获取用户数据"""
        user_data = self.user_data_manager.get_user_data(user_id)
        if user_data:
            print(f"Fetched data for user ID {user_id}: {user_data}")
```

```
            return user_data
        else:
            print(f"No data found for user ID {user_id}")
            return None

    def end_session(self, user_id):
        """结束用户会话并清除相关数据"""
        print(f"Session for user ID {user_id} has ended.")
        # 可添加清理操作

# 模拟应用操作
if __name__ == '__main__':
    api_url = 'https://api.deepseek.com/endpoint'
    api_key = 'your_deepseek_api_key'
    db_path = 'user_data.db'

    # 创建API客户端、数据存储客户端和会话管理器
    api_client = DeepSeekAPIClient(api_url, api_key)
    user_data_manager = UserDataManager(db_path)
    session_manager = SessionManager(user_data_manager, api_client)

    # 模拟用户数据
    user_data = {
        'name': 'John Doe',
        'age': 30,
        'preferences': {'theme': 'dark', 'notifications': True}
    }

    # 开始新的用户会话
    user_id = session_manager.start_session(user_data)

    # 模拟获取并展示用户数据
    fetched_data = session_manager.fetch_user_data(user_id)

    # 结束用户会话
    session_manager.end_session(user_id)
```

代码说明如下：

（1）加密与存储用户数据：UserDataManager类提供了一个基于SQLite数据库的简单存储机制。用户数据会被加密后存储在数据库中，确保数据安全性。此类通过Fernet对称加密算法加密和解密数据。

（2）DeepSeek API请求：DeepSeekAPIClient类用于与DeepSeek API进行交互，发送请求并获取响应。请求过程采用标准的HTTP POST方法，并附加API密钥进行认证。

（3）会话管理：SessionManager类负责管理每个用户的会话。每个会话会分配一个唯一的user_id，并关联用户数据。start_session方法启动新的会话并存储数据，fetch_user_data从存储中检索用户数据，而end_session则表示会话结束。

运行结果：

```
New session started for user ID: 8f80b244-8b85-40b7-a572-2f8a4c3c123f
Fetched data for user ID 8f80b244-8b85-40b7-a572-2f8a4c3c123f: {'name': 'John Doe',
'age': 30, 'preferences': {'theme': 'dark', 'notifications': True}}
Session for user ID 8f80b244-8b85-40b7-a572-2f8a4c3c123f has ended.
```

本代码示例展示了如何在DeepSeek的智能应用中进行会话状态管理与用户数据存储。通过加密存储用户信息，确保了数据的安全性，并能在用户会话期间维持数据的持久性。应用场景可以扩展到各种类型的移动端应用，尤其是在涉及敏感用户数据时（如金融、医疗等领域），这种安全、高效的数据管理方法至关重要。

10.2.3　数据加密与隐私保护

随着数据隐私保护的日益重要，移动端应用中的数据加密与隐私保护已经成为必不可少的一部分。无论是用户身份信息、交易数据，还是个人偏好等信息，均可能包含敏感数据，因此对这些数据进行加密、存储和传输时的隐私保护至关重要。尤其是在涉及云端服务和远程API交互时，确保数据的机密性与完整性是开发者的基本责任。

下面介绍如何实现基于DeepSeek的智能应用中的数据加密与隐私保护机制，确保数据在传输、存储以及处理过程中不被恶意泄露或篡改。具体将通过对称加密、非对称加密、哈希算法及TLS/SSL协议等技术手段，帮助开发者设计安全的应用架构。

【例10-3】展示如何在实际应用中使用加密技术对数据进行保护，并确保用户数据的隐私性。

```
import json
import base64
import requests
from cryptography.fernet import Fernet
from cryptography.hazmat.primitives.asymmetric import rsa
from cryptography.hazmat.primitives import hashes
from cryptography.hazmat.primitives.asymmetric import padding
from cryptography.hazmat.backends import default_backend
from cryptography.hazmat.primitives import serialization

# 生成对称加密密钥 (Fernet加密)
def generate_symmetric_key():
    return Fernet.generate_key()

#加密函数：加密用户数据（对称加密）
def encrypt_data_symmetric(data, key):
    cipher_suite = Fernet(key)
    encrypted_data = cipher_suite.encrypt(data.encode('utf-8'))
    return encrypted_data

# 解密函数：解密用户数据（对称加密）
def decrypt_data_symmetric(encrypted_data, key):
```

```
    cipher_suite = Fernet(key)
    decrypted_data = cipher_suite.decrypt(encrypted_data).decode('utf-8')
    return decrypted_data

# 生成RSA公钥和私钥
def generate_rsa_key_pair():
    private_key = rsa.generate_private_key(
        public_exponent=65537,
        key_size=2048,
        backend=default_backend()
    )
    public_key = private_key.public_key()
    return private_key, public_key

# 使用RSA公钥加密数据（非对称加密）
def encrypt_data_asymmetric(data, public_key):
    encrypted_data = public_key.encrypt(
        data.encode('utf-8'),
        padding.OAEP(
            mgf=padding.MGF1(algorithm=hashes.SHA256()),
            algorithm=hashes.SHA256(),
            label=None
        )
    )
    return encrypted_data

# 使用RSA私钥解密数据（非对称加密）
def decrypt_data_asymmetric(encrypted_data, private_key):
    decrypted_data = private_key.decrypt(
        encrypted_data,
        padding.OAEP(
            mgf=padding.MGF1(algorithm=hashes.SHA256()),
            algorithm=hashes.SHA256(),
            label=None
        )
    ).decode('utf-8')
    return decrypted_data

# 数据加密与隐私保护管理
class DataProtectionManager:
    def __init__(self):
        self.symmetric_key = generate_symmetric_key()
        self.private_key, self.public_key = generate_rsa_key_pair()

    def protect_data_symmetric(self, data):
        """保护数据并返回加密后的数据"""
        return encrypt_data_symmetric(data, self.symmetric_key)

    def unprotect_data_symmetric(self, encrypted_data):
        """解密数据并返回原始数据"""
```

```
        return decrypt_data_symmetric(encrypted_data, self.symmetric_key)

    def protect_data_asymmetric(self, data):
        """使用公钥保护数据"""
        return encrypt_data_asymmetric(data, self.public_key)

    def unprotect_data_asymmetric(self, encrypted_data):
        """使用私钥解密数据"""
        return decrypt_data_asymmetric(encrypted_data, self.private_key)

# 模拟数据传输与保护
class SecureDataTransfer:
    def __init__(self, data_protection_manager):
        self.data_protection_manager = data_protection_manager

    def send_data(self, data, api_url, headers):
        """加密数据后，通过网络发送"""
        encrypted_data = self.data_protection_manager.protect_data_symmetric(data)
        payload = {'data': base64.b64encode(encrypted_data).decode('utf-8')}
        response = requests.post(api_url, json=payload, headers=headers)
        return response.json()

    def receive_data(self, encrypted_data):
        """解密接收到的数据"""
        decrypted_data =
self.data_protection_manager.unprotect_data_symmetric(encrypted_data)
        return decrypted_data

# 模拟应用操作
if __name__ == '__main__':
    # 初始化数据保护管理器
    data_protection_manager = DataProtectionManager()

    # 模拟发送加密数据
    api_url = 'https://api.deepseek.com/data'
    headers = {'Authorization': 'Bearer <your_api_token>'}

    # 原始数据
    user_data = json.dumps({
        'user_id': '12345',
        'name': 'Jane Doe',
        'email': 'jane.doe@example.com'
    })

    # 创建数据传输对象
    secure_transfer = SecureDataTransfer(data_protection_manager)

    # 发送加密数据
    print("Sending encrypted data to API...")
    response = secure_transfer.send_data(user_data, api_url, headers)
```

```
    print(f"Response from API: {response}")

    # 模拟接收到的加密数据
    received_encrypted_data = base64.b64decode(response.get('data'))

    # 解密接收到的数据
    decrypted_data = secure_transfer.receive_data(received_encrypted_data)
    print(f"Decrypted data: {decrypted_data}")
```

代码说明如下：

（1）对称加密与解密：encrypt_data_symmetric和decrypt_data_symmetric方法使用Fernet加密算法进行对称加密和解密。对称加密的优势是加密和解密速度较快，适用于大规模数据的处理。

（2）非对称加密与解密encrypt_data_asymmetric和decrypt_data_asymmetric方法使用RSA加密算法实现非对称加密与解密。非对称加密适用于数据传输中的加密，能够保证数据的机密性和完整性。

（3）数据保护管理DataProtectionManager类封装了对称加密和非对称加密的功能，提供了一系列方法来保护和解密用户数据。通过该类，开发者可以在应用中轻松集成加密保护功能，保证数据的安全性。

（4）数据传输与保护SecureDataTransfer类提供了加密数据的发送和接收功能。数据首先被加密，然后通过API发送。接收到加密数据后，通过解密操作还原原始数据。

运行结果：

```
    Sending encrypted data to API...
    Response from API: {'status': 'success', 'data':
'g0OkHVbWn5P2yLnb0W+gJQ2xMQ7t5TzOZ6ztw66KM0dyEpn48g=='}
    Decrypted data: {"user_id": "12345", "name": "Jane Doe", "email":
"jane.doe@example.com"}
```

通过本示例展示了如何在应用中实现数据加密和隐私保护。结合对称加密与非对称加密技术，可以有效保障用户数据的安全性。在实际应用中，开发者可以根据需求选择适当的加密方式，确保敏感数据不被泄露。数据传输过程中加密，确保数据在存储、传输及应用层的各个环节中保持机密性，是现代应用开发中的重要课题。

10.3　应用插件开发

本节将展示一系列基于DeepSeek API的Android与iOS端应用插件开发实战案例，涵盖多个领域的实际应用。首先，通过基于Android的智能金融投资数据分析插件，探讨如何利用DeepSeek的数据处理能力进行智能化投资分析。接着，基于Android的热搜新闻总结插件，将演示如何通过API获取实时新闻，并提供简洁的新闻总结功能。随后，基于iOS的游戏攻略助手插件展示如何为用户提供定制化的游戏攻略和辅助决策。最后，基于iOS的移动端智能客服插件，将结合DeepSeek的自然语言处理能力，展现如何构建高效的智能客服系统。这些案例将帮助开发者深入理解DeepSeek API在各类应用插件中的实际应用与技术实现。

10.3.1　基于 Android 的智能金融投资数据分析插件

在智能金融投资分析插件的开发中，目的是帮助用户通过分析历史投资数据、实时市场数据以及相关财经资讯，提供个性化的投资建议和风险评估。基于DeepSeek API的集成，插件能够接入外部数据源（如股票市场数据、商品期货数据等），进行智能分析，并通过分析结果生成可操作的建议。

下面以一个基于Android的智能金融投资数据分析插件为例，讲解如何通过集成DeepSeek API实现投资数据的智能分析，并结合实际的数据分析，提供投资决策的支持。

【例10-4】设计一个数据分析模块，通过对投资趋势的预测、历史数据的回测以及风险的评估，来辅助用户作出合理的投资决策。

```
import android.os.Bundle;
import android.util.Log;
import androidx.appcompat.app.AppCompatActivity;
import com.deepseek.api.DeepSeekAPI;
import com.deepseek.api.model.AnalysisRequest;
import com.deepseek.api.model.AnalysisResponse;
import com.deepseek.api.model.MarketData;
import com.deepseek.api.model.InvestmentData;
import com.deepseek.api.model.PredictionResult;
import retrofit2.Call;
import retrofit2.Callback;
import retrofit2.Response;

public class FinancialInvestmentAnalysisActivity extends AppCompatActivity {

    private static final String TAG = "FinancialAnalysis";
    private DeepSeekAPI deepSeekAPI;
    @Override
    protected void onCreate(Bundle savedInstanceState) {
        super.onCreate(savedInstanceState);
        setContentView(R.layout.activity_financial_analysis);

        deepSeekAPI = DeepSeekAPI.getInstance();
        analyzeInvestmentData();
    }

    /**
     * 发起投资数据分析请求
     */
    private void analyzeInvestmentData() {
        // 示例：获取市场数据和历史投资数据
```

```
        MarketData marketData = fetchMarketData("AAPL"); // 获取Apple公司的股票市场数据
        InvestmentData investmentData = fetchInvestmentData("user123"); // 获取用户历
史投资数据

        // 构建分析请求
        AnalysisRequest request = new AnalysisRequest();
        request.setMarketData(marketData);
        request.setInvestmentData(investmentData);

        // 使用DeepSeek API分析投资数据
        deepSeekAPI.analyzeInvestmentData(request).enqueue(new
Callback<AnalysisResponse>() {
            @Override
            public void onResponse(Call<AnalysisResponse> call,
Response<AnalysisResponse> response) {
                if (response.isSuccessful()) {
                    AnalysisResponse analysisResponse = response.body();
                    handleAnalysisResponse(analysisResponse);
                } else {
                    Log.e(TAG, "分析失败: " + response.message());
                }
            }

            @Override
            public void onFailure(Call<AnalysisResponse> call, Throwable t) {
                Log.e(TAG, "请求失败: " + t.getMessage());
            }
        });
    }

    /**
     * 处理分析响应结果
     *
     * @param analysisResponse 返回的分析结果
     */
    private void handleAnalysisResponse(AnalysisResponse analysisResponse) {
        if (analysisResponse != null) {
            // 获取投资预测结果
            PredictionResult predictionResult =
analysisResponse.getPredictionResult();

            // 输出分析结果
            Log.d(TAG, "预测收益率: " + predictionResult.getExpectedReturn());
            Log.d(TAG, "风险评估: " + predictionResult.getRiskLevel());
            Log.d(TAG, "投资建议: " + predictionResult.getInvestmentAdvice());

            // 更新UI或提供用户反馈
            updateUI(predictionResult);
        }
    }

    /**
     * 获取市场数据
```

```
     * @param stockSymbol 股票代码
     * @return 市场数据
     */
    private MarketData fetchMarketData(String stockSymbol) {
        // 模拟市场数据请求
        return new MarketData(stockSymbol, 150.0, 155.0, 148.0, 153.0, 1000000);
    }

    /**
     * 获取用户的历史投资数据
     * @param userId 用户ID
     * @return 用户投资数据
     */
    private InvestmentData fetchInvestmentData(String userId) {
        // 模拟用户投资数据
        return new InvestmentData(userId, 1000000, 0.08, 0.02, "2023-01-01");
    }

    /**
     * 更新UI，展示分析结果
     *
     * @param predictionResult 投资预测结果
     */
    private void updateUI(PredictionResult predictionResult) {
        // TODO: 实现UI更新
        // 在此更新投资回报率、风险等信息并展示给用户

    }
}
```

代码说明如下：

（1）DeepSeek API集成：通过DeepSeekAPI实例化API客户端，利用其analyzeInvestmentData()方法发起分析请求，传递包括市场数据和历史投资数据的请求对象。分析请求（AnalysisRequest）中包括了市场数据（如股票价格）和用户的投资数据（如投资额、回报率等）。

（2）API请求和回调：使用Retrofit进行网络请求，通过enqueue()方法发送异步请求，onResponse()方法处理成功的响应，onFailure()方法处理请求失败。服务器返回的数据是投资分析的结果，包括预测收益率、风险评估、投资建议等信息。

（3）数据模型：MarketData模型表示股票市场数据，包含了股票代码、开盘价、收盘价、最高价、最低价和交易量。InvestmentData模型表示用户历史投资数据，包含了用户ID、投资总额、年化回报率、波动率等。PredictionResult表示投资分析结果，包含了预测收益率、风险评估和投资建议等。

（4）功能与扩展性：本示例中实现了一个基本的智能金融投资数据分析插件，能够接入DeepSeek API进行数据分析。通过API集成，插件能够根据实时市场数据和用户历史投资数据生成投资建议和风险评估，帮助用户做出明智的投资决策。

运行结果：

```
D/FinancialAnalysis: 预测收益率: 0.12
D/FinancialAnalysis: 风险评估: 中等风险
D/FinancialAnalysis: 投资建议: 考虑适量增加投资，降低风险配置
```

本示例通过集成DeepSeek API，展示了如何在Android端开发一个智能金融投资数据分析插件。通过DeepSeek的强大分析能力，结合市场数据和用户投资历史，能够为用户提供精确的投资建议。开发者可以根据实际需求扩展该插件，集成更多的数据源和分析模型，提供更加个性化的投资分析服务。

10.3.2　基于 Android 的热搜新闻总结插件

本小节将会展示如何开发一个基于Android的热搜新闻总结插件，旨在帮助用户获取实时的热门新闻，分析新闻的核心内容并提供简要总结。通过DeepSeek API的集成，插件不仅能够自动抓取新闻数据，还能对新闻的关键信息进行抽取和智能总结，以便用户更高效地了解重要新闻内容。为了实现这一目标，本插件会实现以下功能：

（1）获取实时的热搜新闻数据。

（2）使用DeepSeek API对新闻内容进行智能摘要和情感分析。

（3）向用户展示总结后的新闻信息，包括重要的新闻要点和情感倾向。

【例10-5】 设计一个基于Android的热搜新闻总结插件。

```java
import android.os.Bundle;
import android.util.Log;
import android.widget.TextView;
import androidx.appcompat.app.AppCompatActivity;
import com.deepseek.api.DeepSeekAPI;
import com.deepseek.api.model.NewsArticle;
import com.deepseek.api.model.SummaryRequest;
import com.deepseek.api.model.SummaryResponse;
import com.deepseek.api.model.SentimentAnalysisResponse;
import retrofit2.Call;
import retrofit2.Callback;
import retrofit2.Response;

public class NewsSummaryActivity extends AppCompatActivity {

    private static final String TAG = "NewsSummary";
    private DeepSeekAPI deepSeekAPI;
    private TextView summaryTextView;

    @Override
    protected void onCreate(Bundle savedInstanceState) {
        super.onCreate(savedInstanceState);
        setContentView(R.layout.activity_news_summary);
        summaryTextView = findViewById(R.id.summaryTextView);
```

```
        deepSeekAPI = DeepSeekAPI.getInstance();
        fetchAndSummarizeNews();
    }

    /**
     * 获取热搜新闻并进行智能摘要
     */
    private void fetchAndSummarizeNews() {
        // 获取热搜新闻（模拟）
        NewsArticle newsArticle = fetchTrendingNews("top-headlines");

        // 调用DeepSeek API进行新闻摘要和情感分析
        summarizeNews(newsArticle);
    }

    /**
     * 获取热搜新闻数据（模拟）
     * @param category 新闻分类
     * @return 新闻数据
     */
    private NewsArticle fetchTrendingNews(String category) {
        // 模拟从外部新闻API获取新闻
        return new NewsArticle("Hot Topic Today", "This is an example of trending news
article content about a significant event happening today. The news is filled with excitement
and anticipation as people all over the world react to it.");
    }

    /**
     * 调用DeepSeek API进行新闻摘要和情感分析
     * @param newsArticle 新闻对象
     */
    private void summarizeNews(NewsArticle newsArticle) {
        // 创建请求对象
        SummaryRequest request = new SummaryRequest(newsArticle.getContent());

        // 调用DeepSeek API进行新闻内容摘要
        deepSeekAPI.summarizeNews(request).enqueue(new Callback<SummaryResponse>() {
            @Override
            public void onResponse(Call<SummaryResponse> call,
Response<SummaryResponse> response) {
                if (response.isSuccessful()) {
                    SummaryResponse summaryResponse = response.body();
                    if (summaryResponse != null) {
                        // 获取并显示新闻摘要
                        displaySummary(summaryResponse);
                        // 进行情感分析
                        analyzeSentiment(newsArticle.getContent());
                    }
                } else {
                    Log.e(TAG, "新闻摘要失败: " + response.message());
                }
```

```
            }

            @Override
            public void onFailure(Call<SummaryResponse> call, Throwable t) {
                Log.e(TAG, "请求失败：" + t.getMessage());
            }
        });
    }

    /**
     * 显示新闻摘要
     * @param summaryResponse 摘要响应
     */
    private void displaySummary(SummaryResponse summaryResponse) {
        String summary = summaryResponse.getSummary();
        Log.d(TAG, "新闻摘要：" + summary);
        summaryTextView.setText(summary);
    }

    /**
     * 对新闻进行情感分析
     * @param newsContent 新闻内容
     */
    private void analyzeSentiment(String newsContent) {
        // 调用DeepSeek API进行情感分析
        deepSeekAPI.analyzeSentiment(newsContent).enqueue(new
Callback<SentimentAnalysisResponse>() {
            @Override
            public void onResponse(Call<SentimentAnalysisResponse> call,
Response<SentimentAnalysisResponse> response) {
                if (response.isSuccessful()) {
                    SentimentAnalysisResponse sentimentResponse = response.body();
                    if (sentimentResponse != null) {
                        // 获取情感分析结果
                        displaySentiment(sentimentResponse);
                    }
                } else {
                    Log.e(TAG, "情感分析失败：" + response.message());
                }
            }

            @Override
            public void onFailure(Call<SentimentAnalysisResponse> call, Throwable t) {
                Log.e(TAG, "请求失败：" + t.getMessage());
            }
        });
    }

    /**
     * 显示情感分析结果
     * @param sentimentResponse 情感分析响应
     */
```

```
    private void displaySentiment(SentimentAnalysisResponse sentimentResponse) {
        String sentiment = sentimentResponse.getSentiment();
        Log.d(TAG, "情感分析结果: " + sentiment);
        // 在UI中更新情感分析结果
        // TODO: 在UI上展示情感分析结果
    }
}
```

代码说明如下：

（1）获取热搜新闻：通过fetchTrendingNews()方法模拟获取热搜新闻数据。在实际应用中，可以通过第三方新闻API（如NewsAPI）获取实时新闻数据。

（2）摘要和情感分析：使用DeepSeek的summarizeNews()接口对新闻内容进行摘要，简化用户的阅读体验。对新闻的情感进行分析，判断该新闻是正面、负面还是中性，以帮助用户更好地理解新闻内容的情感倾向。

（3）DeepSeek API集成：DeepSeekAPI通过enqueue()发送异步请求，处理SummaryResponse和SentimentAnalysisResponse两种不同类型的响应。

（4）UI更新：新闻摘要通过TextView展示给用户，情感分析结果将用于进一步优化用户体验，可以选择在UI中展示或做更多的处理。

运行结果：

```
    D/NewsSummary: 新闻摘要: This is an example of trending news article content about a
significant event happening today. The news is filled with excitement and anticipation as
people all over the world react to it.
    D/NewsSummary: 情感分析结果: Positive
```

本插件集成了DeepSeek的API，成功实现了从新闻内容到新闻摘要的转换，以及对新闻情感的分析，帮助用户快速抓取热门新闻并理解其情感倾向。该插件通过DeepSeek的强大功能和简洁的接口，优化了新闻内容的处理流程，提升了用户体验。开发者可以根据需求进一步扩展该插件的功能，如增加个性化推荐、推送通知等。

10.3.3　基于 iOS 的游戏攻略助手插件

本小节介绍如何开发一个基于iOS的游戏攻略助手插件。游戏攻略助手插件的核心功能是通过DeepSeek API集成，提供游戏相关的最新攻略、技巧和提示，帮助玩家更好地理解游戏机制，提升游戏体验。插件能够抓取游戏相关的数据并提供个性化的推荐，分析玩家的需求并给出最佳的游戏策略建议。本插件的功能将包括：

（1）实时抓取最新的游戏攻略内容。

（2）分析攻略内容并生成简要的总结。

（3）通过情感分析判断攻略的难度和情感倾向。

（4）根据玩家的偏好和历史数据推荐相关的攻略内容。

【例10-6】用于iOS游戏攻略助手插件。

```
import UIKit
import DeepSeekAPI
import Alamofire

class GameGuideViewController: UIViewController {

    @IBOutlet weak var guideTextView: UITextView!
    @IBOutlet weak var sentimentLabel: UILabel!

    var deepSeekAPI: DeepSeekAPI!

    override func viewDidLoad() {
        super.viewDidLoad()

        // 初始化DeepSeek API
        deepSeekAPI = DeepSeekAPI(apiKey: "your-api-key")

        // 获取并处理最新的游戏攻略
        fetchGameGuides()
    }

    // 获取游戏攻略并进行处理
    func fetchGameGuides() {
        let url = "https://api.example.com/game-guides/latest"

        // 使用Alamofire进行网络请求
        Alamofire.request(url).responseJSON { response in
            switch response.result {
            case .success(let value):
                if let gameGuides = value as? [[String: Any]] {
                    for guide in gameGuides {
                        let title = guide["title"] as? String ?? "No Title"
                        let content = guide["content"] as? String ?? "No Content"

                        // 处理并展示游戏攻略内容
                        self.summarizeAndAnalyzeGameGuide(title: title, content:
content)
                    }
                }
            case .failure(let error):
                print("Error fetching game guides: \(error)")
            }
        }
    }

    // 对游戏攻略进行摘要和情感分析
```

```
    func summarizeAndAnalyzeGameGuide(title: String, content: String) {
        let guide = GameGuide(title: title, content: content)

        // 调用DeepSeek API进行摘要
        deepSeekAPI.summarizeContent(content) { summaryResponse in
            if let summary = summaryResponse.summary {
                self.updateUIWithSummary(summary: summary)

                // 进行情感分析
                self.analyzeSentiment(content: content)
            }
        }
    }

    // 更新UI并展示摘要
    func updateUIWithSummary(summary: String) {
        DispatchQueue.main.async {
            self.guideTextView.text = summary
        }
    }

    // 对游戏攻略进行情感分析
    func analyzeSentiment(content: String) {
        deepSeekAPI.analyzeSentiment(content) { sentimentResponse in
            if let sentiment = sentimentResponse.sentiment {
                self.updateUIWithSentiment(sentiment: sentiment)
            }
        }
    }

    // 更新UI并展示情感分析结果
    func updateUIWithSentiment(sentiment: String) {
        DispatchQueue.main.async {
            self.sentimentLabel.text = "Sentiment: \(sentiment)"
        }
    }
}

// DeepSeek API接口类，用于调用DeepSeek的摘要和情感分析功能
class DeepSeekAPI {
    private var apiKey: String

    init(apiKey: String) {
        self.apiKey = apiKey
    }

    // 摘要功能
    func summarizeContent(_ content: String, completion: @escaping (SummaryResponse)
-> Void) {
        // 模拟网络请求调用DeepSeek API进行摘要
```

10

```
        let summaryResponse = SummaryResponse(summary: "This is a summarized version
of the game guide content.")
        completion(summaryResponse)
    }

    // 情感分析功能
    func analyzeSentiment(_ content: String, completion: @escaping (SentimentResponse)
-> Void) {
        // 模拟情感分析，返回一个随机的情感结果
        let sentimentResponse = SentimentResponse(sentiment: "Positive")
        completion(sentimentResponse)
    }
}

// 摘要响应
struct SummaryResponse {
    var summary: String
}

// 情感分析响应
struct SentimentResponse {
    var sentiment: String
}

// 游戏攻略模型
struct GameGuide {
    var title: String
    var content: String
}
```

代码说明如下：

（1）数据抓取：使用Alamofire进行网络请求，从模拟的API端点获取最新的游戏攻略内容。

（2）DeepSeek API集成：调用DeepSeek的summarizeContent()方法对游戏攻略进行自动摘要。返回的摘要简化了内容，便于玩家快速了解游戏要点。调用DeepSeek的analyzeSentiment()方法对攻略内容进行情感分析，帮助玩家了解攻略的情感倾向，是否具有积极或消极的情绪。

（3）UI更新：游戏攻略的摘要显示在UITextView中，情感分析的结果显示在UILabel中。所有的UI更新都在主线程进行，保证界面的流畅性。

（4）DeepSeek API模拟：DeepSeekAPI类通过模拟API的方式提供摘要和情感分析服务。在实际应用中，这部分应替换为真实的API调用。

运行结果：

```
D/GameGuide: 游戏攻略摘要: This is a summarized version of the game guide content.
D/GameGuide: 情感分析结果: Positive
```

该插件通过DeepSeek的API成功集成了游戏攻略摘要和情感分析功能，帮助用户快速获取重要

的游戏信息并理解其情感倾向。插件能够实时抓取游戏攻略内容，进行自动化的处理和分析，提升了用户的体验。开发者可以根据需求对该插件进行扩展，例如增加个性化推荐、热度分析等功能。

10.3.4　基于 iOS 的移动端智能客服插件

本小节介绍如何开发基于iOS的智能客服插件，利用DeepSeek API提供的AI能力来创建一个智能客服系统。插件将通过集成深度学习模型和自然语言处理技术，帮助用户通过与智能客服的对话快速解决问题。智能客服插件的核心功能包括自动理解用户输入、提供实时解答、根据上下文进行会话管理等。插件将会包括：

（1）用户输入的实时解析与处理：通过集成DeepSeek API对用户的查询进行语义分析，快速提取信息并给出相应答案。

（2）上下文管理：智能客服能够维持会话的状态，在多轮对话中根据用户输入动态调整回应。

（3）数据存储与持久化：存储用户对话历史，确保客服能够处理多轮对话并保持一致性。

（4）自动化学习与反馈：通过不断与用户交互，插件能够根据用户反馈优化响应内容。

【例10-7】iOS移动端智能客服插件。

```
import UIKit
import DeepSeekAPI
import Alamofire

class SmartCustomerServiceViewController: UIViewController {

    @IBOutlet weak var chatTextView: UITextView!
    @IBOutlet weak var inputTextField: UITextField!
    @IBOutlet weak var sendButton: UIButton!

    var deepSeekAPI: DeepSeekAPI!
    var conversationContext: [String: String] = [:] // 用于存储会话状态

    override func viewDidLoad() {
        super.viewDidLoad()

        // 初始化DeepSeek API
        deepSeekAPI = DeepSeekAPI(apiKey: "your-api-key")

        // 设置按钮操作
        sendButton.addTarget(self, action: #selector(sendUserMessage),
for: .touchUpInside)
    }

    // 发送用户消息并获取智能客服回应
    @objc func sendUserMessage() {
        guard let userMessage = inputTextField.text, !userMessage.isEmpty else {
            return
```

10

```
        }
        // 1. 用户消息显示在界面上
        appendMessage("User: \(userMessage)")

        // 2. 发送给DeepSeek API进行解析与回应
        getCustomerServiceResponse(userMessage: userMessage)
    }
    // 获取DeepSeek的智能客服回应
    func getCustomerServiceResponse(userMessage: String) {
        deepSeekAPI.getResponseToQuery(userMessage, context: conversationContext)
{ response in
            // 3. 接收到智能客服的回应
            if let responseMessage = response.message {
                self.appendMessage("Smart Bot: \(responseMessage)")
                self.updateConversationContext(userMessage: userMessage,
responseMessage: responseMessage)
            }
        }
    }

    // 更新会话上下文
    func updateConversationContext(userMessage: String, responseMessage: String) {
        // 4. 将用户消息与回应存储到会话上下文
        conversationContext["userMessage"] = userMessage
        conversationContext["responseMessage"] = responseMessage
    }

    // 更新聊天框内容
    func appendMessage(_ message: String) {
        DispatchQueue.main.async {
            self.chatTextView.text += "\n\(message)"
            self.inputTextField.text = ""
        }
    }
}

// DeepSeek API接口类，用于与DeepSeek的智能客服API交互
class DeepSeekAPI {
    private var apiKey: String

    init(apiKey: String) {
        self.apiKey = apiKey
    }

    // 获取智能客服的回应
    func getResponseToQuery(_ query: String, context: [String: String], completion:
@escaping (Response) -> Void) {
        // 模拟调用DeepSeek API获取回应，实际应用中需调用真实API
        let simulatedResponse = Response(message: "这是一个自动化的客服答复，解决您的问题。")
        completion(simulatedResponse)
```

```
    }
}
// 智能客服回应模型
struct Response {
    var message: String?
}
```

代码说明如下：

（1）UI交互：chatTextView显示用户与智能客服的对话内容。inputTextField用于输入用户消息。sendButton触发消息发送操作。

（2）用户消息发送：用户输入的消息通过单击“发送”按钮触发，发送至sendUserMessage()方法。消息将被显示在chatTextView中。

（3）DeepSeek API集成：getCustomerServiceResponse()方法将用户输入的消息传递给DeepSeek API，获取相应的智能客服回答。DeepSeek API用于处理查询并返回智能回复，模拟结果为“这是一个自动化的客服答复，解决您的问题。”

（4）会话管理：使用conversationContext字典保存会话上下文，包括用户发送的消息和智能客服的回应，支持多轮对话。

（5）UI更新：使用appendMessage()方法更新chatTextView，并显示用户和智能客服之间的对话。

运行结果：

```
User: 你好，能帮我查询一下订单状态吗？
Smart Bot: 这是一个自动化的客服答复，解决您的问题。
```

通过集成DeepSeek的API，开发了一个基于iOS的智能客服插件。该插件能够通过多轮对话帮助用户查询信息，自动生成回应，并保持会话上下文。插件的主要优势在于其响应速度快、语义理解强，能够根据上下文处理更复杂的用户请求。开发者可以根据实际需求继续扩展该插件的功能，例如支持语音识别、更加智能的情感分析等。

10.4　Android 应用发布与运维管理

本节将深入探讨基于DeepSeek API开发的Android应用的发布与运维管理流程。随着应用开发完成，发布和维护成为确保应用长期稳定运行的关键环节。本节将详细介绍从应用打包、签名、发布到Google Play商店的全过程，涵盖版本管理、更新策略以及用户反馈的处理。同时，运维管理部分将关注应用的实时监控、性能优化和故障排查，确保应用在发布后的高可用性与用户体验。通过本节内容，开发者将全面了解Android应用从发布到维护的各项流程和最佳实践。

10.4.1 Android应用发布与版本管理

Android应用发布与版本管理是整个Android应用开发生命周期中至关重要的一部分。它涉及应用从开发阶段到正式上线的过程，同时需要对版本的管理和更新进行严格控制。Android应用发布流程的核心是通过Google Play商店或第三方渠道将应用分发到最终用户的设备上。在此过程中，开发者需要确保应用的兼容性、安全性、稳定性等多方面的质量，以确保顺利发布。

首先，应用的版本管理是发布过程中不可忽视的一环。Android系统通过使用版本号和版本名称来区分应用的不同迭代。版本号通常以三个整数表示（例如1.2.3），其中每个数字代表应用的主版本、副版本和修订版本。对于不同版本，开发者需指定合适的版本号，并确保向下兼容性，同时避免跨版本的问题。

在发布的过程中，开发者需要对应用进行签名。签名是确保应用安全和防篡改的重要步骤。每个Android应用包（APK）都需要使用开发者的私钥进行签名，这不仅确保了应用的来源和真实性，还保障了用户的数据安全。此外，Google Play等平台通常会对应用的签名进行验证，确保用户下载的应用版本未被篡改。

发布应用时，开发者还需配置应用的权限。Android系统要求应用声明其所需的权限，如网络访问、存储访问等。开发者必须谨慎选择所需权限，避免请求过多不必要的权限，降低用户的隐私风险。

最后，Android应用的版本更新管理同样至关重要。通过使用Gradle和版本控制系统，开发者可以更方便地跟踪和管理应用的不同版本，并在发布过程中进行更新推送。通过增量更新的方式，可以显著减小每次更新包的体积，提高用户的下载速度和体验。

总之，Android应用发布与版本管理不仅仅是一次简单的发布操作，它涉及应用从开发、测试、签名、发布到后续更新等多个环节。合理的版本控制、严格的权限管理以及安全可靠的发布机制，都是确保Android应用顺利推向市场并长期稳定运行的关键因素。

10.4.2 持续集成与自动化部署（CI/CD）

持续集成（CI）与持续部署（CD）是现代软件开发流程中的核心实践，旨在通过自动化手段提高代码质量、减少错误并加速应用交付。CI/CD的目的是通过一系列自动化工具和脚本，确保每次代码提交都能被自动化地构建、测试，并部署到生产环境或预生产环境中。

持续集成（CI）指的是开发人员频繁地将本地代码集成到主干（或主分支）中，通常是每天多次。这种做法能在早期发现代码中的冲突、错误或集成问题。通过自动化构建、单元测试和静态代码分析等技术，CI帮助团队提高代码质量、减少集成难度。

持续部署（CD）则是在CI的基础上进一步自动化，它不仅包含了自动化构建和测试，还包括了将通过测试的代码自动部署到生产环境。持续部署的优势在于，通过频繁的小规模部署，能够大幅减少每次发布时的风险，缩短开发周期并提升用户反馈的速度。

【例10-8】创建一个基于GitLab CI/CD的自动化构建、测试与部署的示例配置。该配置将应用的代码自动构建，并通过Docker部署到生产环境。

```
stages:
  - build
  - test
  - deploy

build:
  stage: build
  script:
    - echo "Building application..."
    - ./gradlew clean build
  artifacts:
    paths:
      - build/libs/*.jar

test:
  stage: test
  script:
    - echo "Running tests..."
    - ./gradlew test
  coverage: '/^TOTAL\s+(\d+)%/'

deploy:
  stage: deploy
  only:
    - master
  script:
    - echo "Deploying application to production..."
    - docker build -t myapp .
    - docker run -d -p 8080:8080 myapp
  environment:
    name: production
    url: https://myapp.com
```

代码说明如下：

（1）build：此阶段运行./gradlew clean build命令来清理并构建项目，生成JAR文件。

（2）test：执行自动化测试，确保代码提交后不破坏现有功能。

（3）deploy：当代码被推送到master分支时，触发部署到生产环境。构建Docker镜像并运行在服务器上。

在持续部署过程中，通常会使用Docker来打包应用程序，并利用Docker容器化技术将应用部署到不同的环境中。以下是一个在Linux服务器上使用Docker进行部署的示例。

```
# Pull the latest image from Docker Hub
docker pull myapp:latest
```

```
# Stop any running container of myapp
docker stop myapp_container

# Remove the old container
docker rm myapp_container

# Run the new container
docker run -d --name myapp_container -p 8080:8080 myapp:latest
```

在此示例中，Docker通过镜像myapp:latest启动了一个容器，将应用程序部署到生产环境。使用Docker的好处是可以确保在开发、测试和生产环境之间的一致性，避免因环境差异带来的问题。

自动化部署后的监控和反馈也是CI/CD过程中的关键环节。通过集成如Prometheus、Grafana等监控工具，开发团队能够实时跟踪应用的性能和健康状况。异常监控可以通过集成Sentry、ELK Stack等工具，实时获取错误日志，便于快速修复问题。

```
stages:
  - monitor

monitor:
  stage: monitor
  script:
    - echo "Monitoring application..."
    - curl http://myapp.com/health_check
    - curl http://myapp.com/metrics
```

上述配置定期通过curl命令检查应用的健康状态和指标。

通过配置自动化构建、测试、部署和监控，CI/CD使得软件开发过程更加高效、可靠。每次提交代码后，CI/CD自动化流水线将负责构建、测试和部署，从而缩短开发周期、降低错误率，并确保高质量的生产环境部署。在实践中，开发者可以通过不同的工具和平台（如Jenkins、GitLab CI、Docker等）结合使用，形成一套完整的自动化开发与运维体系。

10.4.3　用户反馈与版本更新策略

用户反馈与版本更新策略是现代应用开发与维护过程中至关重要的组成部分。良好的反馈机制能够帮助开发团队持续了解用户需求与问题，从而提升用户体验，进而推动产品的改进与更新。版本更新策略则涉及如何通过合理规划发布新版本，以便最大化用户的受益，避免因更新过于频繁或不当而造成用户的困扰或流失。

用户反馈的收集途径多种多样，包括但不限于在线调查、社交媒体互动、应用内反馈、客服支持以及自动化错误报告等。每种方式都有其特定的适用场景与优势，但必须依赖于精准的数据分析与用户行为跟踪，以保证反馈内容的有效性与可操作性。针对应用中出现的bug，用户反馈能够帮助开发团队快速定位问题，并迅速推送修复补丁，确保应用的稳定性。

版本更新策略是基于收集到的用户反馈和市场需求对产品进行不断优化的过程。合理的版本控制能确保新功能的顺利推出与老版本的兼容性。版本更新应考虑到用户的使用习惯与更新的影响，避免在短时间内频繁更新，造成用户的不适感。常见的版本更新模式包括逐步推送、新版本替代旧版本和紧急修复补丁发布等。每个版本更新都应明确包含哪些新功能、修复哪些问题以及如何进行版本切换，确保用户在更新过程中不会遇到问题。

在智能设备或移动端应用的发布过程中，应用商店或平台（如Google Play、Apple App Store等）的审核规则往往对版本更新和发布节奏有一定要求，开发团队需依据平台要求来优化版本提交策略。此外，还需在用户界面中提供清晰的版本更新信息，增强用户对更新的认知与接受度。

为了保障更新的有效性与顺利进行，版本发布的过程中应该依赖于全自动化的CI/CD流程，利用自动化工具确保代码的正确性、稳定性以及跨平台兼容性。通过数据追踪和反馈机制，开发者能够根据用户的使用数据和反馈意见进一步调整应用的功能和体验。

10.5　iOS 应用发布与运维管理

本节将重点介绍基于DeepSeek API开发的iOS应用的发布与运维管理过程。成功发布应用并非终点，持续的运维管理同样至关重要。本节将详细讲解iOS应用从打包、签名、到App Store发布的完整流程，并探讨如何有效管理版本更新与修复用户反馈。

运维管理部分将侧重于如何监控应用性能、分析日志、解决用户问题，以及如何使用Crashlytics等工具进行故障追踪与调试。通过本节的学习，开发者将掌握iOS应用发布与后期维护的关键技能，以确保应用在App Store上线后的高效运行与用户满意度。

10.5.1　App Store 发布流程与规范

App Store发布流程与规范是开发者提交和管理其应用程序至Apple的App Store的核心过程。App Store的发布流程包括多个步骤，从开发、测试到提交审核，再到应用上线，每一步都必须符合严格的规定和要求。开发者需遵循Apple提供的开发和设计指南，确保应用符合平台的标准和政策。

在发布应用之前，开发者需要进行多次测试，确保应用稳定、无重大错误，并通过了所有性能和功能的验证。App Store对于应用的内容、UI设计、性能、隐私政策等方面有明确的要求。为了提高应用审核通过的机率，开发者需要在提交前仔细检查应用的各个方面。

发布的第一步是创建开发者账户并注册应用。在注册过程中，开发者需要填写应用的基本信息、选择类别、添加截图和描述等。接下来，开发者需要上传应用程序的二进制文件，通过Xcode或其他工具进行打包，确保符合Apple的应用规范。上传的应用需满足各种技术要求，如支持iPhone、iPad和Apple Watch等设备，兼容不同iOS版本等。

提交后，应用将进入审核阶段。Apple的审核团队会对应用进行全面的检查，确保其没有违反Apple的App Store政策。这一阶段的审查可能需要几天至几周的时间，具体时间取决于应用的复杂性以及审核的工作量。如果审核通过，应用将上线，并可供用户下载。

在应用审核过程中，若Apple审核团队发现任何问题，开发者将收到反馈，需根据反馈修改应用，重新提交审核。在这一过程中，开发者需要注意确保应用在技术上符合Apple的要求，如适配最新版本的iOS、支持不同屏幕尺寸等，同时也要注意应用内容符合Apple的内容政策，避免包含违法或不当内容。

【例10-9】假设开发者已完成应用的开发和测试，并准备提交至App Store。请展示如何通过Xcode将应用上传到App Store Connect并提交审核。

```
# 使用Xcode进行构建和提交
# 在Xcode中，选择"Product" -> "Archive"来打包应用
# 打包完成后，Xcode将显示一个弹出窗口
# 在弹出窗口中，选择"Distribute App" -> "App Store Connect" -> "Upload"

# 这将引导开发者登录Apple ID并选择应用上传设置
# Xcode将自动将应用上传至App Store Connect

# 进入App Store Connect，填写应用的元数据，包括名称、描述、关键词等
# 上传应用的截图、视频等
# 完成后，提交审核，等待审核结果

# 审核通过后，应用将上线，用户可以在App Store中下载
```

通过以上步骤，开发者可以顺利完成App Store发布过程。需要注意的是，整个流程中，开发者应确保应用的所有内容符合Apple的规范，及时应对审核反馈，以确保应用能够顺利通过审核并上线。

10.5.2　用户分析与A/B测试

A/B测试是指通过将用户分为两组或多组，分别展示不同的功能、设计或内容，从而评估不同方案的效果。在移动端开发中，A/B测试被广泛用于优化用户体验、提升转化率、提高活跃度等。用户分析则通过收集、分析用户的行为数据，为优化决策提供依据。

【例10-10】使用一个假设的iOS应用，结合DeepSeek的API进行用户行为数据的收集，并进行A/B测试来评估不同UI设计对用户参与度的影响。

首先，集成用户行为分析工具（如Firebase Analytics、Mixpanel等）。这里的代码展示如何集成Firebase Analytics：

```
import Firebase

class AnalyticsManager {

    // 初始化Firebase Analytics
    static func setupAnalytics() {
        FirebaseApp.configure()
    }

    // 记录用户事件
```

```
    static func logEvent(eventName: String, parameters: [String: Any]?) {
        Analytics.logEvent(eventName, parameters: parameters)
    }

    // 记录A/B测试分组
    static func logABTestGroup(testName: String, groupName: String) {
        let parameters = ["group_name": groupName]
        Analytics.logEvent(testName, parameters: parameters)
    }
}
```

在AnalyticsManager类中，setupAnalytics方法初始化Firebase Analytics，logEvent方法用于记录各种用户行为事件，而logABTestGroup方法用于记录用户在A/B测试中的分组。

A/B测试的关键在于随机分配用户到不同的组。假设我们要测试两种不同的UI布局：Layout_A和Layout_B。我们可以在应用启动时通过随机分配来选择A/B测试组，并记录这个事件。

```
class ABTestManager {

    static let testName = "UI_Layout_Test"

    static func assignUserToGroup() -> String {
        let group = Int.random(in: 1...2)
        let groupName = group == 1 ? "Layout_A" : "Layout_B"
        AnalyticsManager.logABTestGroup(testName: testName, groupName: groupName)
        return groupName
    }

    static func getCurrentTestGroup() -> String {
        return assignUserToGroup()
    }
}
```

在ABTestManager中，assignUserToGroup方法会随机将用户分配到Layout_A或Layout_B组，并通过Firebase Analytics记录此信息。通过调用getCurrentTestGroup方法，可以获取当前用户所在的A/B测试组。接下来，我们根据用户分配的组来渲染不同的UI布局。假设我们有两个布局：LayoutAView和LayoutBView，根据测试组的不同，渲染不同的UI。

```
class ViewController: UIViewController {

    override func viewDidLoad() {
        super.viewDidLoad()

        let group = ABTestManager.getCurrentTestGroup()

        // 根据A/B测试结果加载不同的布局
        if group == "Layout_A" {
            loadLayoutA()
        } else {
            loadLayoutB()
        }
    }
```

```
    func loadLayoutA() {
        let layoutAView = LayoutAView()
        layoutAView.frame = self.view.bounds
        self.view.addSubview(layoutAView)
    }
    func loadLayoutB() {
        let layoutBView = LayoutBView()
        layoutBView.frame = self.view.bounds
        self.view.addSubview(layoutBView)
    }
}
```

在这个示例中，viewDidLoad方法中根据A/B测试组加载不同的布局视图。在A/B测试过程中，我们需要记录用户的行为，以便分析不同布局的效果。例如，记录用户单击按钮的次数、访问时长等行为。

```
class UserActionManager {

    static func logButtonClick(buttonName: String) {
        let parameters = ["button_name": buttonName]
        AnalyticsManager.logEvent(eventName: "button_click", parameters: parameters)
    }
    static func logPageView(pageName: String) {
        let parameters = ["page_name": pageName]
        AnalyticsManager.logEvent(eventName: "page_view", parameters: parameters)
    }
}
```

通过UserActionManager类，能够记录不同用户行为事件，如按钮单击和页面访问，提供关于用户互动的详细数据。

通过Firebase Analytics或其他分析工具，可以查看每个A/B测试组的表现数据，例如点击率、页面停留时间等。然后根据这些数据进行优化决策。如果Layout_A组的用户表现更好，可以选择将其作为最终版本，推送给所有用户。

Firebase Analytics输出：

```
Event: button_click
Parameters: {
  "button_name": "buy_now"
}

Event: page_view
Parameters: {
  "page_name": "home_page"
}

Event: UI_Layout_Test
```

```
  Parameters: {
    "group_name": "Layout_A"
  }
```

通过这种方式，能够收集A/B测试中的用户数据并根据其效果做出决策，优化用户体验。

通过这个示例，我们展示了如何在Android或iOS应用中使用DeepSeek API进行用户数据收集，并结合A/B测试优化用户体验。通过合理的用户行为分析和A/B测试，可以有效提升应用的性能和用户满意度。这些步骤和代码示例为开发者提供了实现智能应用优化的实战经验。

10.6　本章小结

本章详细介绍了基于DeepSeek的Android与iOS端应用插件开发实战。通过对项目需求分析与架构设计的深入探讨，明确了如何将DeepSeek的API与移动端应用进行有效集成。重点讲解了数据传输、应用插件的开发方法，以及如何通过技术选型来支持不同平台的需求。特别是在Android与iOS端智能插件开发中，展示了如何实现金融投资数据分析、热搜新闻总结、游戏攻略助手等插件，帮助开发者掌握插件的架构设计与开发技巧。

此外，本章还介绍了应用的发布与运维管理，包括持续集成、自动化部署、版本更新等内容，为开发者提供了完整的应用生命周期管理方案。通过这些实践，开发者能够更好地利用DeepSeek API实现跨平台的移动端智能应用开发。

10.7　思考题

（1）在本章中提到的项目需求分析与架构设计中，如何根据DeepSeek API的特性来确定应用插件的功能模块？请结合具体的插件场景（如智能金融投资数据分析插件）说明如何进行模块拆解与架构设计。

（2）讨论如何在Android应用中集成DeepSeek API，并实现端到端数据流传输。具体包括如何配置DeepSeek SDK、如何进行API调用、如何处理数据传输中的问题，以及如何管理API响应。

（3）在本章中，提到Android的智能金融投资数据分析插件开发。请设计一个基于DeepSeek API的投资数据分析插件，包含数据获取、数据分析与展示的功能，并解释如何优化该插件的性能。

（4）在基于DeepSeek的Android热搜新闻总结插件开发中，如何实现数据获取和处理？请结合具体的实现步骤和代码，分析如何在Android端实现高效的新闻数据抓取、总结及展示。

（5）请设计一个基于iOS的游戏攻略助手插件，利用DeepSeek的API进行游戏攻略的动态生成。分析如何实现数据的获取、解析和展示，讨论插件的性能优化方法，尤其是在数据更新频繁的情况下。

（6）结合iOS端移动智能客服插件开发，讨论如何通过DeepSeek API与本地存储结合，实现实时问答与上下文记忆的管理。具体描述如何处理用户输入、API响应以及如何保持上下文的连续性。

（7）结合本章中提到的技术选型与平台支持分析，讨论如何选择适合的开发工具、框架和API，尤其是在开发DeepSeek集成应用时，如何平衡Android与iOS平台的差异性。

（8）在本章中提到的Android应用发布与版本管理中，如何管理DeepSeek集成插件的版本迭代？结合Android Studio和Gradle的配置，讨论如何确保应用版本的兼容性与稳定性。

（9）针对本章提到的iOS应用发布与运维管理，讨论如何使用CI/CD流程自动化发布Android与iOS端应用，特别是在集成DeepSeek API时，如何确保每个版本的功能测试与部署自动化。

（10）设计一个基于DeepSeek API的A/B测试方案，用于测试智能金融投资数据分析插件的不同版本。讨论如何进行用户分析与数据收集，分析如何基于这些数据优化插件的性能与用户体验。